普通高等教育"十三五"规划教材

全国高等院校计算机基础教育研究会重点立项项目

数据结构教程

内 容 简 介

本书以C语言为基础介绍了各种数据结构的存储与表现形式，给出了每种结构的抽象数据类型描述以及对应不同结构的功能代码。

本书第1章综述了数据结构的基本概念；第2～7章从抽象数据类型的角度，分别讨论线性表、栈、队列、串、数组、广义表、树和二叉树以及图等基本类型的数据结构及应用；第8～9章讨论查找和排序，除了介绍各种实现方法外，还从时间复杂度方面对算法的性能进行了分析和比较。

本书适合有一定C语言基础的初学者学习，可以使读者循序渐进地建立数据结构以及算法的思想，为编写高质量的程序提供有效帮助。

图书在版编目（CIP）数据

数据结构教程 / 付婷婷，王志海，张磊编著. -- 北京：北京邮电大学出版社，2019.10
ISBN 978-7-5635-5879-7

Ⅰ.①数… Ⅱ.①付… ②王… ③张… Ⅲ.①数据结构－高等学校－教材 Ⅳ.①TP311.12

中国版本图书馆CIP数据核字（2019）第204853号

书　　名：数据结构教程
作　　者：付婷婷　王志海　张　磊
责任编辑：刘春棠
出版发行：北京邮电大学出版社
社　　址：北京市海淀区西土城路10号（邮编：100876）
发 行 部：电话：010-62282185　传真：010-62283578
E-mail：publish@bupt.edu.cn
经　　销：各地新华书店
印　　刷：北京玺诚印务有限公司
开　　本：787 mm×1 092 mm　1/16
印　　张：19.25
字　　数：504千字
版　　次：2019年10月第1版　2019年10月第1次印刷

ISBN 978-7-5635-5879-7　　定　价：45.00元

·如有印装质量问题，请与北京邮电大学出版社发行部联系·

前　言

“数据结构”是计算机科学、软件工程、信息管理等计算机相关专业的基础核心课程之一。前驱课程主要包括：计算机导论、C语言程序设计、计算机原理等，后继课程包括操作系统、数据库原理、汇编语言程序设计、编译原理等。可见数据结构处在计算机课程体系承上启下的位置，是计算机知识体系的核心内容。

由于C语言程序设计是多数高校相关专业程序设计语言的入门课程，考虑到普适性，本书采用C语言作为数据结构和算法的描述语言。为了帮助数据结构初学者快速学习并构建程序，本书采用C语言完整代码代替多数教材中的伪代码，来描述算法实现的全部过程。由于完整的代码会使得程序篇幅过长，在数据结构抽象数据类型描述中，部分结构只给出了核心子集的完整代码，其他代码读者可以根据提示自行补充。

本书特色之一是对数据结构知识点循序渐进的介绍。在第2～5章主要介绍了线性表、栈、队列、串、数组、广义表等结构的表示方法，对每种结构都以静态的顺序结构、动态的顺序结构以及动态链式结构三种存储结构进行详细描述，并给出了完整的结构体定义代码。读者可以通过这几章的内容理解不同的存储结构在程序设计中的区别，学会根据不同的存储结构编写代码。在树和二叉树以及图结构（第6章和第7章）的介绍中，将重点逐渐转移到算法上，主要介绍从结构的角度出发，在实现不同功能时如何根据结构特点设计高效的算法。在查找和排序（第8章和第9章）的内容中，重点强调了算法的时间效率和空间效率，注重从算法质量出发对计算过程进行调整。

本书适合有一定C语言基础的初学者学习，可以使读者循序渐进地建立数据结构以及算法的思想。对本书中的各种结构和算法进行分析和总结，将各种结构以及算法的优缺点进行整理，在实际问题中就可以编写出更高质量的程序。

本书在编写过程中受到了多位老师的帮助和指导，在此表示衷心的感谢。本书的出版由全国高等院校计算机基础教育研究会2018年度计算机基础教育教学研究项目（项目编号：2018-AFCEC-168）资助。

希望本书对数据结构初学者有所帮助，并真诚欢迎各位读者批评指正，希望和读者朋友们共同学习成长。

目　　录

第1章　绪　　论

在国外"数据结构"作为一门独立的课程是从1968年才开始的。1968年美国唐纳德·克努特(Donald Ervin Knuth)教授开创了数据结构的最初体系,他所著的《计算机程序设计艺术》第一卷《基本算法》是第一本较系统地阐述数据的逻辑结构和存储结构及其操作的著作。"数据结构"在计算机科学中是一门综合性的专业基础课,是介于数学、计算机硬件和计算机软件三者之间的一门核心课程。"数据结构"这门课程的内容不仅是一般程序设计的基础,而且是设计和实现编译程序、操作系统、数据库系统及其他系统程序的重要基础。

计算机科学是一门研究用计算机进行信息表示和处理的科学。而信息的表示和组织又直接关系到处理信息的程序的效率。随着计算机的普及和信息量的增加,许多系统程序和应用程序的规模很大,结构又相当复杂。因此,为了编写出一个好的程序,必须分析待处理对象的特征及各对象之间的关系,这就是数据结构这门课所要研究的问题。数据的结构直接影响算法的选择和效率。

1.1　数据结构的必要性

数据结构是随着电子计算机的产生和发展而发展起来的一门计算机学科。计算机的发展不仅仅体现在自身硬件特性的优化上,更重要的是其应用范围的不断拓广。早期计算机主要用于科学计算,其处理对象是纯数值型的信息。随着计算技术的发展,计算机逐渐进入商业、制造业等其他领域,处理对象除了纯数值型的信息,还有非数值型的信息。计算机应用分为数值计算和非数值计算两大领域。

1.1.1　数值计算

在计算机发展的初期,人们使用计算机主要处理数值计算问题。当使用计算机来解决一个具体问题时,一般需要经过如下几个步骤:首先从具体问题中抽象出一个适当的数学模型,即分析问题,找出各个数据及其之间的关系;其次设计一个解此数学模型的算法;最后编出程序,进行测试、调整直至得到最终解答。数值计算所处理的数据基本上都是整型、实型、字符型、布尔型等简单数据。下面请看两个例子。

【例1-1】　有人用温度计测量出用华氏法表示的温度,现要求把它转换为以摄氏法表示的温度。

通过对以上问题的分析,将涉及的两个数据用不同符号表示,f代表华氏温度,c代表摄氏温度,找到二者间的转换公式$c=\left(\frac{5}{9}\right)(f-32)$。

用自然语言描述算法:

① 输入f的值;

② 计算公式 $c=\left(\frac{5}{9}\right)(f-32)$；

③ 输出 c 的值。

对应算法的C语言程序：

```
01：# include <stdio.h>
02：int main ( )
03：{
04：   float f,c;
05：   f = 64.0;
06：   c = (5.0/9) * (f - 32);
07：   printf("f = % f\nc = % f\n",f,c);
08：   return 0;
09：}
```

对以上程序进行调试和测试，直到得出正确结果为止。

【例 1-2】 输入3个数 a、b、c，要求按由小到大的顺序输出。

可以先用伪代码写出算法：

① if $a>b$，a 和 b 对换（a 是 a、b 中的小者）；

② if $a>c$，a 和 c 对换（a 是三者中最小者）；

③ if $b>c$，b 和 c 对换（b 是三者中次小者）；

④ 顺序输出 a，b，c。

对应算法的C语言程序：

```
01：# include <stdio.h>
02：int main()
03：{ float a,b,c,t;
04：   scanf(" % f, % f, % f",&a,&b,&c);
05：   if(a>b)
06：   {   t = a;   a = b;   b = t;   }
07：   if(a>c)
08：   {   t = a;   a = c;   c = t;   }
09：   if(b>c)
10：   {   t = b;   b = c;   c = t;   }
11：   printf(" % 5.2f, % 5.2f, % 5.2f\n",a,b,c);
12：   return 0;
13：}
```

对以上程序进行调试和测试，直到得出正确结果为止。

从以上两个例子可见，对于数值计算的问题，重点是找到问题中涉及的数据的关系及算法描述。问题中涉及的数据往往是简单数据类型，程序设计者的主要精力可以集中在程序设计的技巧上，不需要重视数据的结构。

1.1.2 非数值计算

随着计算技术的发展,计算机处理的数据不仅仅是简单的数值,而是字符串、图形、图像、语音、视频等复杂的数据。这些复杂的数据不仅量大,而且具有一定的结构。例如,一幅图像是由像素点组成的二维数组构成的;操作系统中的磁盘目录是树形结构;一个城市的交通信息是图形结构。

当今处理非数值计算问题占用了 90%以上的机器时间。这类问题涉及的数据元素之间的关系更为复杂,数据之间的关系一般无法用数学方程式来描述。因此,解决这类问题的关键是要设计出合适的数据结构,并对数据操作进行有效的描述。下面所列举的问题属于非数值问题。

【例 1-3】 学生信息检索系统,系统中学生的信息由学号、姓名、性别、专业和年级组成,计算机的主要操作是按照某个特定的要求对学生信息进行查询。当需要查找某个学生、某个专业或者某个年级的学生情况时,只要建立相关的数据结构,并根据这种数据结构编写相关程序,就可以实现数据的快速检索。因此可以建立一张按学号排序的表,同时可以分别建立按姓名、专业和年级顺序排列的索引表,如表 1-1～表 1-4 所示。

表 1-1 学生信息表

学号	姓名	性别	专业	年级
14111003	曹春旭	男	软件工程	2014
15110014	董思雨	女	计算机科学与技术	2015
15110036	及朝阳	男	计算机科学与技术	2015
15110093	王建琪	男	电子商务	2015
15110127	张子睿	男	电子商务	2015
15111120	曾秀芬	女	软件工程	2015
15112033	刘建琮	男	计算机科学与技术	2015
16852143	于鑫荣	男	软件工程	2016
16852146	张德槅	男	软件工程	2016
15110078	苏鹏展	男	电子商务	2016

表 1-2 性别索引表

性别	索引号
男	1,3,4,5,7,8,9,10
女	2,6

表 1-3 专业索引表

专业	索引号
计算机科学与技术	2,3,7
电子商务	4,5,10
软件工程	1,6,8,9

表 1-4 年级索引表

年级	索引号
2014	1
2015	2,3,4,5,6,7
2016	8,9,10

通过以上对数据结构的重构,在程序运行时如果需要查询某个专业的全部学生信息,只需要编写程序先对表 1-3 进行查询,查到对应专业的全部索引号,再根据索引编号对表 1-1 进行查询即可,查询过程中需要进行比较的数据量大大减少,从而可以提高整个系统的查询效率。

在这类文档管理的数学模型中,计算机处理的对象之间存在着一种简单的线性关系,即一对一的关系，这类数学模型可称为线性的数据结构。例如，对表 1-1 中的数据，把每个学生的完整信息抽象为一个数据点，数据点之间存在一对一的前后次序关系，抽象后的数据结构如图 1-1 所示。

学号	姓名	性别	专业	年级
14111003	曹春旭	男	软件工程	2014
15110014	董思雨	女	计算机科学与技术	2015
15110036	及朝阳	男	计算机科学与技术	2015
15110093	王建琪	男	电子商务	2015
15110127	张子睿	男	电子商务	2015
15111120	曾秀芬	女	软件工程	2015
15112033	刘建琮	男	计算机科学与技术	2015
16852143	于鑫荣	男	软件工程	2016
16852146	张德榴	男	软件工程	2016
15110078	苏鹏展	男	电子商务	2016

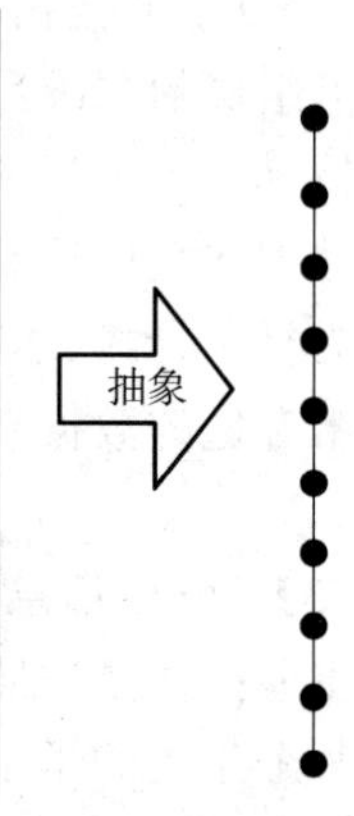

图 1-1　线性结构抽象图例

【例 1-4】 四皇后问题。在 4×4 的棋盘上放置 4 个皇后，如果在同一行、同一列、同一对角线上都不存在两个皇后，那么这个棋盘格局就是四皇后问题的一个解。

这个问题的处理过程不是根据某种确定的计算法则，而是根据棋盘的当前状态进行试探，把当前状态下所有可能的下一状态全部罗列出来，再判断哪种状态可能成为问题的解。在计算机中存储最初的状态布局，随后一步步地进行试探，每试探一步形成一个新的状态，整个试探过程形成了一颗隐含的状态树，如图 1-2 所示。

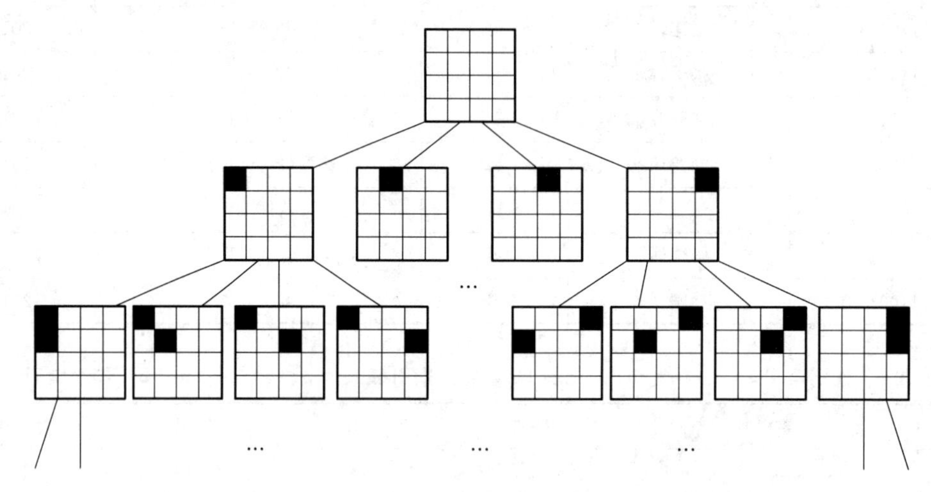

图 1-2　四皇后问题隐含的状态树

计算机在处理这类问题时，根据棋盘的最初始状态一步步列出所有可能出现的棋盘状态。在这个过程中计算机操作的对象是所有可能出现的棋盘状态(称为格局)。如图 1-2 所示，每一个 4×4 的方框为一个格局，格局之间的关系是由一步步的试探过程决定的。图中顶层格局可以派生出 4 个格局，而每一个新的格局又可以派生出 4 个格局。因此，从开始试探到试探结束，把所有可能出现的格局都画在一张图上，可得到一棵倒长的“树”，“树根”是棋盘空白的最初状态，而所有的“叶子”是可能出现的问题的解。求解的过程是从树根沿树杈到叶子的过程。

“树”可以是某些非数值计算问题的数学模型，也是一种数据结构，反映的是数据之间一对多的关系，如图 1-3 所示。

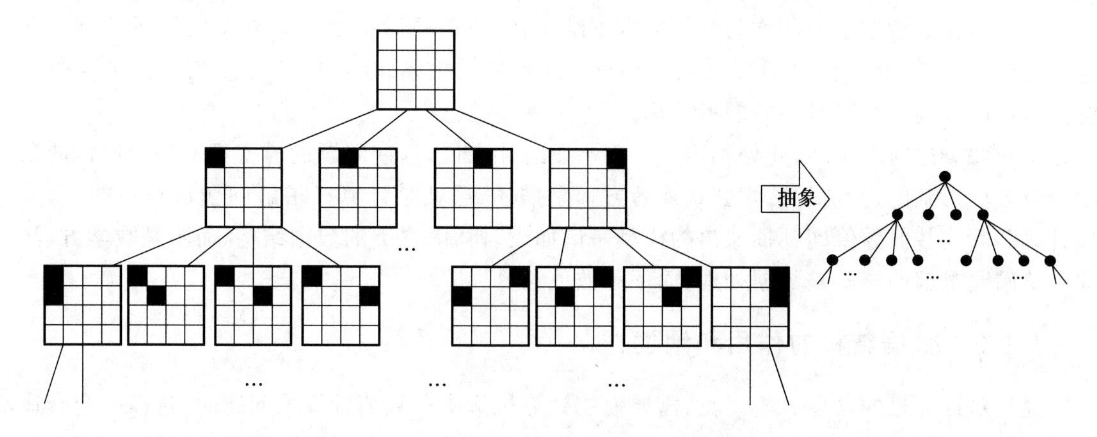

图 1-3　树形结构抽象图例

【例 1-5】　多岔路口交通灯的管理问题。通常，在十字路口只需设红绿交替的交通信号灯就可以保持正常的交通秩序。而在多岔路口，需设几种颜色的交通灯才能在保证车辆相互不碰撞的前提下达到车辆的最大流通。假设有一个如图 1-4 所示的五岔路口，其中 C 和 E 为单行车道。通过对路口的分析可知，在路口有 13 条可行的通路，其中有的是可以同时通行的通路，例如 A→B 和 E→C，有的是不可以同时通行的通路，例如 E→B 和 A→D。该如何设置交通灯对车辆进行管理呢？

通过对上述问题的分析得知，不同行驶路线间可能出现冲突，存在安全问题。需要做出安排，对所有可能行驶路线分组，保证不冲突的前提下使得组内各方向行驶的车辆尽可能多。为了表示方便，用 AB 表示 A→B，对应一个结点，依此类推。在不能同时行驶的结点间画一条连线，表示它们互相冲突。形成如图 1-5 所示的交通冲突图形。

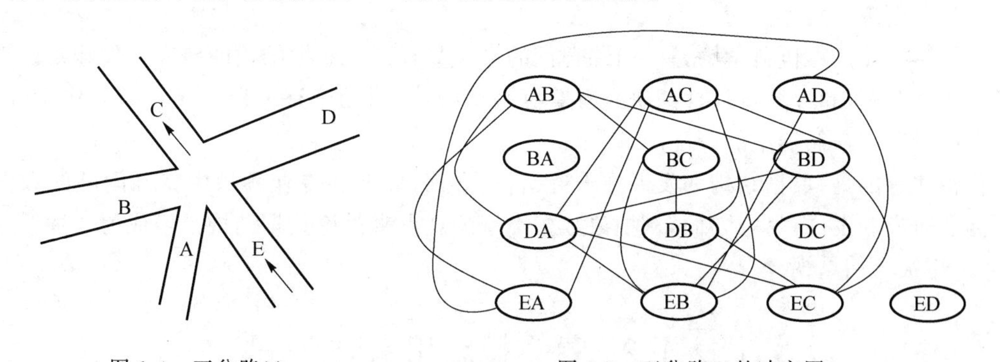

图 1-4　五岔路口　　　　图 1-5　五岔路口的冲突图

接下来的任务是对图中的结点根据冲突情况进行分组，分组的原则是有连线的两点不能在同一个组内。这个问题的求解有很多种不同的方法，例如使用贪心算法可以得到一个简单的分组：第一组 AB，AC，AD，BA，DC，ED；第二组 BC，BD，EA；第三组 DA，DB；第四组 EB，EC。如果希望提供最大行驶可能，问题就不是安全划分，而是基于安全划分的分组最大化。可将原分组情况进行扩充得到这样一种分组结果：第一组 AB，AC，AD，BA，DC，ED；第二组 BC，BD，EA，BA，DC，ED；第三组 DA，DB，BA，DC，ED，AD；第四组 EB，EC，BA，DC，ED，EA。这个分组是在贪心算法得到某个分组的前提下实现的最优解，实际的分组情况有很多，要得到最优解,需要列出所有可能的分组情况再对性能进行分析,如果可能的组合个数很多,那么逐个枚举需要指数时间,此方法的效率很低。

这类问题的模型是一种称为"图"的数据结构,它反映了数据之间多对多的关系。例如在这个问题中,结点和结点之间都可能有多条连线来表示关系。将图 1-5 中所有结点抽象为数据点就可以看到一个多对多的图形结构。

诸如此类的问题很多,此处不再一一列举。总体来说,这些问题的模型都不是用通常的数学分析方法得到的,无法用数学公式或者方程来描述,这就是计算机求解问题过程中的"非数值计算",而这些非数值问题抽象出的模型是诸如表、树、图之类的数据结构,而不是数学方程,非数值问题求解的核心是数据处理,而不是数值计算。

1.1.3 数据结构的作用和地位

通过对计算机的功能分析可见,需要使用计算机解决非数值计算的问题时,选择一个合适的数据结构来描述数据关系,对问题的解决会有很大帮助。因此,简单来说,在计算机学科中,数据结构是一门研究非数值计算的程序设计问题中计算机的操作对象以及它们之间的关系和操作等的学科。

数据结构作为一门独立的课程设立之初,几乎和图论,特别是和表、树的理论为同义词。随后,数据结构这个概念被扩充到包括网络、集合代数论、格、关系等方面,从而变成了现在称之为《离散结构》的内容。然而,由于数据必须在计算机中进行处理,因此不仅要考虑数据本身的数学性质,还必须考虑数据的存储结构,这就扩大了数据结构的内容。近年来,随着数据库系统的不断发展,在数据结构课程里又增加了文件管理的内容。

20 世纪 60 年代末到 70 年代初,出现了大型程序,软件也相对独立,结构程序设计成为程序设计方法学的主要内容,人们越来越重视"数据结构"。程序设计的实质是对确定的问题选择一种好的结构,设计一种好的算法。20 世纪 70 年代中期到 80 年代初,各种版本的数据结构著作相继出现。

数据结构在计算机科学中是一门综合性的专业基础课。数据结构的研究不仅涉及计算机硬件的研究范围,和计算机软件的研究有着更密切的关系,无论是编译程序还是操作系统,都涉及数据元素在存储器中的分配问题。

值得注意的是,数据结构的发展并未终结,一方面,面向各专业领域中特殊问题的数据结构得到了研究和发展;另一方面,从抽象数据类型的观点来讨论数据结构已经成为一种新的趋势,越来越被人们重视。

1.2 基本概念和术语

数据(Data):是客观事物的符号表示。在计算机科学中指的是所有能输入计算机中并被计算机程序处理的符号的总称。它是计算机程序加工的"原料"。例如,一个利用数值分析方法解代数方程的程序,处理对象是整数和实数;一个编译程序或文字处理程序的处理对象是字符串。对计算机科学而言,数据的含义极为广泛,如文字、图像、声音等。

数据元素(Data Element):是数据的基本单位,在程序中通常作为一个整体来进行考虑和处理。一个数据元素可由若干个数据项(Data Item)组成。数据项是数据不可分割的最小单位。数据项是对客观事物某一方面特性的数据描述。

数据对象(Data Object)：是性质相同的数据元素的集合，是数据的一个子集。如字符集合 $C=\{'A','B','C',\cdots\}$。

数据结构(Data Structure)：是指相互之间具有(存在)一定联系(关系)的数据元素的集合。元素之间的相互联系(关系)称为逻辑结构。数据元素之间的逻辑结构有四种基本类型，如图 1-6 所示。

① 集合：结构中的数据元素除了“同属于一个集合”外，没有其他关系。

② 线性结构：结构中的数据元素之间存在一对一的关系。

③ 树形结构：结构中的数据元素之间存在一对多的关系。

④ 图状结构或网状结构：结构中的数据元素之间存在多对多的关系。

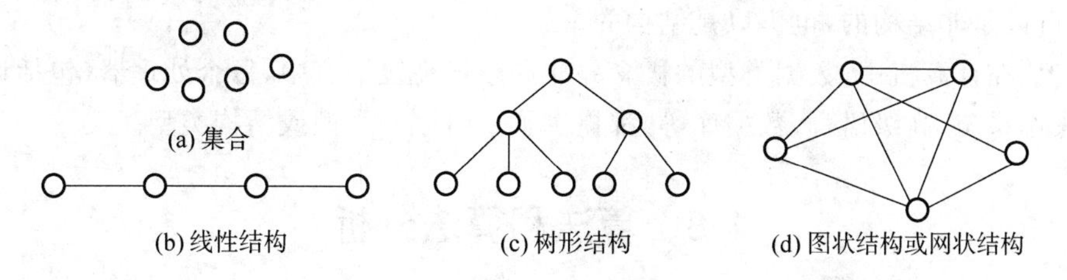

图 1-6　四种基本结构

数据结构的形式定义是一个二元组：

Data-Structure$=(D,S)$

其中，D 是数据元素的有限集，S 是 D 上关系的有限集。

【例 1-6】 设数据逻辑结构

$B=(K,R)$

$K=\{k_1,k_2,\cdots,k_9\}$

$R=\{<k_1,k_3>,<k_1,k_8>,<k_2,k_3>,<k_2,k_4>,<k_2,k_5>,<k_3,k_9>,<k_5,k_6>,<k_8,k_9>,<k_9,k_7>,<k_4,k_7>,<k_4,k_6>\}$

逻辑结构 B 描述了一个具有 9 个数据元素、11 个关系的数据结构，可以根据 K 和 R 的描述画出逻辑结构 B 的图示。

数据元素之间的关系可以是元素之间代表某种含义的自然关系，也可以是为处理问题方便而人为定义的关系，这种自然或人为定义的“关系”称为数据元素之间的逻辑关系，相应的结构称为逻辑结构。

数据结构在计算机内存中的存储包括数据元素的存储和元素之间关系的表示。

元素之间的关系在计算机中有两种不同的表示方法：顺序表示和非顺序表示。由此得出两种不同的存储结构：顺序存储结构和链式存储结构。顺序存储结构是指用数据元素在存储器中的相对位置来表示数据元素之间的逻辑结构(关系)。链式存储结构是指在每一个数据元素中增加一个存放另一个元素地址的指针(Pointer)，用该指针来表示数据元素之间的逻辑结构(关系)。

例如，设有数据集合 $A=\{3.0,2.3,5.0,-8.5,11.0\}$，两种不同的存储结构如下。

- 顺序存储结构：数据元素存放的地址是连续的；
- 链式存储结构：数据元素存放的地址是否连续没有要求。

数据的逻辑结构和物理结构是密不可分的两个方面，一个算法的设计取决于所选定的逻辑结构，而算法的实现依赖于所采用的存储结构。

在 C 语言中，用一维数组表示顺序存储结构；用结构体类型表示链式存储结构。

数据类型(Data Type)是和数据结构密切相关的一个概念,它最早出现在高级程序语言中,用以刻画操作对象的特征。在用高级程序语言编写的程序中,每个变量、常量或表达式都有一个它所属的确定的数据类型。类型明显或隐含地规定了在程序执行期间变量或表达式所有可能取值的范围,以及在这些值上允许进行的操作。因此数据类型是一个值的集合和定义在这个集合上的一组操作的总称。

按“值”的不同特性,高级程序语言中的数据类型可分为两类。

① 非结构的原子类型。原子类型的值是不可分解的,例如C语言中的基本类型(整型、实型、字符型和枚举类型)、指针类型和空类型。

② 结构类型。结构类型的值是由若干成分按某种结构组成的,因此是可以分解的,并且它的成分可以是非结构的,也可以是结构的。

实际上,在计算机中,数据类型的概念并非局限于高级语言中,每个处理器(包括计算机硬件系统、操作系统、高级语言、数据库等)都提供了一组原子类型或结构类型。

1.3 算法和算法分析

1.3.1 算法

算法(Algorithm)是对特定问题求解步骤的一种描述,它是指令的有限序列,其中每一条指令表示一个或多个操作。此外,一个算法还具有下列5个重要特征。

(1) 有穷性:一个算法必须总是(对任何合法的输入值)在执行有穷步之后结束,且每一步都可在有穷时间内完成。

(2) 确定性:算法中每一条指令必须有确切的含义,读者理解时不会产生二义性。并且,在任何条件下,算法只有唯一的一条执行路径,即对于相同的输入只能得出相同的输出。

(3) 可行性:一个算法是能行的,即算法中描述的操作都是可以通过已经实现的基本运算执行有限次来实现的。

(4) 输入:一个算法有零个或多个输入,这些输入取自于某个特定的对象的集合。

(5) 输出:一个算法有一个或多个输出,这些输出是同输入有着某些特定关系的量。

1.3.2 算法设计的要求

通常设计一个“好”的算法应考虑达到以下目标。

(1) 正确性(Correctness):算法应当满足具体问题的需求。

(2) 可读性(Readability):算法首先是为了人的阅读与交流,其次才是机器执行。

(3) 健壮性(Robustness):当输入数据非法时,算法也能适当地做出反应或进行处理,而不会产生莫名其妙的输出结果。

(4) 效率与低存储量需求:效率指的是算法执行时间。存储量需求指算法执行过程中所需要的最大存储空间。

1.3.3 算法效率的度量

算法执行时间需要通过依据该算法编制的程序在计算机上运行时所消耗的时间来度量。而度量一个程序的执行时间通常有两种方法。

(1) 事后统计的方法：因为很多计算机内部都有计时功能，有的甚至可精确到毫秒级，不同算法的程序可通过一组或若干组相同的统计数据以分辨优劣。但这种方法有两个缺陷：一是必须先运行依据算法编制的程序；二是所得时间的统计量依赖于计算机的硬件、软件环境因素，有时容易掩盖算法本身的优劣。因此人们常常采用另一种事前分析估算的方法。

(2) 事前分析估算的方法：一个用高级语言编写的程序在计算机上运行时所消耗的时间取决于下列因素：

① 依据的算法选用何种策略；

② 问题的规模；

③ 书写程序的语言，对于同一个算法，实现语言的级别越高，执行效率越低；

④ 编写程序所产生的机器代码的质量；

⑤ 执行指令的速度。

一个算法是由控制结构(有顺序、分支和循环 3 种)和原操作(指固有数据类型的操作)构成的，则算法时间取决于两者的总和效果。为了便于比较同一问题的不同算法，通常的做法是，从算法中选取一种对于所研究的问题(或算法类型)来说是基本操作的原操作，以该基本操作重复执行的次数作为算法的时间量度。

例如，在如下所示的两个 $n\times n$ 矩阵相乘的算法中，“乘法”运算是“矩阵相乘问题”的基本操作。整个算法的执行时间与该基本操作(乘法)重复执行的次数 n^3 成正比，记作 $T(n)=O(n^3)$。

```
for(i = 1;i< = n; ++ i)
    for(j = 1;j< = n; ++ j){
    C[i][j] = 0;
    for(k = 1;k< = n; ++ k)
        C[i][j] + = a[i][k] * b[k][j];
    }
```

一般情况下，算法中基本操作重复执行的次数是问题规模 n 的某个函数 $f(n)$，算法的时间量度记作

$$T(n)=O(f(n))$$

它表示随问题规模 n 的增大，算法执行时间的增长率和 $f(n)$ 的增长率相同，称作算法的渐近时间复杂度(Asymmetric Time Complexity)，简称时间复杂度。

1.3.4 算法的存储空间需求

类似于算法的时间复杂度，本书中以空间复杂度(Space Complexity)作为算法所需存储空间的量度，记作

$$S(n)=O(f(n))$$

其中，n 为问题的规模(或大小)。一个上机执行的程序除了需要存储空间来寄存本身所用指令、常数、变量和输入数据外，也需要一些对数据进行操作的工作单元和存储一些为实现计算所需信息的辅助空间。

第2章 线 性 表

线性表是数据结构中最简单的基本数据结构，其应用范围广泛，操作和维护简单，在实际应用中，对于提高数据运算的可靠性和操作效率都至关重要。对于数据结构初学者，线性表就好比一把开启数据结构之门的钥匙，从此尽情享受数据结构之美。本章将着重介绍线性表的顺序存储和链式存储。

2.1 线性表的概念和抽象数据类型

通俗来说，一个线性表是 n 个相同类型数据元素的有序集合。其特点是在数据元素的非空集合中，存在唯一的一个"第一元素"；存在唯一的一个"最后元素"；除第一元素外，每个元素均只有一个直接前驱；除最后元素外，每个元素均只有一个直接后继。

2.1.1 线性表的概念

在实际生活中，线性表的例子很多，例如字母表(a,b,c,…,z)，100以内的质数(2,3,5,7,11,…,97)；又如某班级学生信息表，如表2-1所示，表的每一个学生信息称为一个记录，它由学号、姓名、性别、出生年月构成，多条学生信息构成一个线性表。

表 2-1 学生信息表

学号	姓名	性别	出生年月
0001	张三	男	1995/10
0002	李四	女	1997/01
0003	王五	男	1996/10

综上所述，线性表定义如下：

线性表是具有相同数据类型的 $n(n\geqslant 0)$ 个数据元素的有限序列，通常记为 $(a_1,a_2,a_3,\cdots,a_{i-1},a_i,\cdots,a_n)$，其中 n 为表长，$n=0$ 时称为空表。表中相邻元素之间存在着顺序关系，将 a_{i-1} 称为 a_i 的直接前驱，a_{i+1} 称为 a_i 的直接后继。

也就是说，对于 a_i，当 $i=2,3,\cdots,n$ 时，有且仅有一个直接前驱 a_{i-1}；当 $i=1,2,\cdots,n-1$ 时，有且仅有一个直接后继 a_{i+1}。而 a_1 是线性表的第一个元素，它没有前驱，a_n 是表中的最后一个元素，它没有后继。

a_i 是序号为 i 的数据元素($i=1,2,\cdots,n$)，通常它的数据类型可以是 int、float、char 等基本数据类型，如字母表、100以内的质数，也可以是结构体等自定义的数据类型，如之前的学生信息，根据实际情况确定即可。

在线性表中，若 $a_1\leqslant a_2\leqslant a_3\leqslant\cdots\leqslant a_n$，则该表称为非递减有序表；若 $a_1\geqslant a_2\geqslant a_3\geqslant\cdots\geqslant a_n$，则称为非递增有序表；否则称为无序表。

2.1.2 线性表的抽象数据类型定义

以上讨论了线性表的结构特征，本节将给出线性表的抽象数据类型定义，即ADT定义。

```
ADT List{
数据对象:D={ ai|ai∈ElemSet,i=1,2,…,n,n>=0}
数据关系:R={< ai-1, ai >| ai-1, ai∈D,i=2,3,…,n}
基本操作:
InitList(&L)
操作结果:构造一个空的线性表L。
DestroyList(&L)
初始条件:线性表L已存在。
操作结果:销毁线性表L。
ClearList(L)
初始条件:线性表L已存在。
操作结果:线性表L成为空表。
ListEmpty(L)
初始条件:线性表L已存在。
操作结果:若L为空表,则返回TRUE,否则返回FALSE。
ListLength(L)
初始条件:线性表L已存在。
操作结构:函数值为给定线性表L中数据元素的个数。
GetElem(L,i,&e)
初始条件:线性表L已存在,且1≤i≤ListLength(L)。
操作结果:用e返回L中第i个数据元素的值。
LocateElem(L,e,compare())
初始条件:线性表L已存在,compare()是数据元素判定函数。
操作结果:返回L中第1个与e满足关系compare()的数据元素。若这样的数据元素不存在,则返回值为0。
PriorElem(L,cur_e,&pre_e)
初始条件:线性表L已存在。
操作结果:若cur_e是L的数据元素,且不是第一个,则用pre_e返回它的前驱,否则操作失败,pre_e无定义。
NextElem(L,cur_e,&next_e)
初始条件:线性表L已存在。
操作结果:若cur_e是L的数据元素,且不是最后一个,则用next_e返回它的后继,否则操作失败,next_e无定义。
ListInsert(&L,i,e)
初始条件:线性表L已存在,1≤i≤ListLength(L)+1。
操作结果:在线性表L中的第i个位置之前插入新数据元素e,L的长度加1。
ListDelete(&L,i,&e)
初始条件:线性表L已存在且非空,1≤i≤ListLength(L)。
操作结果:删除线性表L中第i个数据元素,并用e返回其值,L的长度减1。
```

```
ListTraverse(L,Visit())
初始条件:线性表L已存在,Visit是元素输出函数。
操作结果:遍历线性表所有元素并输出。
}ADT List
```

对上述定义的抽象数据类型线性表,还可以进行一些更复杂的操作,例如,将两个或两个以上的线性表合并成一个线性表,把一个线性表拆开分成两个或两个以上的线性表,重新复制一个线性表等。

2.2 线性表的顺序表示和实现

线性表的顺序存储是指在内存中用地址连续的一块存储空间顺序存放线性表的各元素,用这种存储形式存储的线性表称为顺序表。内存中的地址是线性的,因此,用物理上的相邻实现数据元素之间逻辑相邻关系是简单、自然的。

2.2.1 顺序表的定义

假设线性表的每个元素需占用 l 个存储单元,并以所占的第一个单元的存储地址作为数据元素的存储位置,则线性表中第 $i+1$ 个数据元素的存储位置 $\mathrm{Loc}(a_{i+1})$ 和第 i 个数据元素的存储位置 $\mathrm{Loc}(a_i)$ 之间满足下列关系:

$$\mathrm{Loc}(a_{i+1})=\mathrm{Loc}(a_i)+l$$

一般来说,线性表的第 i 个数据元素 a_i 的存储位置为:

$$\mathrm{Loc}(a_i)=\mathrm{Loc}(a_1)+(i-1)l$$

式中,$\mathrm{Loc}(a_1)$ 是线性表的第一个数据元素 a_1 的存储位置,通常称作线性表的起始位置或基地址。

线性表的这种机内表示称作线性表的顺序存储结构或顺序映像(Sequential Mapping),通常,称这种存储结构的线性表为顺序表。它的特点是,为表中相邻的元素 a_i 和 a_{i+1} 赋以相邻的存储位置 $\mathrm{Loc}(a_i)$ 和 $\mathrm{Loc}(a_{i+1})$。换句话说,元素的存储位置都和线性表的起始位置相差一个和数据元素在线性表中的位序成正比的常数。由此,只要确定了存储线性表的起始位置,线性表的任何一个数据元素都可以随机存取,所以线性表的顺序存储结构是一种随机存取的存储结构。

如图 2-1 所示,线性表的顺序存储形式中,内存状态、存储地址及数据元素在线性表中的位序之间存在对应关系。

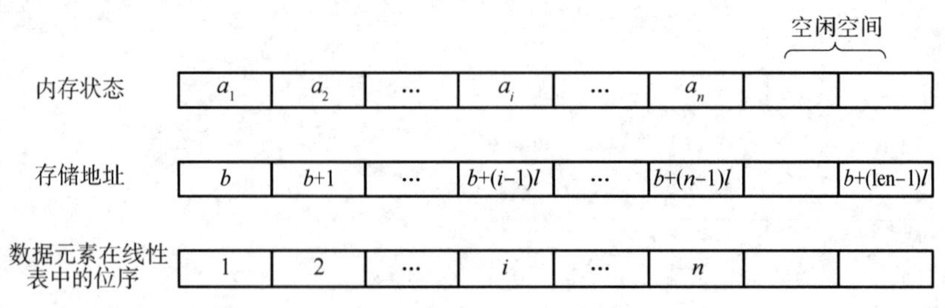

图 2-1 线性表对应关系

由于高级程序设计语言中的数组类型也有随机存取的特性，因此，通常都用数组来描述数据结构中的顺序存储结构，描述如下：

```
01:/* ------------ 线性表的静态分配顺序存储结构 ------------ */
02:#define MAX_SIZE 100                  //线性表的最大存储量
03:typedef struct{
04:   ElemType elem[MAX_SIZE];           //存储线性表的数组
05:   int length;                        //线性表的当前长度
06:}SqList;
```

在此，由于线性表的长度可变，且所需最大存储空间随问题不同而不同，则在C语言中可用动态分配的一维数组，如下描述：

```
01:/* ------------ 线性表的动态分配顺序存储结构 ------------ */
02:#define LIST_INIT_SIZE 100            //线性表存储空间的初始分配量
03:#define LISTINCREMENT 10              //线性表存储空间的分配增量
04:typedef struct{
05:   ElemType *elem;                    //存储空间基地址
06:   int length;                        //当前长度
07:   int listsize;                      //当前分配的存储容量(以 sizeof(ElemType)为单位)
08:}SqList;
```

在上述定义中，数组指针 elem 指示线性表的基地址，length 指示线性表的当前长度。顺序表的初始化操作就是为顺序表分配一个预定义大小的数组空间，并将线性表的当前长度设置为“0”。listsize 指示顺序表当前分配的存储空间大小，一旦因插入元素而空间不足时，可进行再分配，即为顺序表增加一个大小为存储 LISTINCREMENT 个数据元素的空间。

通过对比两种不同存储结构的特点不难发现，静态分配顺序存储结构操作上相对简单，但空间大小不可改变，可能出现所需空间较小而分配空间过大的问题，造成空间浪费；同样，也可能出现分配空间较小而无法满足数据存储需求的问题，造成数据丢失。而动态分配顺序存储结构虽可满足各种情况，但操作较复杂。故在实际应用中，应仔细分析应用背景，选择合适的结构。

2.2.2　顺序表的操作及应用

上一节介绍了线性表的静态分配存储结构和动态分配存储结构的结构体定义，接下来我们通过线性表的动态分配存储结构来介绍顺序表（虽然动态分配存储结构比静态分配存储结构难度大，但其实两者只是差了一个 malloc()函数和指针而已）。

1. 线性表初始化

对于一个已定义的顺序表结构，为其进行初始化无外乎是动态申请定义的初始存储容量的空间，并将线性表的初始存储容量设置为已申请的大小，线性表长度为0。代码如下：

```
01:int InitList_Sq(SqList *L)
02:{
03:   L->elem=(LElemType_Sq*)
       malloc(LIST_INIT_SIZE*sizeof(LElemType_Sq));
```

```
04:  if(!L->elem)                                     //分配内存失败
05:    exit(-1);
06:  L->length=0;                                     //初始化顺序表长度为0
07:  L->listsize=LIST_INIT_SIZE;                      //顺序表初始内存分配量
08:  return 1;
09:}
```

在线性表的动态分配存储结构中，很容易实现一些基本的操作，如随机存取第 i 个数据元素、指定位置插入一个元素或删除一个元素等。要特别注意的是，C 语言中数组的下标是从“0”开始的，因此，若 L 是 SqList 类型的顺序表，则表中的第 i 个数据元素是 L. elem[$i-1$]。

2. 线性表插入元素操作

线性表的插入操作是指在线性表的第 $i-1$ 个数据元素和第 i 个数据元素之间插入一个新的数据元素，就是要使长度为 n 的线性表($a_1,a_2,\cdots,a_{i-1},a_i,\cdots,a_n$)变成长度为 $n+1$ 的线性表($a_1,a_2,\cdots,a_{i-1},b,a_i,\cdots,a_n$)。

数据元素 a_{i-1}和 a_i之间的逻辑关系发生了变化。在线性表的顺序存储结构中，由于逻辑上相邻的数据元素在物理位置上也是相邻的，因此，除非 $i=n+1$，否则必须移动元素才能反映这个逻辑关系的变化。

图 2-2 所示为一个线性表在进行插入操作的前后其数据元素在存储空间中的位置变化。为了在线性表的第 4 个和第 5 个元素之间插入一个值为 56 的元素，需将第 5 个至第 7 个元素依次往后移动一个位置。

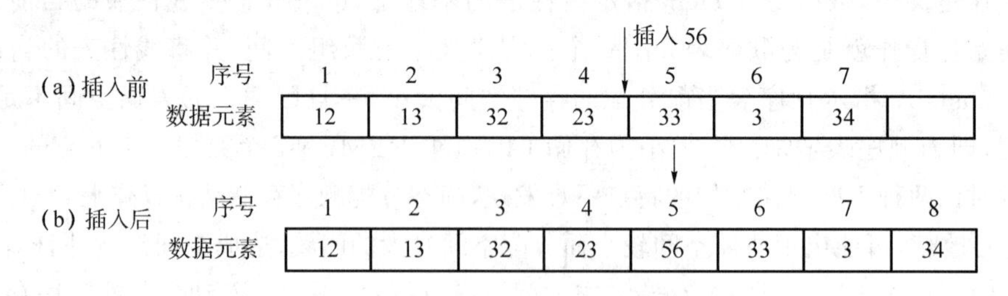

图 2-2 线性表插入元素的过程

一般情况下，在第 $i(1\leqslant i\leqslant n)$个元素之前插入一个元素时，需将第 i 至第 n(共 $n-i+1$)个元素向后移动一个位置，算法如下：

```
01:int ListInsert_Sq(SqList *L,int i,LElemType_Sq e)
02:{
03:  LElemType_Sq *newbase;
04:  LElemType_Sq *p,*q;
05:  if(i<1 || i>L->length+1)                         //如果i不合法,则返回-1
06:    return -1;
07:  if(L->length >= L->listsize)                     //若存储空间已满,需开辟新空间
08:  {
09:  //第10行代码无法一行显示,故分两行,其作用为申请空间
10:    newbase=(LElemType_Sq *)realloc(L->elem,
     (L->listsize+LISTINCREMENT)*sizeof(LElemType_Sq));
```

```
11:     if(!newbase)                                //如果申请空间失败
12:       exit(-1);
13:     L->elem = newbase;                          //将成功申请的地址给elem
14:     L->listsize += LISTINCREMENT;               //更改当前分配的存储容量
15:   }
16:   q = &L->elem[i-1];                            //q为插入位置
17:   for(p = &L->elem[L->length-1];p>=q;p--)
18:     *(p+1) = *p;                                //插入位置及之后的元素右移
19:   *q = e;                                       //插入e
20:   L->length++;                                  //表长加1
21:   return 1;
22:}
```

3. 线性表删除元素操作

线性表的删除操作是使长度为 n 的线性表$(a_1,a_2,\cdots,a_{i-1},a_i,a_{i+1},\cdots,a_n)$变成长度为 $n-1$ 的线性表$(a_1,a_2,\cdots,a_{i-1},a_{i+1},\cdots,a_n)$。数据元素 a_{i-1}、a_i 和 a_{i+1} 之间的逻辑关系发生变化，为了在存储结构上反映这个变化，同样需要移动元素。如图 2-3 所示，为了删除第 5 个数据元素，必须将第 6 个至第 7 个元素都依次往前移动一个位置。

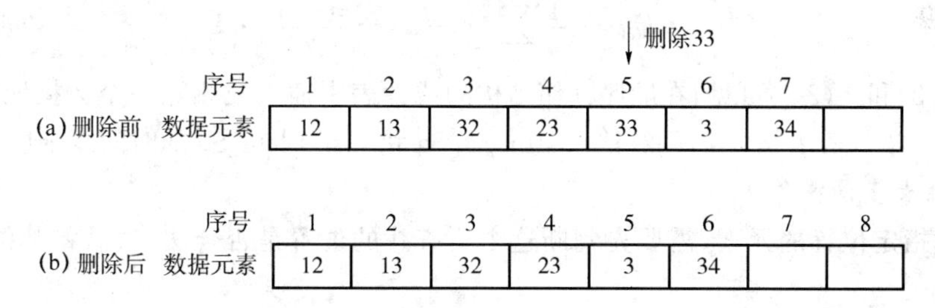

图 2-3　线性表删除元素的过程

一般情况下，删除第 $i(1\leqslant i\leqslant n)$ 个元素时需要将第 $i+1$ 至第 n(共 $n-i$)个元素依次向前移动一个位置，算法如下：

```
01:int ListDelete_Sq(SqList *L,int i,LElemType_Sq *e)
02:{
03:   int j;
04:   LElemType_Sq *p, *q;
05:   if(i<1 || i>L->length)
06:     return -1;                                  //i值不合法
07:   p = &L->elem[i-1];                            //p为被删除元素的位置
08:   *e = *p;                                      //将要删除的元素值赋给e
09:   q = L->elem + L->length-1;                    //表尾元素位置
10:   for(p++;p<=q;p++)
11:     *(p-1) = *p;                                //被删元素之后的元素左移
12:   L->length--;                                  //长度减1
13:   return 1;
14:}
```

通过上述两个例子可见，当在顺序存储结构的线性表中某个位置上插入或删除一个数据元素时，其时间主要消耗在移动元素上（换句话说，移动元素的操作为预估算法时间复杂度的基本操作），而移动元素的个数取决于插入或删除元素的位置。

假设 p_i 是在第 i 个元素之前插入一个元素的概率，则在长度为 n 的线性表中插入一个元素时所需移动元素次数的数学期望值（平均次数）为：

$$E_{\text{is}} = \sum_{i=1}^{n+1} p_i(n-i+1) \tag{2-1}$$

假设 q_i 是删除第 i 个元素的概率，则在长度为 n 的线性表中删除一个元素所需移动元素次数的期望值（平均次数）为：

$$E_{\text{dl}} = \sum_{i=1}^{n} q_i(n-i) \tag{2-2}$$

不失一般性，可以假定在线性表的任何位置上插入或删除元素都是等概率的，即

$$p_i = \frac{1}{n+1}, \quad q_i = \frac{1}{n}$$

则式(2-1)和式(2-2)可分别简化为式(2-3)和式(2-4)：

$$E_{\text{is}} = \frac{1}{n+1}\sum_{i=1}^{n+1}(n-i+1) = \frac{n}{2} \tag{2-3}$$

$$E_{\text{dl}} = \frac{1}{n}\sum_{i=1}^{n}(n-i) = \frac{n-1}{2} \tag{2-4}$$

由式(2-3)和式(2-4)可见，在顺序存储结构的线性表中插入或删除一个数据元素，平均约移动表中一半元素。若表长为 n，则算法 ListInsert_Sq 和 ListDelete_Sq 的时间复杂度为 $O(n)$。

4. 线性表查询操作

要查找指定位置的元素，需要先判断这个要查找的位置是否合法，然后将其值赋给指定参数，算法如下：

```
01:int GetElem_Sq(SqList L,int i,LElemType_Sq * e)
02:{
03:   if(i<1 || i>L.length)
04:     return -1;
05:   else
06:     * e = L.elem[i-1];
07:   return 1;
08:}
```

这里说的指定元素可以是等于这个元素值的元素，也可以是大于这个元素值或小于这个元素值的元素，该操作可以通过修改 CmpGreater 函数来实现，通过给 LocateElem_Sq 函数的形参 Compare 传入不同的 CmpGreater 函数，实现不同功能。例如需要查找元素值大于指定元素的第一个位置，算法如下：

```
01:int CmpGreater(LElemType_Sq e,LElemType_Sq data)
02:{
03:   return data>e ? 1 : 0;
04:}
```

```
05:
06:int LocateElem_Sq(SqListL,LElemType_Sqe,
      int(Compare)(LElemType_Sq,LElemType_Sq))
07:{
08:  int i = 1;                                      //i的初值为第一个元素的位序
09:  while(i< = L.length && ! Compare(e,L.elem[i - 1]))
10:    i++;
11:  if(i< = L.length)
12:    return i;
13:  else
14:    return 0;
15:}
```

对于给定的线性表 L,将要查询的给定元素 e 与线性表 L 中的每个非首结点元素依次对比是否相等。若能查询到相等元素且位置在 L.length 之前,则将其前驱元素赋值给指定接收参数。算法如下:

```
01:int PriorElem_Sq(SqList L,LElemType_Sq cur_e,LElemType_Sq * pre_e)
02:{
03:  int i = 1;
04:  if(L.elem[0]! = cur_e)                           //第一个结点无前驱
05:  {
06:    while(i<L.length && L.elem[i]! = cur_e)
07:      i++;
08:    if(i<L.length)
09:    {
10:      * pre_e = L.elem[i - 1];
11:      return 1;
12:    }
13:  }
14:  return -1;
15:}
```

对于给定的线性表 L,将要查询的给定元素 e 与线性表 L 中的每个非尾结点元素依次对比是否相等。若能查询到相等元素且位置在 L.length－1 之前,则将其后继元素赋值给指定接收参数。算法如下:

```
01:int NextElem_Sq(SqList L,LElemType_Sq cur_e,LElemType_Sq * next_e)
02:{
03:  int i = 0;
04:  while(i<L.length && L.elem[i]! = cur_e)
05:    i++;
06:  if(i<L.length - 1)
07:  {
```

```
08:     * next_e = L.elem[i + 1];
09:    return 1;
10:  }
11:  return - 1;
12:}
```

5. 线性表的遍历操作

所谓遍历,是指将表 L 中的每一个元素访问一遍。在这里,我们按顺序输出每一个元素的值(利用 PrintElem 函数实现),算法如下:

```
01:void PrintElem(LElemType_Sq e)
02:{
03:  printf(" %d ",e);
04:}
05:
06:int ListTraverse_Sq(SqList L,void(Visit)(LElemType_Sq))
07:{
08:  int i;
09:  for(i = 0;i<L.length;i++)
10:    Visit(L.elem[i]);
11:  return 1;
12:}
```

6. 线性表的其他操作

(1) 清空操作。对于一个给定的线性表,若要将其清空,只需要将其长度设置为 0 即可,而不需要逐个删除元素。算法如下:

```
01:void ClearList_Sq(SqList * L)
02:{
03:  L->length = 0;
04:}
```

(2) 销毁操作。销毁顺序表与清空顺序表最大的区别是要释放申请的空间,并将其指针指向 NULL。算法如下:

```
01:void DestroyList_Sq(SqList * L)
02:{
03:  free(L->elem);                    //释放空间
04:  L->elem = NULL;                   //释放内存后置空指针
05:  L->length = 0;
06:  L->listsize = 0;
07:}
```

(3) 获取顺序表长度。直接返回其长度值就可以实现获取长度。算法如下:

```
01:int ListLength(SqList L)
02:{
```

```
03:   return L.length;
04:}
```

(4) 判断是否是空表。判断线性表长度是否为0,若为0,则返回1,否则返回0。算法如下:

```
01:int ListEmpty_Sq(SqList L)
02:{
03:   if(L.length==0)
04:     return 1;
05:   else
06:     return 0;
07:}
```

2.3 线性表的链式表示和实现

上一节的讨论中可见,线性表的顺序存储结构的特点是逻辑关系上相邻的两个元素在物理位置上也相邻,因此可以随机存取表中任一元素,它的存储位置可用一个简单、直观的公式来表示。然而,从另一方面来看,这个特点也成了这种存储结构的弱点:在进行插入或删除操作时,需移动大量元素。本节我们将讨论线性表的另一种表示方法——链式存储结构,由于它不要求逻辑上相邻的元素在物理位置上也相邻,因此它没有顺序存储结构的弱点,但同时也失去了顺序表可随机存取的优点。

2.3.1 线性链表

线性表的链式存储结构的特点是用一组任意的存储单元存储线性表的数据元素(这组存储单元可以是连续的,也可以是不连续的)。因此,为了表示每个数据元素 a_i 与其直接后继数据元素 a_{i+1} 之间的逻辑关系,对数据元素 a_i 来说,除了存储其本身的信息之外,还需存储一个指示其直接后继的信息(即直接后继的存储位置)。这两部分信息组成数据元素 a_i 的存储映像,称为结点(Node)。它包括两个域,其中存储数据元素信息的域称为数据域;存储直接后继存储位置的域称为指针域。指针域中存储的信息称作指针或链。n 个结点($a_i(1 \leqslant i \leqslant n)$的存储映像)链接成一个链表,即为线性表($a_1,a_2,\cdots,a_i,\cdots,a_n$)的链式存储结构。又由于此链表的每个结点中只包含一个指针域,故又称作线性链表或单链表。

例如,图 2-4 所示为线性表(ZHAO,QIAN,SUN,LI,ZHOU,WU,ZHENG,WANG)的线性链表存储结构,整个链表的存取必须从头指针开始进行,头指针指示链表中第一个结点(即第一个数据元素的存储映像)的存储位置。同时,由于最后一个数据元素没有直接后继,则线性链表中最后一个结点的指针为“空”(NULL)。

用线性链表表示线性表时,数据元素之间的逻辑关系是由结点中的指针指示的。换句话说,指针为数据元素之间的逻辑关系的映像,则逻辑上相邻的两个数据元素其存储的物理位置不要求相邻,因此,这种存储结构为非顺序映像或链式映像。

通常我们把链表画成用箭头相连接的结点的序列,结点之间的箭头表示链域中的指针。图 2-4 所示的线性链表可画成如图 2-5 所示的形式,这是因为在使用链表时,关心的只是它所表示的线性表中数据元素之间的逻辑顺序,而不是每个数据元素在存储器中的实际位置。

头指针 H

31

存储地址	数据域	指针域
1	LI	43
7	QIAN	13
13	SUN	1
19	WANG	NULL
25	WU	37
31	ZHAO	7
37	ZHENG	19
43	ZHOU	25

图 2-4　线性链表示例

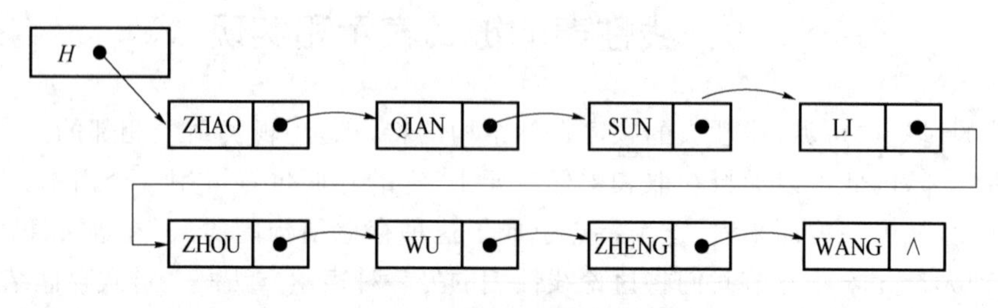

图 2-5　线性链表的逻辑状态

由上述可见，单链表可由头指针唯一确定，在 C 语言中可用“结构指针”来描述，其定义如下：

```
01:typedef  struct  LNode{
02:  ElemType  data;
03:  Struct LNode * next;
04:}LNode, * LinkList;
```

假设 L 是 LinkList 型的变量，则 L 为单链表的头指针，它指向表中的第一个结点，若 L 为“空”(L=NULL)，则所表示的线性表为空表，其长度 n 为“零”。有时，我们在单链表的第一个结点之前附上一个结点，称为头结点。头结点的数据域可以不存储任何信息，也可以存储如线性表长度等类的附加信息，头结点的指针域存储指向第一个结点的指针(即第一个元素结点的存储位置)。如图 2-6(a)所示，此时，单链表的头指针指向头结点。若线性表为空，则头结点的指针域为“空”，如图 2-6(b)所示。

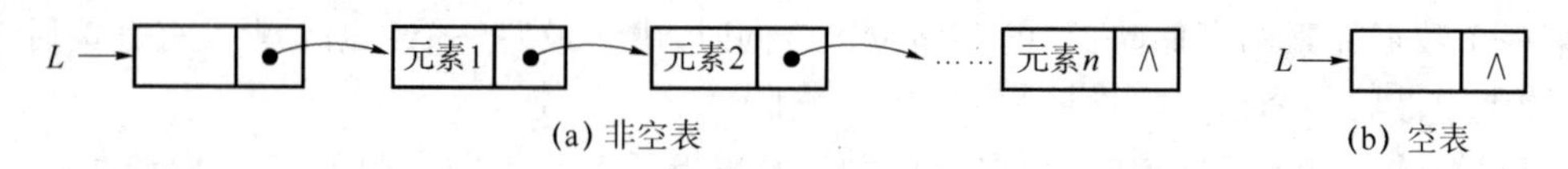

(a) 非空表　　(b) 空表

图 2-6　带头结点的单链表

在线性表的顺序存储结构中，由于逻辑上相邻的两个元素在物理位置上紧邻，则每个元素的存储位置都可以从线性表的初始位置计算得到。而在单链表中，任何两个元素的存储位置之间没有固定关系。然而，每个元素的存储位置都包含在其直接前驱结点的信息之中。假设 p 是指向线性链表中第 i 个数据元素(结点 a_i)的指针，则 p−>next−>data=a_{i+1}。由此，在单链表中，取得第 i 个数据元素必须从头指针出发寻找，因此，单链表是非随机存取的存储结构。

单链表的元素获取需要从头指针开始，通过访问指针域找到下一个元素的位置，代码如下：

```
01:int GetElem_L(LinkList L,int i,LElemType_L *e)
02:{
03:   //L为带头结点的单链表的头指针
04:   //当第i个元素存在时，其值赋给e并返回1，否则返回-1
05:   int j;
06:   LinkList p;
07:   j=1;                           //j为计数器
08:   p=L->next;                     //初始化，p指向第一个结点
09:   while(p && j<i)                //顺指针向后查，直到p指向第i个元素或p为空
10:   {
11:     j++;
12:     p=p->next;
13:   }
14:   if(!p || j>i)                  //第i个元素不存在
15:     return -1;
16:   *e=p->data;                    //取第i个元素
17:   return 1;
18:}
```

如果要获取指定的满足某种要求的元素，如大于某个值的第一个元素，可以通过下面的算法来实现，即从第一个元素开始往后面找，直到满足要求返回这个数据或遍历所有元素后返回错误值−1。其中的ComGerater()函数就是需要满足的某种要求，可以根据需要自行定义。

```
01:int ComGerater(LElemType_L e,LElemType_L data)
02:{
03:   return data>e? 1:0;
04:}
05:int LocateElem_L(LinkList L,
      LElemType_L e,int(Compare)(LElemType_L,LElemType_L))
06:{
07:   int i;
08:   LinkList p;
09:   i=-1;                          //L不存在时返回-1
10:   if(L)
11:   {
12:     i=0;
13:     p=L->next;
14:     while(p)
```

```
15:     {
16:       i++;
17:       if(!Compare(e,p->data))
18:         p=p->next;
19:       else
20:         break;
21:     }
22:   }
23:   return i;
24:}
```

单链表的插入和删除操作就是对相关结点指针域的修改。假设我们要在线性表的两个数据元素 a 和 b 之间插入一个数据元素 x，已知 p 为其单链表存储结构中指向结点 a 的指针，如图 2-7(a)所示。

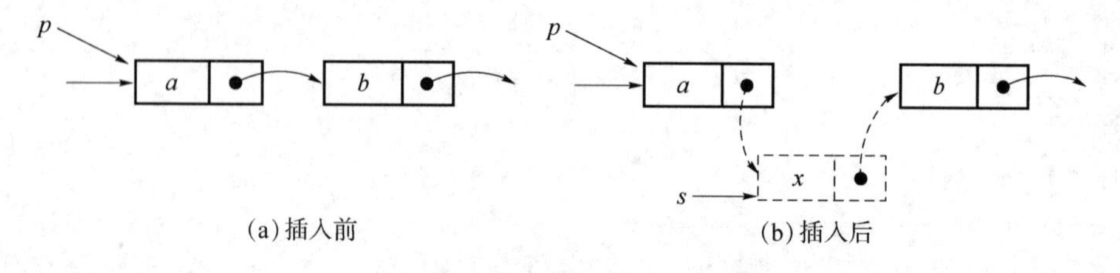

图 2-7　在单链表中插入结点时的指针变化情况

为了插入数据元素 x，首先要生成一个数据域为 x 的结点，然后插入单链表中。根据插入操作的逻辑定义，还需要修改结点 a 中的指针域，令其指向结点 x，而结点 x 中的指针域应指向结点 b，从而实现 3 个元素 a、b 和 x 之间逻辑关系的变化。插入后的单链表如图 2-7(b)所示。假设 s 为指向结点 x 的指针，则上述指针修改用语句描述即为 s－＞next＝p－＞next；p－＞next＝s；。

反之，如图 2-8 所示，在线性表中删除元素 b 时，为在单链表中实现元素 a、b 和 c 之间逻辑关系的变化，仅需修改结点 a 中的指针域即可。假设 p 为指向结点 a 的指针，则修改指针的语句为 p－＞next＝p－＞next－＞next；。

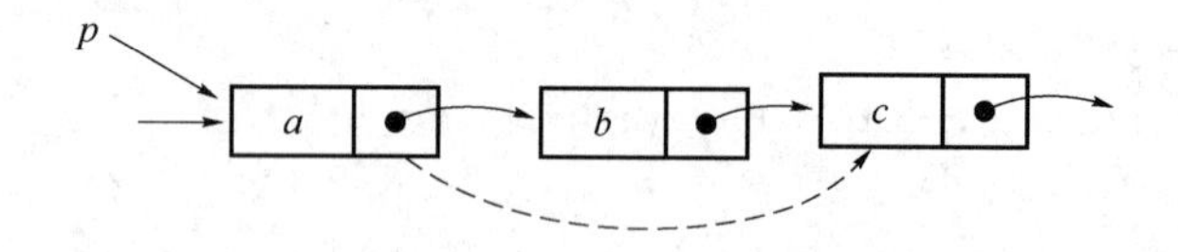

图 2-8　在单链表中删除结点时的指针变化情况

可见，在已知链表中元素插入或删除的确切位置的情况下，在单链表中插入或删除一个结点时，仅需修改指针而不需要移动元素。插入算法如下：

```
01:int ListInsert_L(LinkList L,int i,LElemType_L e)
02:{
03:  LinkList p,s;
04:  int j;
```

```
05:  p = L;
06:  j = 0;
07:  while(p && j<i - 1)                          //寻找第 i-1 个结点
08:  {
09:     p = p - >next;
10:     j ++ ;
11:  }
12:  if(!p || j>i - 1)
13:    return  - 1;
14:  s = (LinkList)malloc(sizeof(LNode));      //申请结点空间
15:  if(!s)
16:    exit( - 1);
17:  s - >data = e;
18:  s - >next = p - >next;
19:  p - >next = s;
20:  return 1;
21:}
```

删除算法如下：

```
01:int ListDelete_L(LinkList L,int i,LElemType_L * e)
02:{
03:  LinkList pre,p;
04:  int j;
05:  pre = L;
06:  j = 1;
07:  while(pre - >next && j<i)                 //寻找第 i 个结点,并令 pre 指向其前驱
08:  {
09:    pre = pre - >next;
10:    j ++ ;
11:  }
12:  if(!pre - >next || j>i)                   //删除的位置不合法
13:    return  - 1;
14:  p = pre - >next;
15:  pre - >next = p - >next;
16:  * e = p - >data;
17:  free(p);
18:  return 1;
19:}
```

容易看出，删除算法和插入算法的时间复杂度均为 $O(n)$。这是因为在第 i 个结点之前插入一个新结点或删除第 i 个结点，都必须首先找到第 $i-1$ 个结点，即需要修改指针的结点。这个过程的时间复杂度是 $O(n)$。

在前面的几个算法中用到了 C 语言中的两个标准函数 malloc 和 free。通常，在设有“指

针"数据类型的高级语言中均存在与其相应的过程或函数。假设 p 和 q 是 LinkList 型的变量，则执行 p=(LinkList)malloc(sizeof(LNode))的作用是由系统生成一个 LNode 型的结点，同时将该结点的起始位置赋值给指针变量 p；反之，执行 free(p)的操作是由系统回收一个 LNode 型的结点，回收后的空间可以在再次生成结点时用。因此，建立线性表的链式存储结构的过程就是一个动态生成链表的过程。即从"空表"的初始状态起，依次建立各个元素的结点，并逐个插入链表。

单链表的创建方法可以有很多种，这里只介绍头插法创建和尾插法创建。

我们要从一个文本文件中读取数据，从而采用头插法创建一个单链表。先介绍一下文件读取的方法。

```
01:FILE * fp;
02:fp = fopen("TestData_TL.txt","r");
03:fscanf(fp," % d",&tmp);
```

上面的代码中，第一行的 FILE * fp 是建立一个文件类型的指针，用来指向我们接下来要打开的文本文件。第二行 fp=fopen("TestData_TL.txt","r")；就是将和程序同目录下的 TestData_TL.txt 文件以读的方式打开。第三行的 fscanf(fp,"%d",&tmp)；则是在文件中读取一个 int 型数据赋值给 tmp。

所谓的头插法，是指每次都在第一个元素位置插入新元素，即让头指针指向新元素，并让新元素的指针域指向头指针原来的指向，如图 2-9 所示。

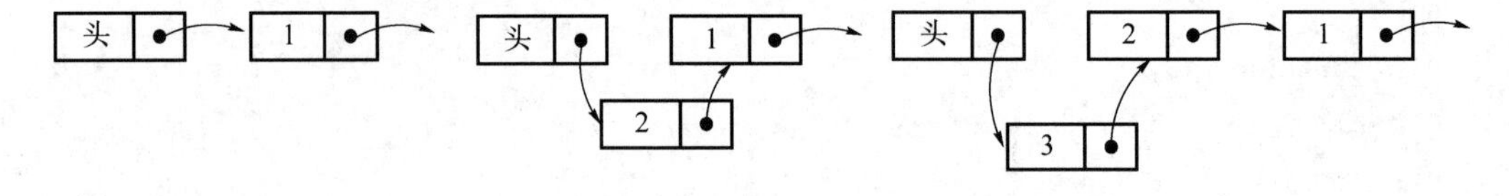

图 2-9　线性表的头插法

单链表的头插法创建算法如下：

```
01:int CreateList_HL(FILE * fp,LinkList * L,int n)
02:{
03:  int i;
04:  LinkList p;
05:  LElemType_L tmp;
06:  * L = (LinkList)malloc(sizeof(LNode));
07:  if(!( * L))
08:    exit( - 1);
09:  ( * L) - >next = NULL;                        //建立头结点
10:  for(i = 1;i< = n;i + + )
11:  {
12:    if(fscanf(fp," % d",&tmp) = = 1)
13:    //输入重定向，从 fp 所指向的文件读取数据
14:    {
15:      p = (LinkList)malloc(sizeof(LNode));
```

```
16:         if(!p)
17:            exit(-1);
18:         p->data = tmp;                        //录入数据
19:         p->next = (*L)->next;
20:         (*L)->next = p;
21:      }
22:      else
23:         return -1;
24:   }
25:   return 1;
26:}
```

类似的,尾插法就是每次在链表的尾部插入新元素。首先用 q 指向头指针。每次申请一个新的空间 p,让 q 的指针域指向这个 p,并让 q 指向刚刚申请的这个空间,使其成为尾元素的指针。其算法如下:

```
01:int CreateList_TL(FILE *fp,LinkList *L,int n)
02:{
03:   int i;
04:   LinkList p,q;
05:   LElemType_L tmp;
06:   *L = (LinkList)malloc(sizeof(LNode));
07:   if(!(*L))
08:      exit(-1);
09:   (*L)->next = NULL;                        //建立头结点
10:   for(i = 1,q = *L;i<= n;i++)
11:   {
12:      if(fscanf(fp,"%d",&tmp) == 1)
13:      //从fp所指向的文件读取数据
14:      {
15:         p = (LinkList)malloc(sizeof(LNode));
16:         if(!p)
17:            exit(-1);
18:         p->data = tmp;
19:         q->next = p;
20:         q = q->next;
21:      }
22:      else
23:         return -1;
24:   }
25:   q->next = NULL;
26:   return 1;
27:}
```

下面介绍清空操作。

所谓清空重置，就是只保留其头结点，将其置为空表。这一操作主要步骤是先判断头结点是否存在，若存在，让指针 pre 指向第一个元素。用一个指针 p 保存当前要释放的 pre 的指针域，接着释放 pre，并将 pre 赋值为 p，直到释放完所有空间（pre 为 NULL），代码如下：

```
01:int ClearList_L(LinkList L)                //保留头结点
02:{
03:  LinkList pre,p;
04:  if(!L)
05:    return -1;
06:  pre = L->next;                            //从头结点的下一个结点开始释放
07:  while(pre)                                //一个接一个释放申请的空间
08:  {
09:    p = pre->next;
10:    free(pre);
11:    pre = p;
12:  }
13:  L->next = NULL;                           //将头结点指向设置为 NULL
14:  return 1;
15:}
```

销毁与清空重置的主要区别就是连同头结点一起释放，代码如下：

```
01:void DestroyList(LinkList *L)              //销毁所有结点
02:{
03:  LinkList p = *L;
04:  while(p)
05:  {
06:    p = (*L)->next;
07:    free(*L);
08:    (*L) = p;
09:  }
10:}
```

如果头结点存在并且其指针域为空，则为空表，否则不是空表或不存在，代码如下：

```
01:int ListEmpty_L(LinkList L)
02:{
03:  if(L!= NULL && L->next == NULL)          //链表存在且只有头结点
04:    return 1;
05:  else
06:    return 0;
07:}
```

从头结点的指针域开始，遍历到最后一个结点，每次计数器加 1 即可求得单链表的长度，代码如下：

```
01:int ListLength_L(LinkList L)
02:{
03:  LinkList p;
04:  int i = -1;
05:  if(L)
06:  {
07:    i = 0;
08:    p = L->next;
09:    while(p)
10:    {
11:      i++;
12:      p = p->next;
13:    }
14:  }
15:  return i;
16:}
```

下面介绍查找相关的操作。

要查找指定元素的前驱元素,需要在查找这个指定元素的同时,记录下前一个元素。这样,找到了这个指定元素的同时,其前驱元素也已确定,直接赋值给用来接收的参数即可。算法如下:

```
01:int PriorElem_L(LinkList L,LElemType_L cur_e,LElemType_L *pre_e)
02:{
03:  LinkList p,suc;
04:  if(L)
05:  {
06:    p = L->next;
07:    if(p->data!= cur_e)                    //第一个结点无前驱
08:    {
09:      while(p->next)                        //若p结点有后继
10:      {
11:        suc = p->next;                      //suc指向p的后继
12:        if(suc->data == cur_e)
13:        {
14:          *pre_e = p->data;
15:          return 1;
16:        }
17:        p = suc;
18:      }
19:    }
20:  }
21:  return -1;
22:}
```

与查找前驱元素相比较，查找指定元素的后继元素要简单些。只要查找到这个指定元素，它的下一个元素(若存在)即为要查找的结果。算法如下：

```
01:int NextElem_L(LinkList L,LElemType_L cur_e,LElemType_L * next_e)
02:{
03:   LinkList p,suc;
04:   if(L)
05:   {
06:     p = L->next;
07:     while(p && p->next)
08:     {
09:       suc = p->next;
10:       if(suc && p->data == cur_e)
11:       {
12:         * next_e = suc->data;
13:         return 1;
14:       }
15:       if(suc)
16:         p = suc;
17:       else
18:         break;
19:     }
20:   }
21:}
```

2.3.2 线性链表的综合操作

上一节介绍了几种线性链表的基本操作，本节我们通过一个完整的测试代码来整体了解其操作(包括初始化、空表测试、插入删除等)。通过本测试代码，可详细了解线性链表的各个函数的使用方法，并熟悉链式线性结构的基本结构。

```
01:#include<stdio.h>
02:#include<stdlib.h>
03:typedef int LElemType_L;
04://单链表结构体
05:typedef struct LNode
06:{
07:   LElemType_L data;
08:   struct LNode * next;
09:}LNode, * LinkList;
10:
11:int InitList_L(LinkList * L)
12:{
13:   ( * L) = (LinkList)malloc(sizeof(LNode));
```

```
14:  if(!( * L))
15:    exit( - 1);
16:  ( * L) - >next = NULL;
17:  return 1;
18:}
19:
20:int ClearList_L(LinkList L)                //保留头结点
21:{
22:  LinkList pre,p;
23:  if(!L)
24:    return  - 1;
25:  pre = L - >next;                          //从头结点的下一个结点开始释放
26:  while(pre)                                //一个接一个释放申请的空间
27:  {
28:    p = pre - >next;
29:    free(pre);
30:    pre = p;
31:  }
32:  L - >next = NULL;                         //将头结点指向设置为 NULL
33:  return 1;
34:}
35:
36:void DestroyList(LinkList  * L)            //销毁所有结点
37:{
38:  LinkList p =  * L;
39:  while(p)
40:  {
41:    p = ( * L) - >next;
42:    free( * L);
43:    ( * L) = p;
44:  }
45:}
46:
47:int ListEmpty_L(LinkList L)
48:{
49:  if(L! = NULL && L - >next = = NULL)        //链表存在且只有头结点
50:    return 1;
51:  else
52:    return 0;
53:}
54:
55:int ListLength_L(LinkList L)
56:{
```

```
57:  LinkList p;
58:  int i = -1;
59:  if(L)
60:  {
61:    i = 0;
62:    p = L->next;
63:    while(p)
64:    {
65:      i++;
66:      p = p->next;
67:    }
68:  }
69:  return i;
70:}
71:
72:int GetElem_L(LinkList L,int i,LElemType_L *e)
73:{
74:  int j;
75:  LinkList p;
76:  j = 1;
77:  p = L->next;
78:  while(p && j<i)                    //p不为空且还未到达i处
79:  {
80:    j++;
81:    p = p->next;
82:  }
83:  if(!p || j>i)
84:    return -1;
85:  *e = p->data;
86:  return 1;
87:}
88:
89:int ComGerater(LElemType_L e,LElemType_L data)
90:{
91:  return data>e? 1:0;
92:}
93:int LocateElem_L(LinkList L,LElemType_L e,int(Compare)(LElemType_L,LElemType_L))
94:{
95:  int i;
96:  LinkList p;
97:  i = -1;                            //L不存在时返回-1
98:  if(L)
99:  {
```

```
100:    i = 0;
101:    p = L - >next;
102:    while(p)
103:    {
104:      i + + ;
105:      if( !Compare(e,p - >data))
106:        p = p - >next;
107:      else
108:        break;
109:    }
110:  }
111:  return i;
112:}
113:
114:int PriorElem_L(LinkList L,LElemType_L cur_e,LElemType_L * pre_e)
115:{
116:  LinkList p,suc;
117:  if(L)
118:  {
119:    p = L - >next;
120:    if(p - >data! = cur_e)                      //第一个结点无前驱
121:    {
122:      while(p - >next)                          //若 p 结点有后继
123:      {
124:        suc = p - >next;                        //suc 指向 p 的后继
125:        if(suc - >data = = cur_e)
126:        {
127:          * pre_e = p - >data;
128:          return 1;
129:        }
130:        p = suc;
131:      }
132:    }
133:  }
134:  return - 1;
135:}
136:
137:int NextElem_L(LinkList L,LElemType_L cur_e,LElemType_L * next_e)
138:{
139:  LinkList p,suc;
140:  if(L)
141:  {
142:    p = L - >next;
```

```
143:    while(p && p->next)
144:    {
145:       suc = p->next;
146:       if(suc && p->data == cur_e)
147:       {
148:          *next_e = suc->data;
149:          return 1;
150:       }
151:       if(suc)
152:          p = suc;
153:       else
154:          break;
155:    }
156:  }
157:}
158:
159:int ListInsert_L(LinkList L,int i,LElemType_L e)
160:{
161:  LinkList p,s;
162:  int j;
163:  p = L;
164:  j = 0;
165:  while(p && j<i-1)                    //寻找第 i-1 个结点
166:  {
167:     p = p->next;
168:     j++;
169:  }
170:  if(!p || j>i-1)
171:     return -1;
172:  s = (LinkList)malloc(sizeof(LNode));
173:  if(! s)
174:     exit(-1);
175:  s->data = e;
176:  s->next = p->next;
177:  p->next = s;
178:  return 1;
179:}
180:
181:int ListDelete_L(LinkList L,int i,LElemType_L *e)
182:{
183:  LinkList pre,p;
184:  int j;
185:  pre = L;
```

```
186:  j = 1;
187:  while(pre->next && j<i)                    //寻找第 i 个结点,并令 pre 指向其前驱
188:  {
189:    pre = pre->next;
190:    j++;
191:  }
192:  if(!pre->next || j>i)                      //删除的位置不合法
193:    return -1;
194:  p = pre->next;
195:  pre->next = p->next;
196:  *e = p->data;
197:  free(p);
198:  return 1;
199:}
200:
201:int PrintElem(LElemType_L e)
202:{
203:  printf(" %d ",e);
204:}
205:int ListTraverse_L(LinkList L,void(Visit)(LElemType_L))
206:{
207:  //void(Visit)(LElemType_L)为要对每个元素执行的操作
208:  LinkList p;
209:  if(!L)
210:    return -1;
211:  else
212:    p = L->next;
213:  while(p)
214:  {
215:    Visit(p->data);
216:    p = p->next;
217:  }
218:  return 1;
219:}
200:
221:int CreateList_HL(FILE *fp,LinkList *L,int n)
222:{
223:  int i;
224:  LinkList p;
225:  LElemType_L tmp;
226:  *L = (LinkList)malloc(sizeof(LNode));
227:  if(!(*L))
228:    exit(-1);
```

```
229:  ( * L) - >next = NULL;                         //建立头结点
230:  for(i = 1;i< = n;i + + )
231:  {
232:    if(fscanf(fp," % d",&tmp) = = 1)             //输入重定向,从 fp 所指向的文件读取数据
233:    {
234:      p = (LinkList)malloc(sizeof(LNode));
235:      if(!p)
236:        exit( - 1);
237:      p - >data = tmp;                           //录入数据
238:      p - >next = ( * L) - >next;
239:      ( * L) - >next = p;
240:    }
241:    else
242:      return  - 1;
243:  }
244:  return 1;
245:}
246:
247:int CreateList_TL(FILE  * fp,LinkList  * L,int n)
248:{
249:  int i;
250:  LinkList p,q;
251:  LElemType_L tmp;
252:   * L = (LinkList)malloc(sizeof(LNode));
253:  if(!( * L))
254:    exit( - 1);
255:  ( * L) - >next = NULL;                         //建立头结点
256:  for(i = 1,q =  * L;i< = n;i + + )
257:  {
258:    if(fscanf(fp," % d",&tmp) = = 1)             //输入重定向,从 fp 所指向的文件读取数据
259:    {
260:      p = (LinkList)malloc(sizeof(LNode));
261:      if(!p)
262:        exit( - 1);
263:      p - >data = tmp;
264:      q - >next = p;
265:      q = q - >next;
266:    }
267:    else
268:      return  - 1;
269:  }
270:  q - >next = NULL;
271:  return 1;
```

```
272:}
273:
274:int main()
275:{
276:  LinkList L;
277:  int i;
278:  LElemType_L e;
279:  printf("函数 InitList_L 测试\n");
280:  {
281:    printf("初始化单链表 L\n");
282:    InitList_L(&L);
283:    printf("\n");
284:  }
285:  getchar();
286:  printf("函数 ListEmpty_L 测试\n");
287:  {
288:    ListEmpty_L(L)? printf("L 为空\n\n"):printf("L 不为空\n\n");
289:  }
290:  getchar();
291:  printf("函数 ListInsert_L 测试\n");
292:  {
293:    for(i = 1;i< = 6;i++)
294:    {
295:      printf("在 L 第 %d 个位置插入 %d\n",i,2 * i);
296:      ListInsert_L(L,i,2 * i);
297:    }
298:    printf("\n");
299:  }
300:  getchar();
301:  printf("函数 ListTraverse_L 测试\n");
302:  {
303:    printf("L 中的元素为:L= ");
304:    ListTraverse_L(L,PrintElem);                        //遍历元素并输出
305:    printf("\n\n");
306:  }
307:  getchar();
308:  printf("函数 ListLength_L 测试\n");
309:  {
310:    printf("L 的长度为 %d \n\n",ListLength_L(L));
311:  }
312:  getchar();
313:  printf("函数 ListDelete_L 测试\n");
314:  {
315:    ListDelete_L(L,5,&e);
```

```
316:     printf("删除 L 中的第 5 个元素 %d \n",e);
317:     printf("L 中的元素为:L= ");
318:     ListTraverse_L(L,PrintElem);
319:     printf("\n");
320:   }
321:   getchar();
322:   printf("函数 GetElem 测试\n");
323:   {
324:     GetElem_L(L,4,&e);
325:     printf("L 中第 4 个位置的元素为 %d \n\n",e);
326:   }
327:   getchar();
328:   printf("函数 LocateElem_L 测试\n");
329:   {
330:     i = LocateElem_L(L,7,ComGerater);
331:     printf("L 中第一个元素值大于 7 的元素的位置为 %d \n\n",i);
332:   }
333:   getchar();
334:   printf("函数 PriorElem_L 测试 \n");
335:   {
336:     PriorElem_L(L,6,&e);
337:     printf("元素 6 的前驱为 %d \n\n",e);
338:   }
339:   getchar();
340:   printf("NextElem_L 测试\n");
341:   {
342:     NextElem_L(L,6,&e);
343:     printf("元素 6 的后继为 %d \n\n",e);
344:   }
345:   getchar();
346:   printf("函数 ClearList_L 测试\n");
347:   {
348:     printf("清空 L 前:");
349:     ListEmpty_L(L)? printf("L 为空\n"):printf("L 不为空\n");
350:     ClearList_L(L);
351:     printf("清空 L 后: ");
352:     ListEmpty_L(L)? printf("L 为空\n\n"):printf("L 不为空\n\n");
353:   }
354:   getchar();
355:   printf("函数 DestroyList_L 测试\n");
356:   {
357:     printf("销毁 L 前: ");
358:     L? printf("L 存在\n"):printf("L 不存在\n");
359:     DestroyList(&L);
360:     printf("销毁 L 后: ");
```

```
361:    L? printf("L 存在\n\n"):printf("L 不存在\n\n");
362:  }
363:  getchar();
364:  printf("函数 CreateList_HL 测试 \n");
365:  {
366:    FILE * fp;
367:    LinkList L;
368:    printf("头插法建立单链表 L= ");
369:    fp = fopen("TestData_HL.txt","r");                //文件指针,指向数据源
370:    if(!fp)
371:    {
372:      printf("打开文件失败\n");
373:    }
374:    else
375:    {
376:      CreateList_HL(fp,&L,5);
377:      fclose(fp);
378:      ListTraverse_L(L,PrintElem);
379:    }
380:    printf("\n\n");
381:  }
382:  getchar();
383:  printf("函数 CreateList_TL 测试 \n");
384:  {
385:    FILE * fp;
386:    LinkList L;
387:    printf("尾插法建立单链表 L= ");
388:    fp = fopen("TestData_TL.txt","r");                //文件指针,指向数据源
389:    if(! fp)
390:    {
391:      printf("打开文件失败\n");
392:    }
393:    else
394:    {
395:      CreateList_TL(fp,&L,5);
396:      fclose(fp);
397:      ListTraverse_L(L,PrintElem);
398:    }
399:    printf("\n");
400:  }
401:  return 0;
402:}
```

注:本测试用例在程序所在目录有 TestData_HL.txt 和 TestData_TL.txt 两个文件,内容分别为“1 2 3 4 5”和“6 7 8 9 10”。

程序运行结果如下：

```
函数 InitList_L 测试
初始化单链表 L

函数 ListEmpty_L 测试
L 为空

函数 ListInsert_L 测试
在 L 第 1 个位置插入 2
在 L 第 2 个位置插入 4
在 L 第 3 个位置插入 6
在 L 第 4 个位置插入 8
在 L 第 5 个位置插入 10
在 L 第 6 个位置插入 12

函数 ListTraverse_L 测试
L 中的元素为:L=  2 4 6 8 10 12

函数 ListLength_L 测试
L 的长度为 6

函数 ListDelete_L 测试
删除 L 中的第 5 个元素 10
L 中的元素为:L=  2 4 6 8 12

函数 GetElem 测试
L 中第 4 个位置的元素为 8

函数 LocateElem_L 测试
L 中第一个元素值大于 7 的元素的位置为 4

函数 PriorElem_L 测试
元素 6 的前驱为 4

NextElem_L 测试
元素 6 的后继为 8

函数 ClearList_L 测试
清空 L 前:L 不为空
清空 L 后: L 为空

函数 DestroyList_L 测试
```

```
销毁 L 前：L 存在
销毁 L 后：L 不存在

函数 CreateList_HL 测试
头插法建立单链表 L= 5 4 3 2 1

函数 CreateList_TL 测试
尾插法建立单链表 L= 6 7 8 9 10
```

2.3.3　双循环链表简介

先简单介绍一下循环链表,它是另一种形式的链式存储结构。它的特点是表中最后一个结点的指针域指向头结点,这个链表形成一个环。由此,从表中任何一个结点出发均可找到表中其他结点。图 2-10 所示为单链的循环链表。

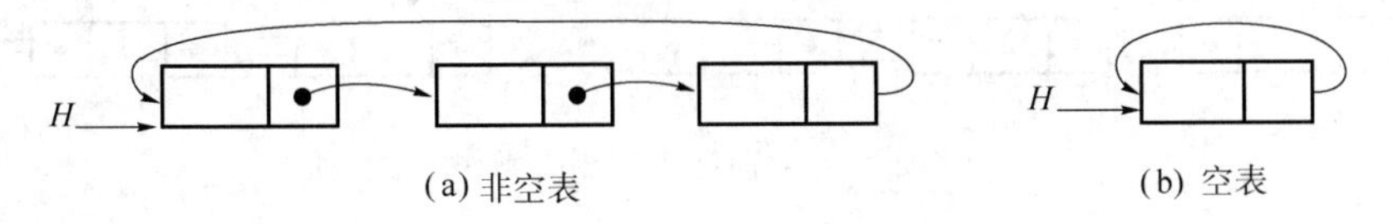

图 2-10　单循环链表

循环链表的操作和线性链表基本一致,差别仅在于算法中的循环条件不是 p 或 p－>next 是否为空,而是它们是否等于头指针。但有的时候,若在循环链表中设立尾指针而不设头指针(如图 2-11(a)所示),可以使某些操作简化。例如将两个线性表合并成一个表时,仅需将一个表的表尾和另一个表的表头相接。当线性表以图 2-11(a)所示的循环链表作为存储结构时,这个操作仅需改变两个指针值即可,合并后的表如图 2-11(b)所示。可以看出,循环链的合并就是将表 B 的第一个元素接到表 A 的尾部,并让表 B 的尾部指向表 A 的头部。

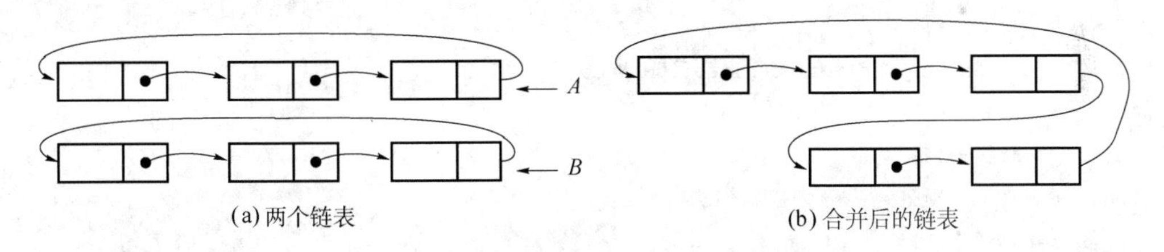

图 2-11　仅设尾指针的循环链表

以上讨论的链式存储结构中都只有一个指示后继的指针域,由此,从某个结点出发只能顺指针往后查其他结点。而双向链表可以克服这个缺点,它可以从后向前查找元素。双向链表的结构体定义如下:

```
01:typedef struct DuLNode
02:{
03:   LElemType_DC data;
04:   struct DuLNode * prior;
05:   Struct DuLNode * next;
06:}DuLNode, * DuLinkList;
```

可以看出,与单链表相比,双向链表多了一个前指针域。

在双向链表中,有些操作如 ListLength、GetElem 和 LocateElem 等仅涉及一个方向的指针,它们的算法和线性链表的操作大致相同,但是在插入、删除时有着很大的区别。在双向链表中需要同时修改两个方向上的指针,图 2-12 所示为双向链表插入结点的情况。

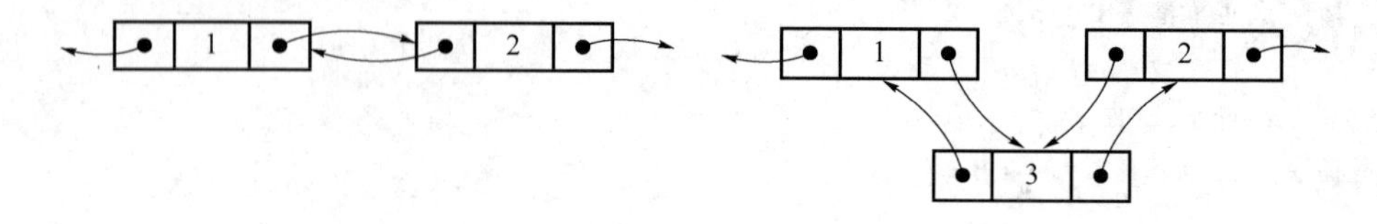

图 2-12　双向链表的插入操作

对于删除操作,需要让待删除元素的前驱元素的后指针域指向待删除元素的后继元素,而待删除元素的后继元素的前指针域指向待删除元素的前驱元素,共改变两个指针的指向,如图 2-13 所示。

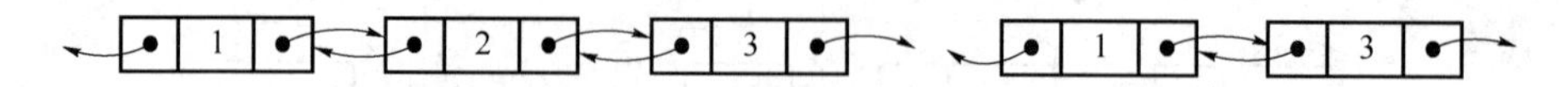

图 2-13　双向链表的删除操作

双循环链表就是头尾相连,并且每一个结点都可以指向它的前驱和后继的链表,它是双向链表和循环链表的结合。双循环链表解决了单链表无法回溯的问题,即在双循环链表中,从任何一结点出发都可以顺序或者逆序遍历完整个链表。双循环链表的操作中,插入和删除操作需要注意改变各指针指向时的次序。另外,要特别留意头、尾结点指针的改变。

对于双循环链表,其有前后两个指针域,故在对其进行初始化时需要在申请一个结点空间后让两个指针域指向结点本身,构成只有一个头结点的空表,代码如下:

```
01:int InitList_DuL(DuLinkList *L)
02:{
03:   *L=(DuLinkList)malloc(sizeof(DuLNode));
04:   if(!(*L))
05:     exit(-1);
06:   (*L)->next=(*L)->prior=*L;
07:   return 1;
08:}
```

要在双循环链表中插入一个新的元素,需要先判断要插入的位置是否合法,若合法,则找到这个位置,并将新申请的结点赋值后建立新的链接,如图 2-12 所示。具体算法如下:

```
01:int ListInsert_DuL(DuLinkList L,int i,LElemType_DC e)
02:{
03:   DuLinkList p,s;
04:   if(i<1 || i>ListLength_DuL(L)+1)        //先对 i 做出限制
05:     return -1;
06:   p=GetElemPtr_DuL(L,i);                   //确定第 i 个结点指针
07:   if(!p)                                   //若此处 p=NULL,说明 i=ListLength_DuL(L)+1
```

```
08:    p=L;                                    //令p指向头指针
09:  s=(DuLinkList)malloc(sizeof(DuLNode));
10:  if(!s)
11:    exit(-1);
12:  s->data=e;
13:  s->prior=p->prior;
14:  p->prior->next=s;
15:  s->next=p;
16:  p->prior=s;
17:  return 1;
18:}
```

类似的，如图 2-13 所示，对要删除元素的位置建立新的链接，相应的删除操作算法如下：

```
01:int ListDelete_DuL(DuLinkList L,int i,LElemType_DC *e)
02:{
03:  DuLinkList p;
04:  if(!(p=GetElemPtr_DuL(L,i)))          //判断插入位置合法性
05:    return -1;
06:  *e=p->data;                           //用e接收值
07:  p->prior->next=p->next;               //修改要删除结点的前后结点的链接
08:  p->next->prior=p->prior;
09:  free(p);                              //释放删除的结点的空间
10:  p=NULL;
11:  return 1;
12:}
```

双循环链表的清空操作如下：

```
01:int ClearList_DuL(DuLinkList L)             //清空操作保留头结点
02:{
03:  DuLinkList p,q;
04:  p=L->next;                                //从第一个结点开始
05:  while(p!=L)                               //未到头结点,即还没到尾部
06:  {
07:    q=p->next;                              //q指向下一个删除的结点
08:    free(p);                                //释放当前结点p
09:    p=q;                                    //p指向下一结点
10:  }
11:  L->next=L->prior=L;                       //删除所有结点后让头结点自己成为循环
12:  return 1;
13:}
```

销毁操作算法如下：

```
01:void DestroyList_DuL(DuLinkList *L)
02:{
03:  ClearList_DuL(*L);
04:  free(*L);
05:  *L = NULL;
06:}
```

对于循环链表，没有单链表那样的 NULL 指针域作为结尾。需要专门记录下头指针，以头指针作为结束标志，从而计算长度，算法如下：

```
01:int ListLength_DuL(DuLinkList L)
02:{
03:  DuLinkList p;
04:  int count;
05:  if(L)
06:  {
07:    count = 0;                    //计数器清零
08:    p = L;                        //p指向头结点
09:    while(p->next != L)           //p没到表头
10:    {
11:      count++;                    //计数器自增
12:      p = p->next;                //指向下一结点
13:    }
14:  }
15:  return count;
16:}
```

判断是否为空表，代码如下：

```
01:int ListEmpty_DuL(DuLinkList L)
02:{
03:  if(L && L->next == L && L->prior == L)
04:    return 1;
05:  else
06:    return 0;
07:}
```

获取指定元素值，需要确保这个查询位置的合法性。在本例中，以头结点作为合法性判定点，即如果查询到了头结点，则不合法。具体算法如下：

```
01:int GetElem_DuL(DuLinkList L,int i,LElemType_DC *e)
02:{
03:  DuLinkList p;
04:  int count;
```

```
05:  if(L)                          //L存在
06:  {
07:    count = 1;
08:    p = L->next;
09:    while(p! = L && count<i)     //查找指定位置
10:    {
11:      count ++ ;
12:      p = p->next;
13:    }
14:    if(p! = L)                   //成功查找到
15:    {
16:      *e = p->data;
17:      return 1;
18:    }
19:  }
20:  return -1;
21:}
```

比较函数 CmpGreater 的作用是查找大于 e 的值，可以修改条件以满足不同查询需求。

```
01:int CmpGreater(LElemType_DC e,LElemType_DC data)
02:{
03:  return data>e?1:0;
04:}
05:int LocateElem_DuL(DuLinkList L,
      LElemType_DC e,int(Compare)(LElemType_DC,LElemType_DC))
06:{
07:  DuLinkList p;
08:  int count;
09:  if(L)                          //当表存在时
10:  {
11:    count = 1;                   //计数器初始化
12:    p = L->next;                 //p指向第一个结点
13:    while(p! = L && !Compare(e,p->data))
14:    {                            //当未查询完表并且没找到指定位置时
15:      count ++ ;                 //计数器自增
16:      p = p->next;               //p指向下一个结点
17:    }
18:    if(p! = L)                   //如果位置合法
19:      return count;
20:  }
21:  return 0;
22:}
```

对于双向链表,指定元素的前驱元素就是前指针域所指向的元素。

```
01:int PriorElem_DuL(DuLinkList L,LElemType_DC cur_e,LElemType_DC * pre_e)
02:{
03:  DuLinkList p;
04:  if(L)
05:  {
06:    p = L->next;
07:    while(p! = L && p->data! = cur_e)
08:      p = p->next;
09:    if(p! = L && p->prior! = L)          //p不为头结点,也不是第一个结点
10:    {
11:      * pre_e = p->prior->data;
12:      return 1;
13:    }
14:  }
15:  return -1;
16:}
```

对于双向链表,指定元素的后继元素的获取和单链表相似,算法如下:

```
01:int NextElem_DuL(DuLinkList L,LElemType_DC cur_e,LElemType_DC * next_e)
02:{
03:  DuLinkList p;
04:  if(L)
05:  {
06:    p = L->next;                         //从第一个元素开始
07:    while(p! = L && p->data! = cur_e)
08:      p = p->next;
09:    if(p! = L && p->next! = L)           //p不为头结点,也不是最后一个结点
10:    {
11:      * next_e = p->next->data;
12:      return 1;
13:    }
14:  }
15:  return -1;
16:}
```

如果要获取指定位序的元素,需要注意给定位序是否合法。如果位序小于1或者位序大于表的长度(通过头结点来判断),则不合法。

```
01:DuLinkList GetElemPtr_DuL(DuLinkList L,int i)
02:{
03:  int count;
04:  DuLinkList p;
```

```
05:  if(L && i>0)
06:  {
07:    count = 1;
08:    p = L->next;
09:    while(p! = L && count<i)
10:    {
11:      count++;
12:      p = p->next;
13:    }
14:    if(p! = L)
15:      return p;
16:  }
17:  return NULL;
18:}
```

要实现遍历访问，只需要到达终止位置（即头结点）即可。这里通过 PrintElem 函数来实现遍历中对每个元素的操作。

```
01:void PrintElem(LElemType_DC e)
02:{
03:  printf(" %d ",e);
04:}
05:void ListTraverse_DuL(DuLinkList L,void(Visit)(LElemType_DC))
06:{
07:  DuLinkList p;
08:  p = L->next;               //p指向头结点,正向访问链表
09:  while(p! = L)
10:  {
11:    Visit(p->data);
12:    p = p->next;
13:  }
14:}
```

第3章　栈和队列

栈和队列是两种特殊的线性表，被广泛应用于各种程序设计中。相比于通常的线性表，栈和队列的运算规则有一些限制，只能在表的一端或两端进行插入、删除元素的操作，故也可称它们为限定性的线性表结构，或者限制存取点的表。

栈和队列是限定插入和删除只能在表的“端点”进行的线性表。线性表、栈和队列的插入和删除限制如表3-1所示。

表3-1　线性表、栈和队列

线性表	栈	队列
Insert(L, i, x) $1 \leqslant i \leqslant n+1$	Insert(S, $n+1$, x) $1 \leqslant i \leqslant n+1$	Insert(Q, $n+1$, x) $1 \leqslant i \leqslant n+1$
Delete(L, i) $1 \leqslant i \leqslant n$	Delete(S, n) $1 \leqslant i \leqslant n$	Delete(Q, 1) $1 \leqslant i \leqslant n$

由于栈和队列广泛地应用在各种程序设计中，因此需单独地对它们进行讨论。本章将介绍栈和队列的基本概念、存储结构、基本操作以及这些操作的具体实现。

3.1　栈及其基本运算

栈在日常生活中到处可见，如食堂的一堆盘子，每次只允许一个一个地往上堆，一个一个地往下取，也就是说，最后堆上去的盘子最先取下来，最先堆上去的盘子最后取下来；又如在礼堂里开会，先来的人坐在前面，后来的人坐在后面，散会时后到的人先出，先到的人后出等。

栈在计算应用中也常常出现，例如程序设计中子程序调用时，要保存断点地址及有关的参数，也总是满足最早保存的信息最晚使用的后进先出原则，这些问题都要用到栈。

3.1.1　栈的基本概念

栈(Stack)是一种特殊的线性表，它的插入和删除运算规定只能在线性表的某一端进行。允许进行插入和删除的这一端称为栈顶(Top)；另一端不允许进行插入和删除的，称为栈底(Bottom)。位于栈顶位置的数据元素称为栈顶元素。向栈中插入一个元素，使其成为新的栈顶元素，这一操作称为入栈或者进栈；从栈中删除一个元素，即删除栈顶元素，使其下面的元素成为新的栈顶元素，这一操作称为出栈或者退栈。当表中没有元素时，称为空栈。

如果把一列元素依次送往栈中，然后再将它们取出来，则可以改变元素的排列次序。例如，将一列元素a、b、c、d、e依次送入一个栈，由于栈的插入删除操作只能在栈顶一端进行，如图3-1所示，插入完成后，其中a是第一个进栈的元素，称为栈底元素，e是最后进栈的元素，称为栈顶元素。现在将栈中的元素取出来，便可得到 e、d、c、b、a。也就是说，后进栈的元素先出栈，先进栈的元素后出栈，即栈中元素的进栈原则是后进先出，这是栈结构的重要特征。因此，栈又被称为后进先出(Last In First Out，LIFO)表。

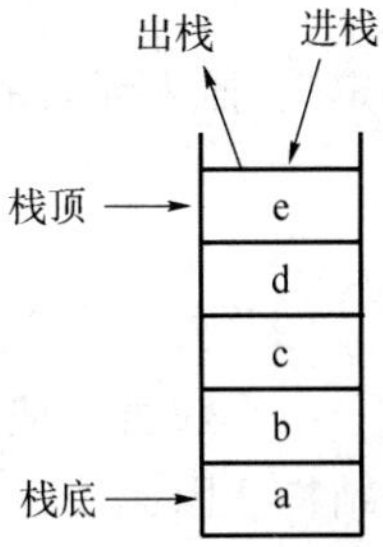

出栈 进栈
栈顶 e
d
c
b
栈底 a

图 3-1 栈的示例

3.1.2 栈的抽象数据类型定义

栈的抽象数据类型定义中的数据部分为具有相同的数据元素类型 elemtype 构成的线性表，满足有唯一一个表头元素有且仅有一个后继。

在抽象数据类型的操作部分有栈的初始化、进栈、出栈、读栈顶元素、判断栈是否为空、消除栈等。

下面给出栈的抽象数据类型定义。

```
ADT Stack {
数据对象:D = { ai | ai ∈ElemSet, 1≤i≤n,  n≥0 }
数据关系:R = {<ai-1, ai>|ai-1,ai∈D,  i = 2,3,…,n }
基本操作:
InitStack(stcktype &S)
操作结果:构造一个空栈 S。
DestroyStack(&S)
初始条件:栈 S 已存在。
操作结果:栈 S 摧毁。
ClearStack(&S)
初始条件:栈 S 已存在。
操作结果:将 S 清空为空栈。
StackEmpty(S)
初始条件:栈 S 已存在。
操作结果:若栈 S 为空栈,则返回 TRUE(1),否则返回 FALSE(0)。
StackLength(S)
初始条件:栈 S 已存在。
操作结果:返回栈 S 的元素个数,即栈的长度。
GetTop(S,&e)
初始条件:栈 S 已存在且非空。
操作结果:用 e 返回栈 S 的栈顶元素。
Push(&S,e)
初始条件:栈 S 已存在。
操作结果:插入元素 e 为新的栈顶元素。
Pop(&S,&e)
初始条件:栈 S 已存在且非空。
操作结果:删除栈 S 的栈顶元素,并用 e 返回其值。
StackTraverse(S,visit())
初始条件:栈 S 已存在且非空。
操作结果:从栈底到栈顶依次对 S 的每个数据元素调用函数 visit()。一旦 visit()失败,则操作失败
}ADT Stack
```

本书在以后各章中引用的栈大多为如上定义的数据类型，栈的数据元素类型在应用程序内定义，插入元素的操作为入栈，删除栈顶元素的操作为出栈。

3.2 栈类型的实现

由于栈是一种特殊的线性表，所以前面讨论的线性表的各种存储结构都可以作为栈的存储结构。因此栈也有两种存储结构：顺序存储结构和链式存储结构。

3.2.1 栈的顺序存储结构

栈的顺序存储结构简称顺序栈，是利用一组地址连续的存储单元依次存放自栈底到栈顶元素的数据元素，同时附设指针 top 指示栈顶元素在顺序栈中的位置。通常的做法是以 top=0 表示空栈，鉴于 C 语言中数组的下标约定从 0 开始，则当以 C 语言作为描述语言时，如此设定会带来很大麻烦；另外，由于栈在使用过程中所需最大空间的大小很难估计，因此，一般来说，在初始化设空栈时不应限定栈的最大容量。一个较合理的做法是：先为栈分配一个基本容量，然后在应用过程中，当栈的空间不够使用时再逐步扩大。为此可设定两个常量：STACK_INIT_SIZE（存储空间的初始分配量）和 STACKINCREMENT（存储空间的分配增量），并以下述类型说明作为顺序栈的定义。

对应算法的 C 语言程序如下：

```
01:typedef struct
02:{
03:   SElemType * base;
04:   SElemType * top;
05:   int stacksize;
06:}SqStack;
```

其中，stacksize 指示栈的当前可使用的最大容量。栈的初始化操作为：按设定的初始分配量进行第一次存储分配，base 称为栈底指针，在顺序栈中，它始终指向栈底的位置，若 base 的值为 NULL，则表明栈结构不存在。称 top 为栈顶指针，其初值指向栈底，即 top=base 可作为栈空的标记，每当插入新的栈顶元素时，指针 top 增加 1；删除栈顶元素时，指针 top 减少 1，因此，非空栈中的栈顶指针始终在栈顶元素的下一个位置上。图 3-2 展示了顺序栈中元素和栈顶指针间的对应关系。

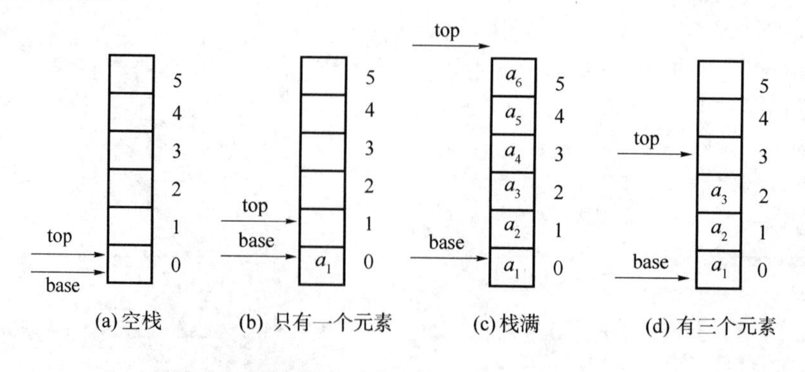

图 3-2 顺序栈中元素和栈顶指针间的对应关系

栈在运算过程中可能发生"溢出"。溢出有两种,一种称为"上溢"(Overflow),另一种称为"下溢"(Underflow)。若系统作为栈用的存储区已满,还有元素要求进栈,则称发生上溢;反之,若系统作为栈用的存储区已空,这时还要退栈,则称发生下溢。上溢是一种错误现象,一旦发生上溢,就要给栈分配一个更大的存储空间,以避免有用信息的丢失。而下溢则常用来作为控制转移的条件或程序结束的标志。

以下是顺序栈的模块说明。

1. 栈的顺序表示

```
01:typedef int Status;
02:typedef int SElemType;
03:#define STACK_INIT_SIZE 100        //栈存储空间的初始分配量
04:#define STACKINCREMENT  10         //栈存储空间的分配增量
05:typedef struct
06:{
07:  SElemType *base;                //在栈构建之前和摧毁之后,base的值为NULL
08:  SElemType *top;                 //栈顶指针
09:  int stacksize;                  //当前已分配的存储空间,以元素为单位
10:}SqStack;
```

2. 基本操作的算法描述

(1) 构建一个空栈 S。

```
01:Status InitStack(SqStack *S)
02:{
03:  (*S).base=(SElemType*)malloc(STACK_INIT_SIZE*sizeof(SElemType));
04:  if(!(*S).base)
05:    exit(-2);
06:  (*S).top=(*S).base;
07:  (*S).stacksize=STACK_INIT_SIZE;
08:  return 1;
09:}
```

(2) 销毁栈 S,栈 S 不再存在。

```
01:Status DestroyStack(SqStack *S)
02:{
03:  free((*S).base);
04:  (*S).base=NULL;
05:  (*S).top=NULL;
06:  (*S).stacksize=0;
07:  return 1;
08:}
```

(3) 把栈 S 置为空栈。

```
01:Status ClearStack(SqStack *S)
02:{
03:  (*S).top=(*S).base;
04:  return 1;
05:}
```

(4) 若栈 S 为空栈,则返回 1(1),否则返回 0(0)。

```
01:Status StackEmpty(SqStack S)
02://若栈 S 为空栈,则返回 1(1),否则返回 0(0)
03:{
04:  if(S.top==S.base)
05:  {
06:    printf("栈为空\n");
07:    return 1;                    // 1;
08:  }
09:  else
10:  {
11:    printf("栈不为空\n");
12:    return 0;                    // 0;
13:  }
14:}
```

(5) 返回栈 S 的元素个数,即栈的长度。

```
01:int StackLength(SqStack S)
02:{
03:  return S.top-S.base;
04:}
```

(6) 若栈 S 不为空,则用 e 返回 S 的栈顶元素,并返回 1,否则返回 0。

```
01:Status GetTop(SqStack S,SElemType *e)
02:{
03:  if(S.top==S.base)
04:    return 0;
05:  *e=*(S.top-1);
06:    return 1;
07:}
```

(7) 插入元素 e 为新的栈顶元素。

```
01:Status Push(SqStack *S,SElemType e)
02:{
03:  if((*S).top-(*S).base>=(*S).stacksize)
```

```
04:  //栈满,追加存储空间
05:  {
06:    (*S).base=(SElemType*)realloc((*S).base,
07:    ((*S).stacksize+STACKINCREMENT)*sizeof(SElemType));
08:    if(!(*S).base)
09:      exit(-2);              //下溢 -2 存储分配失败
10:    (*S).top=(*S).base+(*S).stacksize;
11:    (*S).stacksize+=STACKINCREMENT;
12:  }
13:  *(S->top)=e;
14:  (S->top)++;
15:  return 1;
16:}
```

(8) 若栈不空,则删除 S 的栈顶元素,用 e 返回其值,并返回 1,否则返回 0。

```
01:Status Pop(SqStack *S,SElemType *e)
02:{
03:  if((*S).top==(*S).base)
04:    return  0;
05:  (*S).top--;
06:  *e=*((*S).top);
07:  return 1;
08:}
```

(9) 从栈底到栈顶依次对 S 的每个数据元素调用函数 visit()。

```
01:Status StackTraverse(SqStack S,void(Visit)(SElemType))
02:{
03:  SElemType *p=S.base;
04:  while(p<S.top)
05:    Visit(*p++);
06:  return 1;
07:}
```

3.2.2　两个栈共享存储空间

通常,一个栈的容量是有限的,因此,为了防止发生上溢,总是希望给栈尽可能多分配一些空间。然而,在一个程序中同时存在多个栈的情况下,由于内存的容量是有限的,因此,不可能给每个栈都保留一个很大的存储区。最好的解决方法是让多个栈去共享一个大的存储区。

考虑两个栈的情形,假设有大小为 $m+1$ 的可利用空间,用数组 tws[$m+1$]表示,那么,如何给两个顺序存储的栈分配空间呢？如图 3-3 所示,可令 tws[1]作为第 1 个栈 s1 的栈底,tws[m]作为第 2 个栈 s2 的栈底(为方便,tws[0]不存放元素),它们的栈顶都往中间方向延伸。这样做可以充分利用空间 tws[$m+1$],因为只要整个 tws 未被占满,那么无论对哪个栈进行插入都不会发生溢出。下列算法中 i 取 1 或 2，用以分辨操作在共享数组两端的哪个栈进行，要求仅当整个空间占满时才产生上溢。

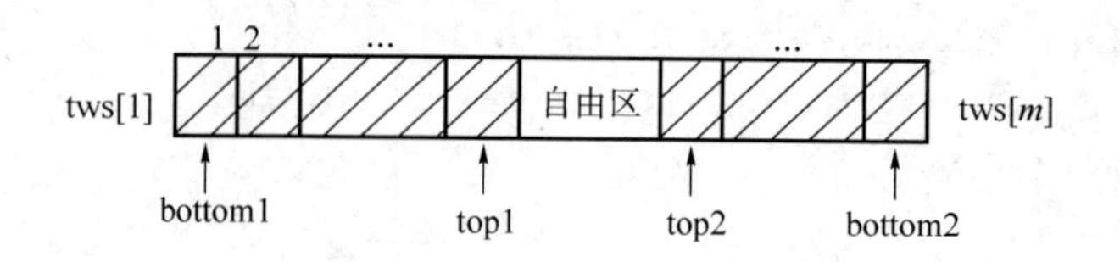

图 3-3　两个栈共享空间 tws[m+1]

下面讨论几种主要的运算。算法中，当 top1+1=top2 时产生上溢，当 top1=0 时，栈 s1 为空，当 top2=m+1 时栈 s2 为空。top1、top2 和 m 均为全程整型量。

1. 初始化操作

```
01:void stackinit_w ( elementype tws [ ] )
02:{
03:   int top1,top2;
04:   top1 = 0 ;
05:   top2 = m + 1 ;
06:}
```

2. 入栈操作

```
01:void  push (elementype  &tws[ ],int i, elementype x )
02:{
03:  if (top1 + 1 = top2) printf("overflow") ;          /* 上溢 */
04:  else
05:     if  (i == 1)                                    /* 对第一个栈进行入栈操作 */
06:     {
07:        top1 ++  ;
08:        tws[top1] = x ;
09:     }
10:  else                                               /* 对第二个栈进行入栈操作 */
11:  {
12:     top2 -- ;
13:     tws[top2] = x ;
14:  }
15:}
```

3. 出栈操作

```
01:void pop(elementype  &tws[ ],int  i,elementype &y )
02:{
03: if(i == 1)                                          /* 表示将对第一个栈进行操作 */
04:    if(top1 == 0)  printf ("stack1 underflow");      /* 第一个栈空 */
05:    else                                             /* 非空,删除顶元 */
06:    {
```

```
07:     y = tws[top1];
08:     top1 -- ;
09:   }
10:   else                                          /* 对第二个栈进行入栈操作 */
11:   if(top2 = m + 1)  printf ("stack2 underflow") ;  /* 第二个栈空 */
12:   else                                          /* 非空,删除顶元 */
13:   {
14:       y = tws[top2] ;
15:       top2 ++ ;
16:   }
17:}
```

假设有 $n(n>2)$ 个栈都要求顺序分配，这时用上述方法不可能达到如同两个栈那样，既使每个栈底都有一个固定的位置，又使其当 n 个栈都满才溢出。为了满足当 n 个栈都满才溢出的条件，采用的方法是让整个栈“浮动”。多个栈共享存储空间采用顺序分配方法的缺点是，元素的移动量比较大，因而比较费时，特别是当整个存储空间即将充满的时候这种情况更为突出。

3.2.3 栈的链式存储结构

栈的链式存储结构称为链栈，是运算受限的单链表。其插入和删除操作只能在表头位置上进行。因此，链栈不需要像单链表那样附加头结点，栈顶指针 top 就是链表的头指针。

由于栈的操作是线性表操作的特例，则链表的操作易于实现，在此不做过多讨论。链栈是单链表的特例，所以其类型和变量的说明和单链表一样。

```
01: typedef struct  node
02:{
03:  elemtype  data;
04:  struct  node  * next;
05:}linkstack;                  /* 链栈结点类型 */
06:Linkstack * top;
```

top 是栈顶指针，它唯一地确定一个链栈。当 top = NULL 时，该链栈是空栈。链表的示意图如图 3-4 所示。

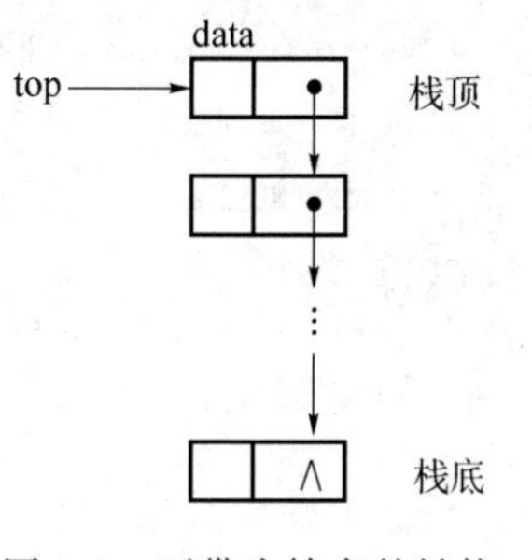

图 3-4 不带头结点的链栈

下面是链栈的基本算法。

1. 进栈操作

当需将一个新元素 x 插入链栈时，可动态地向系统申请一个结点 p 的存储空间，将新元素 x 写入新结点 p 的数据域，将栈顶指针 top 的值写入 p 结点的指针域。使原栈顶结点成为新结点 p 的直接后继结点，栈顶指针 top 改为指向 p 结点。

```
01:status * push (linkstack * top, elemtype  x)
02:{
03:  linkstack * p;
```

```
04:  p=(linkstack *)malloc(sizeof(linkstack));     /* 生成新结点 */
05:  p->data=x;
06:  p->next=top;
07:  top=p;
08:  return p;                                    /* 返回新栈顶指针 */
09:}//push
```

2. 出栈操作

当栈顶元素出栈时,先取出栈顶元素的值,将栈顶指针 top 指向 top 结点的直接后继结点,释放原栈顶结点。

```
01:status *pop(linkstack *top,elemtype  *x)
02:{
03:  if(top==NULL)                              //栈空,栈溢出(下溢)
04:  {
05:    printf("空栈,下溢");
06:    return NULL;
07:  }
08:  else
09:  {
10:    *x=top->data;
11:    p=top;
12:    top=top->next;
13:    free (p);
14:    return OK;
15:  }
16:}                                          //pop
```

3. 置栈空

```
17:void InitStack(linkstack *S)
18:{
19:  S=NULL;
20:}
```

4. 判断栈空

```
01:int StackEmpty(linkstack *S)
02:{
03:  if(S==NULL)  return 1;
04:  else  return 0;
05:}
```

5. 取栈顶元素

```
01:Datatype StackTop(linkstack *S)
02:{
03:  if(StackEmpty(S))
04:    {printf("栈为空."); return NULL;}
05:  return S->data;
06:}
```

3.2.4 顺序栈和链式栈的比较

(1) 栈的顺序存储结构:静态数组表示。常常以一个固定大小的数组来表示栈,它的好处就是以任何语言处理都相当方便,不利之处就是数组的大小是固定的,而栈本身是变动的。如果进入栈的数据量无法确定,就很难确定数组大小,要是数组声明的太大就容易造成内存资源浪费,声明太小就会造成栈不够使用。

(2) 栈的链式存储结构:动态的链表表示。使用链表的结构来表示栈时,因为链表的声明是动态的,可随时改变链表的长度,这就不会存在静态数组表示时的问题了,可以有效地利用资源,但缺点是处理起来比较麻烦。

实现顺序栈和链式栈的所有操作时间相同,都是常数级的时间,但初始化一个顺序栈必须首先声明一个固定长度,这样在栈不够满时,就浪费了一部分存储空间,而链式栈就不存在这个问题。

3.3 栈的应用举例

栈是应用非常广泛的一种数据结构,由于栈结构具有先进后出(后进先出)的固有特性,栈成为程序设计的一个重要工具。本节讨论栈在诸多问题上的应用。栈还有一个重要应用,就是在程序设计语言中实现递归功能。

3.3.1 数制转换

将十进制数转换成其他进制的数有一种简单的方法,即利用公式:$N=(N \text{ div } d)\times d+N \text{ mod } d$(div 为整除运算,mod 为求余运算)进行转换。

例如,十进制转换为八进制:$(72)_{10}=(110)_8$。

72/8=9　余 0

9/8=1　余 1

1/8=0　余 1

结果为余数的逆序:110。先求得的余数最后写出,最后求得的余数最先写出,符合栈的先进后出性质,故可用栈来实现数制转换。

```
01:typedef int Status;
02:typedef int SElemType;
03:typedef struct
04:{
```

```
05:  SElemType * base;              //在栈构建之前和摧毁之后,base的值为NULL
06:  SElemType * top;               //栈顶指针
07:  int stacksize;                 //当前已分配的存储空间,以元素为单位
08:}SqStack;
09:void conversion(int i)
10://假设输入是非负的十进制整数,输出为八进制数
11:{
12:  SqStack S;
13:  SElemType e;
14:  InitStack(&S);
15:  while(i)
16:  {
17:    Push(&S,i % 8);
18:    i = i/8;
19:  }
20:
21:  while(!StackEmpty(S))
22:  {
23:    Pop(&S,&e);
24:    printf(" % d",e);
25:  }
26:}
```

3.3.2 括号匹配的检验

假设表达式中允许包含三种括号:()[]{},其嵌套的顺序随意,([{}])、([]({()}))等为正确的格式,而(]](]}}、(([])[)等为错误格式。检验括号是否匹配的方法可用"期待的急迫程度"这个概念描述。例如考虑下列括号序列:

([{ } ( )])

1 2 3 4 5 6 7 8

当计算机接收到了括号1"("后,它期待着与其匹配的括号8")"的出现,然而等来的却是括号2,此时括号1只能暂时靠边等候括号8的出现,而迫切等待与括号2相匹配的括号7的出现,类似的,因等来的是括号3,其期待匹配的程度较括号2更为迫切,则括号2也只能靠边,让位于括号3,显然括号2的期待急迫性高于括号1。在接收到了括号4之后,括号3的期待性得到了满足,与其抵消之后,括号2的期待匹配就又成了当前最急迫的任务,依此类推。可见,这个处理过程恰与栈的后进先出的特点相吻合。由此我们可以设置一个栈,当读到左括号时,左括号进栈。当读到右括号时,则从栈中弹出一个元素,与读到的左括号进行匹配,若匹配成功,继续读入;否则匹配失败,返回不匹配。另外,在算法的开始与结束时,栈都应该是空的。

```
01:typedef char status;
02:typedef char SElemType;
03:typedef struct
```

```
04:{
05:   SElemType * base;
06:   SElemType * top;
07:   int stacksize;
08:}Sqstack;
09:status Comp(char a,char b)
10:{
11:  if((a=='('&&b!=')')||(a=='['&&b! =']')||(a=='{'&&b!='}'))
12:  {
13:    printf("左右括号不匹配\n");
14:    return 0;
15:  }
16:  else return 1;
17:}
18:status Count(Sqstack *s)
19:{
20:  char e[Stack_init_size];
21:  char e1;
22:  int i=0;
23:  Initstack(&s);
24:  gets(e);
25:  for(i=0;e[i]!='\0';i++)
26:  {
27:    switch(e[i])
28:    {                              /*输入的左括号*/
29:    case '(':
30:    case '[':
31:    case '{':
32:    {
33:      Push(&s,e[i]):
34:      break;
35:    }
36:    case ')':
37:    case ']':
38:    case '}':
39:      {
40:        if(Stackempty(&s))
41:        {
42:          printf("右括号多余\n");
43:          exit(0);
44:        }
45:        else Pop(&s,&e1);
46:        if (Comp(e1,e[i]));
```

```
47:         else{
48:           printf("左右匹配出错\n");
49:           exit(0);
50:         }
51:       }
52:     }
53:   }
54:   if(!Stackempty(&s))
55:     printf("左括号多余\n");
56:   else printf("匹配正确\n");
57:}
```

3.3.3 行编辑

一个简单的行编辑程序的功能是:接收用户从终端输入的程序或数据,并存入用户的数据区;允许用户在输入出错时及时更正。约定#为退格符,以表示前一个字符无效;@为退行符,表示当前所有字符均无效。

例如,在终端输入为 foli##l#r(s# *s=Null;;),应为 for(*s=Null;;)。

```
01:typedef char SElemType;
02:typedef struct SqStack
03:{
04:   SElemType * base;                  //在栈构造之前和销毁之后,base的值为NULL
05:   SElemType * top;                   //栈顶指针
06:   int stacksize;                     //当前已分配的存储空间,以元素为单位
07:}SqStack;
08:int copy(SElemType e)
09:{
10:   printf("%c",e);
11:   return 1;
12:}
13:void LineEdit()
14:{
15:   SqStack s;
16:   char ch,c;
17:   InitStack(&s);
18:   printf("请输入一个文本文件,#退格,@清空当前行:\n");
19:   ch = getchar();
20:   while(ch != '\0')
21:   {
22:     while(ch != '\0' && ch != '\n')
23:     {
24:       switch(ch)
```

```
25:         {
26:          case '#':Pop(&s, &c);break;              //仅当栈非空时退栈
27:          case '@':ClearStack(&s);break;           //重置 s 为空栈
28:          default :Push(&s,ch);                    //有效字符进栈
29:          }
30:         ch = getchar();                           //从终端接收下一个字符
31:      }
32:      StackTraverse(s,copy);                       //将从栈底到栈顶的栈内字符传送至文件
33:      ClearStack(&s);                              //重置 s 为空栈
34:      if(ch != '\0')
35:      ch = getchar();
36:  }
37:  DestroyStack(&s);
38:}
```

3.3.4 子程序的调用和返回

在计算机程序设计中，函数的嵌套调用和递归调用是借用栈来控制返回地址的。假设有1个主函数和其他3个函数 a_1、a_2、a_3，如图3-5所示。

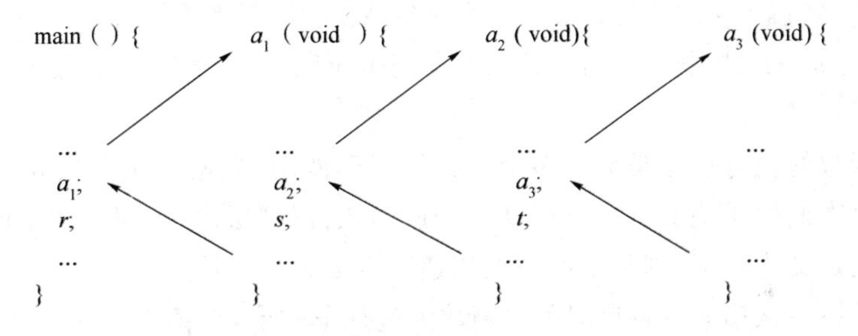

图3-5 过程的嵌套调用

在执行主函数main()时，首先调用函数 a_1，当 a_1 执行完毕后，控制应由 a_1 返回到主函数，并从语句 r 开始继续执行。同样，在函数 a_1 执行时，要调用 a_2，返回后应从语句 s 开始接着执行。a_2 调用 a_3，返回后从语句 t 开始继续执行。由于返回的次序和调用的次序正好相反，所以，处理嵌套调用最简单的方法是设置一个返回地址栈，每次函数调用时，就把相应的返回地址送进栈，而当函数执行完毕时，再从栈顶取出返回地址。例如上例，返回地址按 r、s、t 依次进栈，而出栈的次序却是 t、s、r，因此，利用栈使这一问题得到圆满解决。类似的，解决递归问题也需要栈记录函数的返回地址。

3.3.5 栈与递归的实现

递归(Recursion)是程序设计中的一个有力工具。在后面的章节和实际中将涉及一些递归算法，因为这些问题用递归方法求解会使程序变得非常简单。而栈在实现递归调用中起了关键作用。

在计算机科学中将一个直接或间接调用自己的函数称作递归函数。直接调用自己的函数称作直接递归函数。间接调用自己的函数称作间接递归函数。

很多数学函数是递归定义的。例如，阶乘函数是递归定义的：

$$n! = \begin{cases} n(n-1)! & (n > 1) \\ 1 & (n = 0,1) \end{cases}$$

按照这个公式，可将求 $n!$ 的问题变成求 $(n-1)!$ 的问题。而求 $(n-1)!$ 的问题又可以变成求 $(n-2)!$ 的问题……直到 $n=1$，即变成求 $1!=1$ 的问题。依此可编写如下程序求 n 的阶乘：

```
01:long int fact(int n)                /*n是非负整数*/
02:{
03:  long f;
04:  if (n==0 || n==1)
05:    f=1;
06:  else
07:    f=n*fact(n-1);                  /*递归调用函数 fact*/
08:  return(f);
09:}
```

一般说来，每一个递归函数的定义都应包括两部分：递归终止的条件，即对无须递归的最小问题的处理方法；将一般问题简化成一个或多个规模较小的相同性质的问题，递归地调用同样的方法求解这些问题，使这些问题最终到达递归终止。递归终止的条件是 $n==0$ 或 $n==1$，此时 $n!=1$。当 $n>1$ 时，将 $n!$ 简化成规模较小的问题 $n(n-1)!$，如上所述，直到 $n==1$ 为止。

一个递归函数的执行过程类似于多个函数的嵌套调用，只是调用函数和被调用函数是同一个函数。和每次调用相关的一个重要概念是递归执行的“层次”。假设调用该递归函数的主函数所处的层次定义为 0 层，则从主函数调用递归函数为进入第一层，从第一层递归调用本函数为进入第二层……从第 i 层递归调用本函数为进入下一层，即第 $i+1$ 层。反之，在退出第 i 层递归时，应返回到上一层，即第 $i-1$ 层。为保证递归的正确执行，系统也如同处理函数嵌套调用那样，在系统工作栈中为递归函数开辟数据存储区。每一层递归所需的信息构成了一个工作记录。该记录记录了所有的实在参数和局部变量以及返回上一层的地址。每进入一层递归，就产生一个新的工作记录“进栈”，每退出一层递归，就从栈顶“退出”一个工作记录。这个工作一直进行到栈空为止，整个程序运行结束。

下面以勒让德多项式为例分析比较递归算法与迭代算法的区别。

勒让德多项式的定义如下：

$$p(n,x) = \begin{cases} 0 \\ x \\ (((2n-1)*x*p(n-1,x)-(n-1)*p(n-2),x))/n \end{cases}$$

根据勒让德多项式的定义，在 $p(n,x)$ 的计算过程中又涉及 $p(n-1,x)$ 和 $p(n-2,x)$ 的计算，因此，最直接的办法是用递归函数来实现 $p(n,x)$ 的计算。递归函数可设计为 $p(n,x)$，当 n 等于 0 时返回 1；当 $n=1$ 时返回 x；当 n 大于 1 时，分别用 $(n-1,x)$ 和 $(n-2,x)$ 作参数对函数 p 执行递归调用，计算出 $p(n-1,x)$ 和 $p(n-2,x)$，再按定义中的相应公式计算得到所需的 $p(n,x)$ 的值。

勒让德多项式的递归算法如下：

```
01:float p(float x,int n)
02:{
03:  if(! n)    return(1) ;
04:  else
05:  if(n==1) return(x) ;
06:  else
07:    return   (((2 * n - 1) * x * px(x,n - 1) - (n - 1) * px(x,n - 2))/n);
08:}
09:
```

勒让德多项式的迭代算法如下：

```
01:float px (float x,  int n)
02:{
03:  float p,p1,p2,p3 ;
04:  int cont;
05:  if(!n)  p = 1;
06:  else
07:    if  (n==1)  p = x ;
08:    else
09:    {
10:      p1 = 1;
11:  p2 = x;
12:  for(cont = 2;cont< = n;n++ )
13:  {
14:    p3 = ((2 * cont - 1) * x * p2 - (cont - 1) * p1)/cont;
15:    p1 = p2;
16:    p2 = p3;
17:  }
18:  p = p3;
19:}
20:  return(p);
21:}
```

3.3.6 汉诺塔

假设有三个分别命名为 x、y 和 z 的塔座，在塔座 x 上插有 n 个直径大小各不相同、依小到大编号为 1,2,…,n 的圆盘。现要求将 x 轴上的 n 个圆盘移至塔座 z 上，并仍按同样顺序叠排，圆盘移动时必须遵循下列规则：

(1) 每次只能移动一个圆盘；

(2) 圆盘可以插在 x、y 和 z 中的任一塔座上；

(3) 任何时刻都不能将一个较大的圆盘压在较小的圆盘之上。

下面以 3 层汉诺塔为例，如图 3-6 所示。

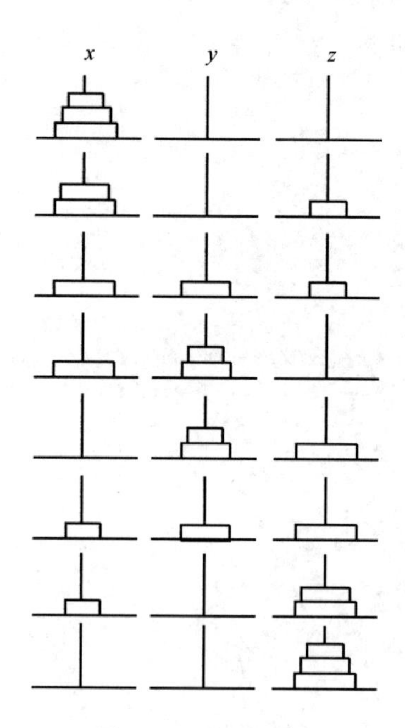

图 3-6　三层汉诺塔

第一步：将第 1 块从 x 移动到 z；

第二步：将第 2 块从 x 移动到 y；

第三步：将第 1 块从 z 移动到 y；

第四步：将第 3 块从 x 移动到 z；

第五步：将第 1 块从 y 移动到 x；

第六步：将第 2 块从 y 移动到 z；

第七步：将第 1 块从 x 移动到 z。

下面给出关键算法：

```
01:#include<stdbool.h>
02:typedef int datatype;
03:#define MAX 100
04:typedef struct node
05:{
06: datatype data[MAX];
07: int top;
08:}stack_node, *stack_link;
09:bool move(int x,stack_link p,stack_link q)
10:/*移动函数,把编号为 x 的盘从 p 移动至 q*/
11:{
12: if(! empty(p)){
13:   pop(p,x);
14:   push(q,x);
15:   return true;
16: }else {
```

```
17:  printf("it's empty! \n");
18:  return false;
19:  }
20:}
21:void move_print(int n,char x,char y)
22:/*打印移动过程函数*/
23:{
24:  int j=1;
25:  printf("%d:Move NO.%d  from %c to %c.\n",j,n,x,y);
26:  j++;
27:}
28:void hanoi(int n,stack_link x,stack_link y,stack_link z)
29:/*递归移动函数*/
30:{
31: char a,b;
32: if(n==1)
33:  move(1,x,z);
34: else
35: {
36:  hanoi(n-1,x,z,y);
37:  move(n,x,z);
38:  hanoi(n-1,y,x,z);
39: }
40:}
41:void hanoi_move_print(int n,char x,char y,char z)
42:/*递归打印移动过程函数*/
43:{
44: if(n==1)
45:  move_print(1,x,z);
46: else
47: {
48:  hanoi_move_print(n-1,x,z,y);
49:  move_print(n,x,z);
50: hanoi_move_print(n-1,y,x,z);
51: }
52:}
```

3.4 队列及基本运算

队列(Queue)是另一种特殊的线性表。在这种表中,删除运算限定在表的一端进行,而插入运算则限定在表的另一端进行。约定把允许插入的一端称为队尾(Rear),把允许删除的一端称为队首(Front)。位于队首和队尾的元素分别称为队首元素和队尾元素。

队列的进出原则是先进队的元素先出队。如果把一列元素依次送入队中,然后再将它们取出来,则不会改变元素原来排列的次序。例如,若将一列元素 a、b、c、d 和 e 依次送入队列中,如图 3-7 所示,然后又把它们取出来,则仍然得到 a、b、c、d 和 e,因此,通常又把队列称作先进先出表(First In First Out,FIFO)。这和日常生活中的队列是一致的。例如,等待服务的顾客总是按先来后到的次序排成一队,先得到服务的顾客是站在队首的先来者,而后到的人总是排在队列的末尾等待。

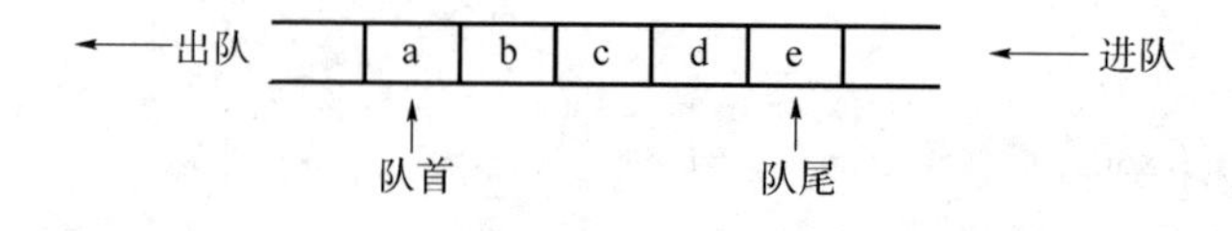

图 3-7　队列示意图

队列在计算机程序设计中也经常被使用。例如,操作系统中的输出队列就是一个例子。在一个允许多道程序运行的计算机系统中,有多个作业同时运行,而且运行的结果都要通过唯一的通道输出。若通道尚未完成输出,则后来的作业应等待,并按请求输出的先后次序排队。当通道传输完毕可以接受新任务时,排头的作业便从队列中退出,进入通道并输出。所以,排头的作业总是下一次准备输出的作业,而排尾的作业总是刚刚进入队列的作业。当然,这里指的是没有优先级(Priority)的情况。

队列的操作与栈的操作类似,不同的是删除是在表的头部(即队头)进行。

下面给出队列的抽象数据类型定义。

```
ADT Queue {
数据对象:
D = {ai | ai∈ElemSet, i = 1,2,…,n, n≥0}
数据关系:
R1 = { <a i-1,ai > | ai-1, ai ∈D, i = 2,…,n}
约定其中 a1 端为队列头, an 端为队列尾。
基本操作:
InitQueue(&Q)
操作结果:构造一个空队列 Q。
DestroyQueue(&Q)
初始条件:队列 Q 已存在。
操作结果:队列 Q 已销毁,不再存在。
ClearQueue(&Q)
初始条件:队列 Q 已存在。
操作结果:将队列 Q 清空。
QueueLength(Q)
初始条件:队列 Q 已存在。
操作结果:返回队列 Q 的元素个数
QueueEmpty(Q)
初始条件:队列 Q 已存在。
操作结果:若队列 Q 为空队列,则返回 TRUE,否则返回 FALSE。
GetHead(Q,&e)
```

```
初始条件:Q为非空队列。
操作结果:用e返回Q的队头元素。
EnQueue(&Q,e)
初始条件:队列Q已存在。
操作结果:插入元素e为Q的新的队尾元素。
DeQueue(&Q,&e)
初始条件:Q为非空队列。
操作结果:删除Q的对头元素,并用e返回其值。
QueueTraverse(Q,visit())
初始条件:Q已存在且非空。
操作结果:从队头到队尾,依次对Q的每个元素调用函数visit(),一旦visit()失败,则操作失败。
}ADT Queue
```

3.5　队列的实现

与栈的情况一样,线性表的各种存储方式也都可以作为队列的存储结构。由于队列的插入和删除操作是在表的两端进行的,随着插入和删除工作的进行,队首和队尾两端都是移动的,因此需要设立队首和队尾两个指针。通常队尾指针指向最后进入队列的元素,而队首指针在不同的情况下可以有不同的设置。

3.5.1　队列的链式表示和实现——链队列

队列的链式结构称为链式队列,如图3-8所示,它实际上是用一个单链表来表示队列,只不过插入元素在单链表的表尾进行,而删除元素在表头进行。对于在使用中数据元素变动较大的数据结构来说,用链式存储结构比用顺序存储结构更有利。显然,队列也是这样一种数据结构。用链表表示的队列简称链队列。一个链队列显然需要两个分别指示队头和队尾的指针才能唯一确定。为了操作方便起见,也给链队列添加一个头结点,并令头指针指向头结点。由此,空的链队列的判定条件为头指针与尾指针均指向头结点。

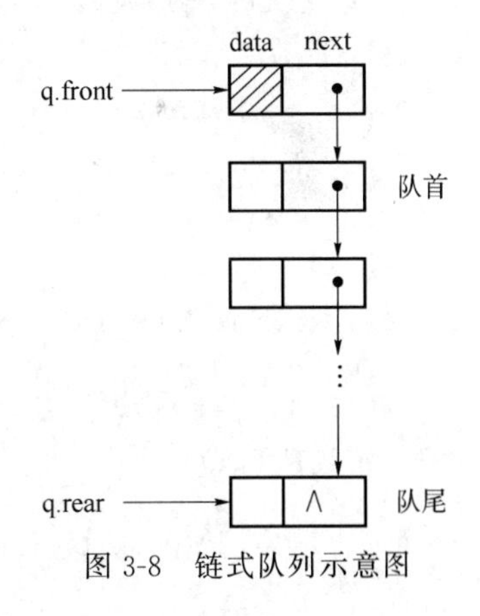

图3-8　链式队列示意图

链队列的操作即为单链表的插入和删除操作的特殊情况,只是尚需修改尾指针和头指针。

链队列类型定义如下:

```
01:typedef int QElemType;
02:typedef struct QNode
03:{
04:  QElemType data;
05:  struct QNode * next;
06:}QNode;
```

```
07:typedef QNode *  QueuePtr;
08:typedef struct
09:{
10:   QueuePtr front;                          //头指针
11:   QueuePtr rear;                           //尾指针
12: }LinkQueue;                              //队列的链式存储表示
```

链队列基本操作的实现如下。

1. 初始化链队 *Q*

```
01:Status InitQueue(LinkQueue * Q)
02:{
03:   ( * Q).front = ( * Q).rear = (QueuePtr)malloc(sizeof(QNode));
04:   if(! ( * Q).front)
05:     exit( - 2);
06:   ( * Q).front - >next = NULL;
07:   return 1;
08:}
```

2. 置空队列 *Q*

```
01: void ClearQueue(LinkQueue * Q)
02:{
03:   ( * Q).rear = ( * Q).front - >next;
04:   while(( * Q).rear)
05:   {
06:     ( * Q).front - >next = ( * Q).rear - >next;
07:     free(( * Q).rear);
08:     ( * Q).rear = ( * Q).front - >next;
09:   }
10:   ( * Q).rear = ( * Q).front;
11:}
```

3. 销毁队列 *Q*

```
01: void DestroyQueue(LinkQueue * Q)
02:{
03:   while(( * Q).front)
04:   {
05:     ( * Q).rear = ( * Q).front - >next;
06:     free(( * Q).front);
07:     ( * Q).front = ( * Q).rear;
08:   }
09:}
```

4. 判断队列 Q 是否为空

```
01: Status QueueEmpty(LinkQueue Q)
02:{
03:   if(Q.front == Q.rear)
04:     return 1;
05:   else
06:     return 0;
07:}
```

5. 返回队列 Q 元素个数

```
01:int QueueLength(LinkQueue Q)
02:{
03:   int i = 0;
04:   QueuePtr p = Q.front;
05:   while(p! = Q.rear)
06:   {
07:     i++;
08:     p = p->next;
09:   }
10:   return i;
11:}
```

6. 用 e 获取队头元素

```
01:Status GetHead(LinkQueue Q,QElemType *e)
02:{
03:   QueuePtr  p;
04:   if(Q.front == Q.rear)
05:     return 0;
06:   p = Q.front->next;
07:   *e = p->data;
08:   return 1;
09:}
```

7. 元素 e 入队

```
01:Status EnQueue(LinkQueue *Q,QElemType e)
02:{
03:   QueuePtr p;
04:   p = (QueuePtr)malloc(sizeof(QNode));
05:   if(!p)
06:     exit(-2);
07:   p->data = e;
08:   p->next = NULL;
```

```
09:  (*Q).rear->next = p;
10:  (*Q).rear = p;
11:  return 1;
12:}
```

8. 元素 *e* 出队

```
01:Status DeQueue(LinkQueue *Q,QElemType *e)
02:{
03:  QueuePtr p;
04:  if((*Q).front == (*Q).rear)
05:    return 0;
06:  p = (*Q).front->next;
07:  *e = p->data;
08:  (*Q).front->next = p->next;
09:  if((*Q).rear == p)
10:    (*Q).rear = (*Q).front;
11:  free(p);
12:  return 1;
13:}
```

9. 访问队列

```
01: void QueueTraverse(LinkQueue Q,void(Visit)(QElemType))
02: {
03:  QueuePtr p;
04:  p = Q.front->next;
05:  while(p)
06:  {
07:    Visit(p->data);
08:    p = p->next;
09:  }
10:}
```

图 3-9 所示为一系列队列操作时的指针变化情况。

链式队列的优点是便于实现存储空间的共享。在同时存在多个队列或经常在队列中进行插入、删除操作的情况下,采用链式存储结构是比较理想的。

3.5.2 队列的顺序表示和实现——循环队列

前面已经介绍过,在系统中需要多个队列时,应尽量采用链表作为它的存储结构,因为对于链式队列,一般情况下是不会发生上溢的。但是,在链式队列中每个结点都设有一个指针域,这就降低了存储的密度。因此,很多情况下仍然需要用顺序存储结构来表示队列。

队列的顺序存储结构和栈类似,常借助一维数组来存储队列中的元素。为了指示队首和队尾的位置,还需设置头、尾两个指针,并约定头指针总是指向队列中实际队头元素的位置,而尾指针总是指向队尾元素的下一个位置。图 3-10 展示了这种结构。

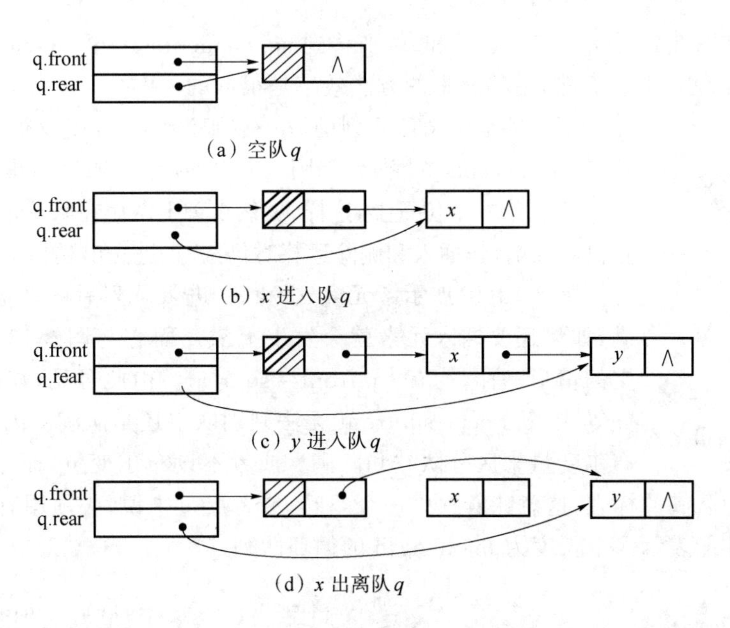

图 3-9　一系列队列操作时的指针变化情况

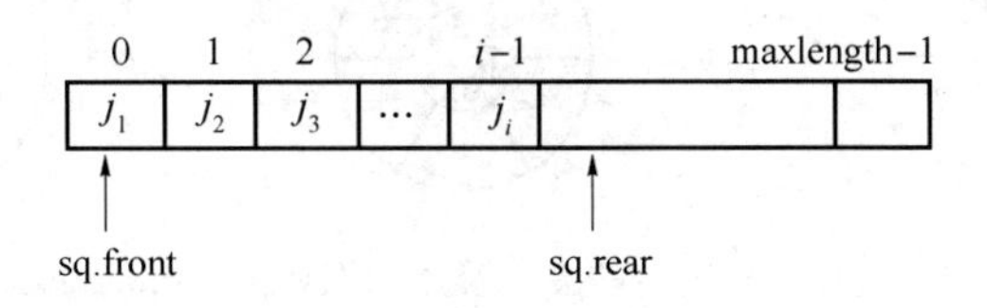

图 3-10　队列的顺序存储示意图

一个可以容纳 6 个元素的顺序队列在运算过程中头、尾指针的变化状况如图 3-11 所示。

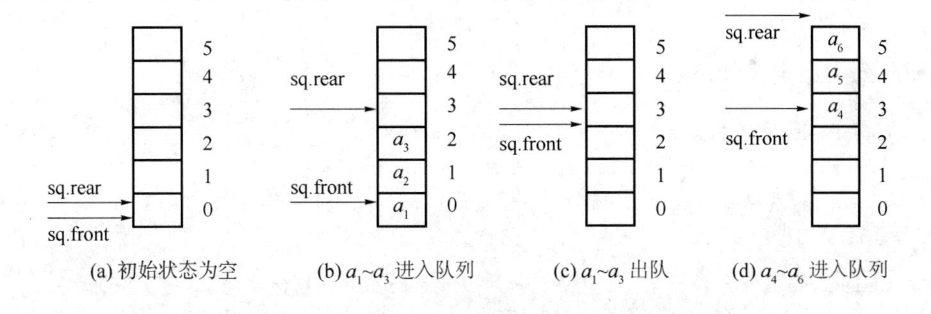

图 3-11　一个队列中元素和头、尾指针的关系

图 3-11(a)表示该队列的初始状态为空，sq. rear＝sq. front＝0；图 3-11(b)表示有 3 个元素 a_1、a_2、a_3 相继进入队列，因而 sq. rear＝3，而 sq. front 的值不变；图 3-11(c)表示 a_1、a_2、a_3 先后出队，队列又变为空，sq. rear＝sq. front＝3；图 3-11(d)表示有 3 个元素 a_4、a_5、a_6 进入队列，sq. front＝3，sq. rear＝6。

倘若还有元素 a_7 请求进入队列，由于队尾指针已经超出了队列的最后一个位置，因而插入 a_7 就会发生“溢出”。但这时的队列并非真的满了，事实上，队列中尚有 3 个空位。也就是说，系统为队列分配的存储区还没有满，但队列却发生了溢出，这种现象称作虚溢出。解决虚溢出的方法有两种。

第一种是用平移元素的方法克服溢出，即一旦发生虚溢出就把整个队列的元素平移到存储区的首部。如图 3-12 所示，将 a_4、a_5、和 a_6 平移到 sq. elements[0]至 sq. elements[2]，而将 a_7 插入到第 3 个位置上。显然，平移元素的方法效率是很低的。

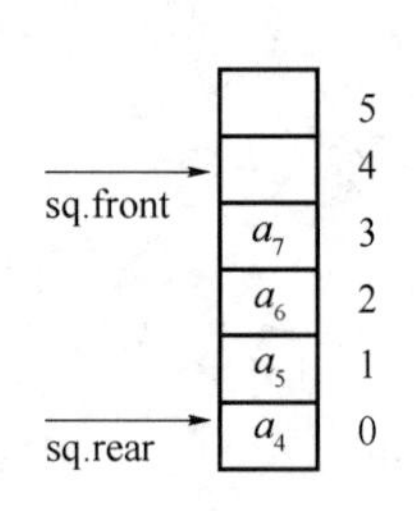

图 3-12　用平移元素的方法克服虚溢出

第二种是用循环队列的方法克服溢出。可以设想，sq. elements[0]接在 sq. elements[5]之后，如图 3-13(a)所示。当发生虚溢出时，可以把 a_7 插入到第 0 个位置上，这样，虽然物理上队尾在队首之前，但逻辑上队首仍然在前，作插入和删除运算时仍按“先进先出”的原则。

图 3-13(b)展示了元素 a_8 和 a_9 进入队列后的情形。此时队列已满，如果还要插入元素就会发生上溢。而它与图 3-13(c)所示队列为空的情形一样，均有 sq. front＝sq. rear。由此可见，在循环队列中，只凭等式 sq. rear＝sq. front 无法判别队空还是队满。因此，再设置一个布尔变量来区分队空和队满。或者不设布尔变量，而把尾指针加 1 后等于头指针作为队满的标志，这意味着损失一个空间，或者反过来说，必须用有 maxlength＋1 个元素的数组才能表示一个长度为 maxlength 的循环队列。

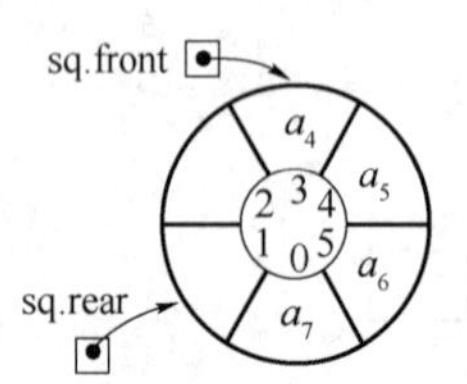

(a) 在循环队列中插入新元素a_7　(b) 插入a_8、a_9后循环队列满

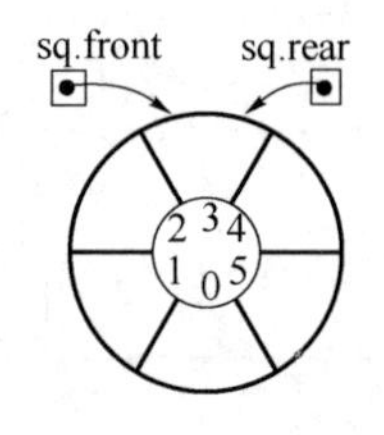

(c) 删除a_4~a_9后循环队列空

图 3-13　用循环队列的方法克服虚溢出

总之，以上两种方法都要多占用 1 个存储空间，以区分队空还是队满。在下面的算法中我们使用后者来区分。

循环队列类型定义如下：

```
01:typedef int QElemType;
02:typedef struct                      //队列的顺序存储结构
03:#define MAXQSIZE 1000               //最大队列长度
04:{
05:   QElemType * base;                //初始化的动态分配存储空间
06:   int front;                       //头指针，若队列不空，指向队头元素
07:   int rear;                        //尾指针，若队列不空，指向队列尾元素的下一个元素
08:}CSqQueue;
```

循环队列的基本操作如下。

1. *初始化循环队列 Q*

```
01:Status InitQueue(CSqQueue * Q)
02:{
03:   ( * Q).base = (QElemType * )malloc(MAXQSIZE * sizeof(QElemType));
```

```
04:   if(!( * Q).base)
05:     exit( - 2);
06:   ( * Q).front = ( * Q).rear = 0;
07:   return 1;
08:}
```

2. 置空队列 *Q*

```
01:void ClearQueue(CSqQueue * Q)
02:{
03:   ( * Q).front = ( * Q).rear;
04:}
```

3. 销毁队列 *Q*

```
01:void DestroyQueue(CSqQueue * Q)
02:{
03:   if(( * Q).base)
04:     free(( * Q).base);
05:   ( * Q).base = NULL;
06:   ( * Q).front = ( * Q).rear = 0;
07:}
```

4. 判断队列 *Q* 是否为空

```
01:Status QueueEmpty(CSqQueue Q)
02:{
03:   if(Q.front == Q.rear)
04:     return 1;
05:   else
06:     return 0;
07:}
```

5. 返回队列 *Q* 元素个数

```
01:int QueueLength(CSqQueue Q)
02:{
03:   return (Q.rear - Q.front + MAXQSIZE) % MAXQSIZE;          //队列长度
04:}
```

6. 用元素 *e* 获取队头元素

```
01:Status GetHead(CSqQueue Q,QElemType * e)
02:{
03:   if(Q.front == Q.rear)                                      //队列空
04:     return 0;
```

```
05:   *e = Q.base[Q.front];
06:  return 1;
07:}
```

7. 元素 e 入队

```
01:Status EnQueue(CSqQueue *Q,QElemType e)
02:{
03:  if(((*Q).rear+1)%MAXQSIZE == (*Q).front)     //队列满
04:    return 0;
05:  (*Q).base[(*Q).rear] = e;
06:  (*Q).rear = ((*Q).rear+1)%MAXQSIZE;
07:  return 1;
08:}
```

8. 元素 e 出队

```
01:Status DeQueue(CSqQueue *Q,QElemType *e)
02:{
03:  if((*Q).front==(*Q).rear)                      //队列空
04:    return 0;
05:   *e = (*Q).base[(*Q).front];
06:  (*Q).front = ((*Q).front+1)%MAXQSIZE;
07:  return 1;
08:}
```

9. 访问队列

```
01:void QueueTraverse(CSqQueue Q,void(Visit)(QElemType))
02:{
03:  int i = Q.front;
04:  while(i!=Q.rear)
05:  {
06:    Visit(Q.base[i]);
07:    i = (i+1)%MAXQSIZE;
08:  }
09:}
```

3.6 队列的应用举例

队列的应用十分广泛。例如在操作系统中对资源的请求都用队列来组织，各种应用系统中的事件规划、事件模拟以及非线性数据结构中的许多搜索问题也都借助队列来实现。

【例 3-1】 舞伴问题：假设在周末舞会上，男士们和女士们进入舞厅时，各自排成一队。舞会开始时，依次从男队和女队的队头上各出一人配成舞伴。若两队初始人数不相同，则较长的那一队中未配对者等待下一轮舞曲。

```
01:#include<stdio.h>
02:#define maxsize 100                    //定义表达式字符的最大容量
03:typedef struct{
04:  char name[20];
05:  Char sex;                            //性别,'F'表示女性,'M'表示男性
06:}Person;
07:typedef Person datatype;               //队列中元素类型为 Person
08:void DancePartner(Person dancer[],int num)
09:{                                      //结构数组 dancer 中存放跳舞男女,num 是跳舞的人数
10:  int i;
11:  Person p;
12:  Sequence * Mdancers, * Fdancers;
13:  InitQueue(&Mdancers);                //男士队列初始化
14:  InitQueue(&Fdancers);                //女士队列初始化
15:  for(i = 0;i<num;i++)                 //依次将跳舞者根据性别入队
16:  {
17:    p = dancer[i];
18:    if(p.sex == 'F')
19:      EnQueue(&Fdancers.p)             //排入女队
20:    else
21:      EnQueue(&Mdancers.p)             //排入男队
22:  }
23:  printf("The dancing partners are: \n");
24:  while(!QueueEmpty(&Fdancers)&&! QueueEmpty(&Mdancers))
25:  {                                    //依次输出男女舞伴的姓名
26:    p = DeQueue(&Fdancers);            //女士出队
27:    printf(" %s ",p.name);             //打印出队女士姓名
28:    p = DeQueue(&Mdancers);            //男士出队
29:    printf(" %s ",p.name);             //打印出队男士姓名
30:  }
31:  if(!QueueEmpty(&Fdancers))
32:  {                                    //输出女士剩余人数及队头女士的名字
33:    printf("\n %d waiting in next round.\n",Fdancers.count);
34:    p = QueueFront(&Fdancers);
35:    printf(" %s will be the first to get a partner.\n",p.name);
36:  }
37:  else if(!QueueEmpty(&Mdancers))
38:  {                                    //输出男士剩余人数及队头男士的名字
39:    printf("\n %d waiting in next round.\n",Mdancers.count);
40:    p = QueueFront(&Mdancers);
41:    printf(" %s will be the first to get a partner.\n",p.name);
42:  }
43:}
```

第 4 章　串

串(即字符串)也是一种线性表,它的数据结构仅由字符组成。随着非数值处理的广泛应用,某些应用系统(如文字编辑、文字处理、情报检索、自然语言翻译和事务处理等)处理的对象经常是字符串数据。如在汇编和高级语言的编译程序中,源程序和目标程序都是字符串数据;在事务处理程序中,顾客的姓名、地址,货物的产地、名称等,一般也都是作为字符串处理的。

然而,处理字符串数据比处理整数和浮点数要复杂得多。而且,在不同类型的应用中,所处理的字符串具有不同的特点,要有效地实现字符串的处理,就必须根据具体情况使用合适的存储结构。因此,本章把串作为独立的结构加以研究,讨论串的存储结构及基本运算。

4.1　串类型的定义

4.1.1　串的概念

串(String)是大于等于 0 个字符组成的有限集合,一般记为

$$S=\text{“}a_1,a_2,\cdots,a_n\text{”}$$

其中,S 是字符串的名字,双引号里面的是字符串的值;n 为字符串的长度,当 $n=0$ 时,S 为空串;a_n 可以是数字、字母或下画线。

串以'\0'为结束标志。

由 S 中任意位置开始取任意数量为 $m(m\leqslant n)$ 的连续序列组成的串称为 S 的子串,包含子串的串称为该子串的主串。空串是任何串的子串。空字符也是一个字符,由一个或多个空格组成的字符串叫作空格串。

通常,字符在序列中的序号称为该字符在串中的位置,子串在主串中的位置是以子串的第一个字符在主串中的位置来表示的。

【例 4-1】 有两个字符串 A 和 B,分别为:

A="This is Stirng"　　B="is"

则 A 是主串,B 是 A 的子串。B 在 A 中出现两次,其首次出现的位置为 3。

程序中通常需要两种串:一种为串常量,另一种为串变量。串变量与其他类型变量不同的是:不能使用赋值语句对其进行赋值运算。

C 语言规定,字符串在存储时,每个字符在内存中占用一个字节,并用'\0'作为字符串的结束标志,所以字符串在计算机中的实际长度比串长多一个字节,因此我们也可以通过判断字符串的第一个字符是否为'\0'来判断字符串是否为空。

4.1.2　串的输入和输出

在 C 语言中串的操作有很多,下面介绍串的输入和输出。

1. 串的输入

scanf():%s为格式符时即可以录入字符串,并且以空格、制表符和回车等为结束标志,空格、制表符和回车等字符会遗留在缓冲区。

gets():gets()从标准输入设备读取字符,以回车结束读取,使用'\0'结尾,回车被舍弃没有遗留在缓冲区中。可以无限读取,不会判断上限,可能会造成溢出。

【例 4-2】 分别使用gets函数和%s输入字符串 *a*,并输出字符串进行检验。

```
01:#inlcude<stdio.h>
02:int main()
03:{
04:    char a[100] = {0};
05:    printf("请输入字符串:");
06:    gets(a);                          //使用gets函数实现从控制台输入字符串
07:    printf("%s\n",a);                 //输出字符串a
08:    printf("请输入另一个字符串:");
09:    scanf("%s",a);                    //使用gets函数实现从控制台输入字符串
10:    printf("%s\n",a);                 //输出字符串a
11:    return 0;
12:}
```

根据上述可知,scanf()与%s的搭配以空格和回车结束读取,但是scanf()真的不能读入空格和回车吗?

下面就介绍一种格式符让scanf()应用起来更加灵活。

%[]:格式符代表字符集,%[^\n]表示除'\n'之外的字符都能接收,但scanf()接收结束符后会将结束符留在缓冲区中,这有可能会影响接下来的其他变量的读取,这时可以用getchar()来接收'\n'或者用fflush(stdin);来刷新输入流。

2. 串的输出

printf():以%s为格式符。

puts():在输出字符串时会自动将'\0'转换为'\n',也就是说puts()输出后会自动换行。

思考:例4-2中如果先使用gets函数实现从控制台输入字符串再用scanf的%s格式符输入字符串的话,这两个字符串能不能正常输出?如果不能请说明原因。

4.1.3 串的基本操作

```
ADT Stirng{
数据对象:零或多个字符的有限集合。
基本操作:
int StrAssign_Sq(cahr *T, const char *chars);
初始条件:chars是串常量。
操作结果:赋予串T的值为chars。
void StrCopy_Sq(cahr *T,cahr *S);
初始条件:串S存在。
操作结果:由串S复制得串T。
```

```
int StrEmpty_Sq(char * S);
初始条件:串 S 存在。
操作结果:若 S 为空串,则返回 TRUE,否则返回 FALSE。
int StrCompare_Sq(char * S, char * T);
初始条件:串 S 存在。
操作结果:若 S>T,返回值>0;若 S<T,返回值<0;否则返回值 = 0。
int StrLength_Sq(char * S);
初始条件:串 S 存在。
操作结果:返回串 S 序列中的字符个数,即串的长度。
void ClearStirng(char * S);
初始条件:串 S 存在。
操作结果:将 S 清空。
int Concat_Sq(char * T, char * S1, char * S2);
初始条件:串 S1、S2 存在。
操作结果:用 T 返回由 S1 和 S2 连接成的串。
int SubString_Sq(char * Sub, char * S, int pos, int len);
初始条件:串 S 存在,1< = pos< = StrLength(S) - pos + 1。
操作结果:用 Sub 返回串 S 的第 pos 个字符起长度为 len 的子串。
int Index_Sq_1(char * S, char * T, int pos);
或
int Index_Sq_2(char * S, char * T, int pos);
初始条件:串 S 和串 T 存在,T 是非空串,1< = pos< = StrLength(S)。
操作结果:返回 T 在 S 中第 pos 个字符后第一次出现的位置,不存在则返回 0。
int Replace_Sq(char * S, char * T, char * V);
初始条件:串 S、T 和 V 存在,T 为非空串。
操作结果:用 V 替换主串中出现的所有与 T 相等的不重叠的子串。
int StrInsert_Sq(char * S, int pos, char * T);
初始条件:串 S 和 T 存在,1< = pos< = StrLength(S) + 1。
操作结果:在串 S 的第 pos 个字符之前插入串 T。
int StrDelete_Sq(char * S, int pos, int len);
初始条件:串 S 存在,1< = pos< = StrLength(S) - len + 1。
操作结果:从串 S 中删除第 pos 个字符起长度为 len 的子串。
void DestroyString(char * S);
初始条件:串 S 存在。
操作结果:串 S 被销毁。
void StrPrint_Sq(char * S);
初始条件:串 S 存在。
操作结果:输出串 S。
}ADT String
```

以上是一些关于字符串的操作,在 C 语言标准库中提供了一些库函数来方便我们对字符串进行操作,常用的有以下几种。

- strlen(s):返回 s 的长度,不包括 null。

• strcmp(s1,s2):比较 s1、s2 是否相同。若两字符串相等,则返回 0;若 s1 大于 s2,则返回正数;若 s1 小于 s2,则返回负数。

• strcat(s1,s2):将字符串 s2 连接到 s1 后面,并返回 s1。

• strcpy(s1,s2):将 s2 复制给 s1,并返回 s1。

• strncat(s1,s2,n):将 s2 的前 n 个字符连接到 s1 后面,并返回 s1。

• strncpy(s1,s2,n):将 s2 的前 n 个字符复制给 s1,并返回 s1。

4.2　串的存储表示和操作算法

4.2.1　串的顺序存储结构

和链表类似,串的顺序存储表示用一组地址连续的存储单元存储字符串的内容。C 语言编程中定义串时,通常使用字符类型的一维数组来实现。而且数组的维数在定义时必须为常量、枚举类型或常量表达式初始化的整型 const 变量,所以数组在使用时长度是已知的。这时可以通过宏定义来预定义数组的大小:

```
#define MAXSTRLEN 255
Unsigned char S[MAXSTRLEN + 1];
```

此时串的最大长度不能超过 255,字符数量超过该值的 S 将没有其他的空间来存储剩余的字符串。$S[0]$指 S 串中第一个存储单元地址,这样通过下标对串进行操作在随机访问方面很容易,但对串进行插入、删除等方面却很不方便。因此我们对串进行操作时,使存储串的数组的 0 号单元来标识字串的长度。其储存结构如图 4-1 所示。

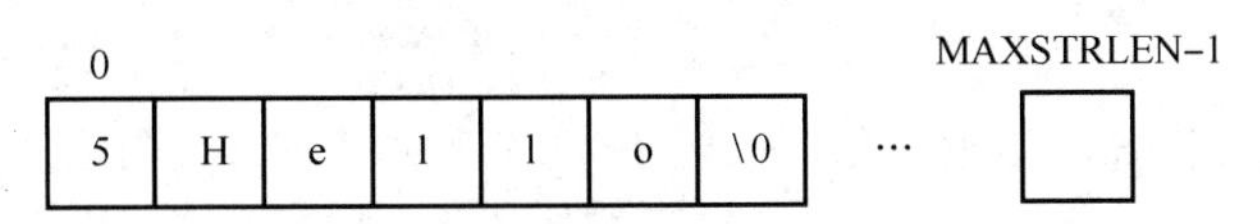

图 4-1　字符串存储结构示意图

在 4.1.3 节中我们介绍了关于串的一些基本操作,接下来将对这些基本操作进行实现。

所涉及头文件:

```
01:#include<stdio.h>
02:#include<string.h>
```

(1) 串赋值:生成一个其值等于常量 chars 的串 T。

```
01:int StrAssign_Sq(unsigned char *T, const char *chars)
02:{
03:   int i, len;
04:   len = strlen(chars);
05:   if(len>MAXSTRLEN)          //判断常量 chars 的数量是否达到 T 的上限
06:     return 0;                //若超过则 T 的空间不能完全接收常量,则返回 0
07:   else
```

```
08:  {
09:     T[0] = len;
10:     for(i = 1; i<= len; ++i)
11:       T[i] = chars[i-1];
12:     return 1;                  //若没有超过则T的空间能完全接收常量,则返回1
13:  }
14:}
```

(2) 串复制:由串 S 复制得到串 T。

```
01:void StrCopy_Sq(unsigned char *T, unsigned char *S)
02:{
03:   int i;
04:   for(i = 0; i<= S[0]; ++i)
05:     T[i] = S[i];
06:}
```

(3) 判断空串:若 S 为空串,返回 1,否则返回 0。

```
01:int StrEmpty_Sq(unsigned char *S)
02:{
03:   if(S[0] == 0)
04:     return 1;
05:   else
06:     return 0;
07:}
```

(4) 比较串大小:若 $S>T$,返回值>0;若 $S<T$,返回值<0;否则返回值=0。

```
01:int StrCompare_Sq(unsigned char *S, unsigned char *T)
02:{
03:   int i = 1;
04:   while( i<= S[0] && i<= T[0] )
05:   {
06:      if( S[i] == T[i] )
07:         ++i;
08:      else
09:        return S[i] - T[i];
10:   }
11:   return S[0] - T[0];
12:}
```

(5) 求串长:返回串 S 的长度。

```
01:int StrLength_Sq(unsigned char *S)
02:{
```

```
03:   return S[0];              //规定放串的字符数字的第一位用来放字符串的长度
04:}
```

(6) 串清空。

```
01:void ClearString_Sq(unsigned char * S)
02:{
03:   S[0] = 0;
04:}
```

(7) 串销毁。

```
01:void DestroyStirng_Sq(unsigned char * S)
02:{
03:                             //顺序串不能被销毁
04:}
```

(8) 串连接:用 T 返回由 S1 和 S2 连接成的串。

```
01:int Concat_Sq(unsigned char * T, unsigned char * S1, unsigned char * S2)
02:{
03:    int i;
04:    for(i = 1; i<= S1[0]; ++i)
05:      T[i] = S1[i];
06:    if(S1[0] + S2[0]<= MAXSTRLEN)
07:    {
08:       for(i = 1; i<= S2[0]; ++i)
09:       T[S1[0] + i] = S2[i];
10:       T[0] = S1[0] + S2[0];
11:       return 1;
12:    }
13:    else
14:    {
15:       for(i = 1; S1[0] + i<= MAXSTRLEN; ++i)
16:          T[S1[0] + i] = S2[i];
17:       T[0] = MAXSTRLEN;
18:       return 0;
19:     }
20: }
```

(9) 返回子串:用 Sub 返回串 S 的第 pos 个字符起长度为 len 的子串。

```
01:int SubString_Sq(unsigned char * Sub, unsigned char * S, int pos, int len)
02:{
03:  int i;
04:  if(pos<1 || pos>S[0] || len<0 || pos + len - 1>S[0])
```

```
05:     return 0;
06:   for(i = 0; i< = len; ++i)
07:     Sub[i] = S[pos + i - 1];
08:   Sub[0] = len;
09:     return 1;
10:}
```

(10) 返回指定子串:返回 T 在 S 中第 pos 个字符后第一次出现的位置,不存在则返回 0。

```
01:int Index_Sq_1(unsigned char *S, unsigned char *T, int pos)
02:{
03:   int s,t;
04:   unsigned char Sub[MAXSTRLEN + 1];
05:   if(pos>0)
06:   {
07:      s = StrLength_Sq(S);
08:      t = StrLength_Sq(T);
09:      if(s && t)
10:      {
11:        while(pos + t - 1< = s)
12:        {
13:          SubString_Sq(Sub, S, pos, t);
14:          if(!StrCompare_Sq(Sub, T))
15:            return pos;
16:          ++pos;
17:        }
18:      }
19:   }
20:   return 0;
21: }
```

(11) 串的模式匹配算法。

```
01:int Index_Sq_2(unsigned char *S, unsigned char *T, int pos)
02:{
03:   int i = pos;
04:   int j = 1;
05:   if(pos<1)
06:     return 0;
07:   while(i< = S[0] && j< = T[0])
08:   {
09:     if(S[i] = = T[j])
10:     {
11:       ++i;
```

```
12:        ++j;
13:     }
14:     else
15:     {
16:        i = i - (j-1) +1;
17:        j=1;
18:     }
19:   }
20:   if(j<T[0] && T[0])
21:     return i-T[0];
22:   else
23:     return 0;
24:}
```

(12) 串的替换:用 V 替换主串中出现的所有与 T 相等的不重叠的子串,可以被完全替换才返回 1。

```
01:intReplace_Sq(unsigned char *S, unsigned char *T, unsigned char *V)
02:{
03:   int i;
04:   i=Index_Sq_1(S, T, 1);
05:   while(S[0]-T[0]+V[0]<=MAXSTRLEN && i)
06:   {
07:      StrDelete_Sq(S, i, T[0]);
08:      StrInsert_Sq(S, i, V);
09:      i += V[0];
10:      i = Index_Sq_1(S, T, i);
11:    }
12:    if(i==0)
13:      return 1;
14:    else
15:      return 0;
16:}
```

(13) 插入串:在串 S 的第 pos 个字符之前插入串 T。可以完全插入,则返回 OK,否则返回 0。

```
01:int StrInsert_Sq(unsigned char *S, int pos, unsigned char *T)
02:{
03:   int i;
04:   if(pos<1 || pos>S[0]+1 || S[0]+T[0]>MAXSTRLEN)
05:      return 0;
06:   for(i=S[0]; i>=pos; --i)
07:     S[i+T[0]]=S[i];
```

```
08:   for(i = pos; i< = pos + T[0] - 1; ++ i)
09:     S[i] = T[i - pos + 1];
10:   S[0] += T[0];
11:   return 1;
12:}
```

(14) 删除子串:从串 S 中删除第 pos 个字符起长度为 len 的子串。

```
01:int StrDelete_Sq(unsigned char * S, int pos, int len)
02:{
03:   int i;
04:   if(pos<1 || pos + len - 1>S[0] || len<0)
05:     return 0;
06:   for(i = pos + len; i< = S[0]; ++ i)
07:     S[i - len] = S[i];
08:   S[0] -= len;
09:   return 1;
10: }
```

(15) 串的输出:输出串 S。

```
01:void StrPrint_Sq(char * S)
02:{
03:     int i;
04:     for(i = 1; i< = S[0]; ++ i)
05:       printf(" %c",S[i]);
06:}
```

4.2.2 串的堆存储结构——堆串

堆串的本质还是顺序储存方式,只不过所储存串的内存空间是动态分配的。

本节讲述的堆串是利用结构体来实现的:通过 malloc 来申请指定数量的连续的动态储存空间,再定义 char 类型的指针指向动态分配空间的首地址,length 用来储存串的长度。也正因为需要使用 malloc 动态分配串的空间,所分配的内存均位于“堆”上,所以这种储存结构被称为“堆串”。

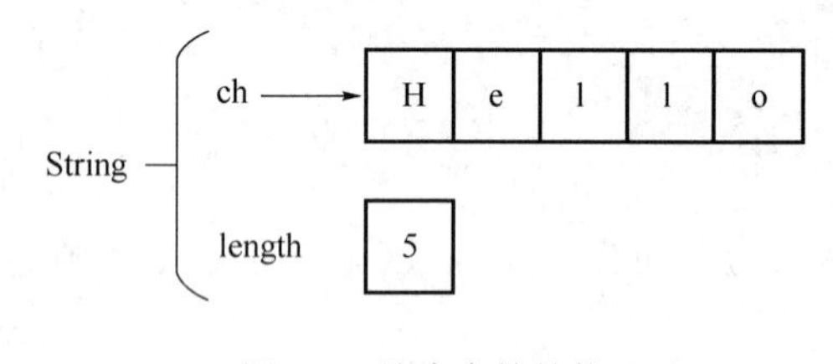

图 4-2 堆串存储结构

堆串存储结构如图 4-2 所示。

接下来对堆串的一些基本操作进行实现。

所涉及头文件及结构体:

```
01:#include<stdio.h>
02:#include<string.h>
03:#include<stdlib.h>
```

```
04:typedef struct {
05:   char * ch;
06:   int length;
07:}String;
```

(1) 初始化 S 为空串。

```
01:void InitString_H(String * S)
02:{
03:   ( * S).ch = NULL;
04:   ( * S).length = 0;
05:}
```

(2) 生成串:生成一个值为 chars 的串 T。

```
01:int StrAssign_H(String * T, char * chars)
02:{
03:   int i, j;
04:   InitString_H(T);
05:   i = strlen(chars);
06:   if( !i )
07:     return 0;
08:   else
09:   {
10:       ( * T).ch = (char * )malloc(i * sizeof(char));
11:       if( !(( * T).ch) )
12:         exit( - 2);                          //堆栈上溢
13:       for(j = 0; j<i; ++ j)
14:         ( * T).ch[j] = chars[j];
15:       ( * T).length = i;
16:   }
17:   return 1;
18:}
```

(3) 串复制:由串 S 复制得到串 T。

```
01:int StrCopy_H(String * T, String S)
02:{
03:   int i;
04:   InitString_H(T);
05:   if(StrEmpty_H(S))
06:     return 0;
07:   ( * T).ch = (char * )malloc(S.length * sizeof(char));
08:   if( !( * T).ch )
09:     exit( - 2);                          //堆栈上溢
```

```
10：   for(i = 0; i<S.length; + + i)
11：     ( * T).ch[i] = S.ch[i];
12：   ( * T).length = S.length;
13：   return 1;
14：}
```

(4) 判断空串：若 S 为空串，返回 1；否则返回 0。

```
01：int StrEmpty_H(String S)
02：{
03：   if(S.length = = 0 && S.ch = = NULL)
04：     return 1;
05：   else
06：     return 0;
07：}
```

(5) 串比较：若 $S>T$，返回值>0；若 $S<T$，返回值<0；否则，返回值=0。

```
01：int StrCompare_H(String S, String T)
02：{
03：   int i;
04：   for(i = 0; i<S.length && i<T.length; ++ i)
05：   {
06：       if(S.ch[i] ! =  T.ch[i])
07：         return S.ch[i] - T.ch[i];
08：   }
09：   return S.length - T.length;
10：}
```

(6) 求串长：返回字符串的长度。

```
01：int StrLenth_H(String S)
02：{
03：   if(StrEmpty_H(S))
04：     return 0;
05：   else
06：     return S.length;
07：}
```

(7) 清空串。

```
01：int ClearString_H(String * S)
02：{
03：   if(( * S).ch)
04：   {
05：       free(( * S).ch);
```

```
06:       (*S).ch = NULL;
07:   }
08:   (*S).length = 0;
09:   return 1;
10:}
```

(8) 连接串:用 T 返回由 S1 和 S2 连接而成的新串。

```
01:int Concat_H(String *T, String S1, String S2)
02:{
03:   int i;
04:   InitString_H(T);
05:   (*T).length = S1.length + S2.length;
06:   (*T).ch = (char*)malloc((*T).length * sizeof(char));
07:   if( ! (*T).ch )
08:     exit(-2);                                    //堆栈上溢
09:   for(i=0; i<S1.length; ++i)
10:     (*T).ch[i]=S1.ch[i];
11:   for(i=0; i<S2.length; ++i)
12:     (*T).ch[S1.length+i]=S2.ch[i];
13:   return 1;
14:}
```

(9) 返回子串:用 Sub 返回串 S 的第 pos 个字符起长度为 len 的子串。

```
01:int SubString_H(String *Sub, String S, int pos, int len)
02:{
03:   int i;
04:   InitString_H(Sub);
05:   if(StrEmpty_H(S))
06:     return 0;
07:   if(pos<1 || pos>S.length || len<0 || pos+len-1>S.length)
08:     return 0;
09:   if(len)
10:   {
11:       (*Sub).ch = (char*)malloc(len*sizeof(char));
12:       if( !(*Sub).ch )
13:         exit(-2);                                //堆栈上溢
14:       for(i=0; i<len; ++i)
15:         (*Sub).ch[i] = S.ch[i+pos-1];
16:       (*Sub).length = len;
17:   }
18:   return 1;
19:}
```

(10) 寻找子串:返回 T 在串 S 第 pos 个字符后第一次出现的位置,不存在则返回 0。

```
01:int Index_H(String S, String T, int pos)
02:{
03:    int s, t, i;
04:    String Sub;
05:    InitString_H(&Sub);
06:    if(pos>0)
07:    {
08:        s = S.length;
09:        t = T.length;
10:        i = pos;
11:        while(i+t-1<=s)
12:        {
13:            SubString_H(&Sub, S, i, t);
14:            if(StrCompare_H(Sub, T))
15:                ++i;
16:            else
17:                return i;
18:        }
19:    }
20:    return 0;
21:}
```

(11) 串替换:用 V 替换主串 S 中出现的所有与 T 相等的不重叠的子串。

```
01:int Replace_H(String *S, String T, String V)
02:{
03:    int i;
04:    if(StrEmpty_H(T))
05:      return 0;
06:    i = Index_H(*S, T, 1);
07:    while(i!=0)
08:    {
09:        StrDelete_H(S, i, StrLenth_H(T));//StrLenth_H
10:        StrInsert_H(S, i, V);
11:        i += StrLenth_H(V);
12:        i = Index_H(*S, T, i);
13:    }
14:    return 1;
15:}
```

(12) 串插入:在串 S 的第 pos 个字符之前插入串 T。

```
01:int StrInsert_H(String *S, int pos, String T)
02:{
03:    int i;
```

```
04:   if(pos<1 || pos>( * S).length + 1)
05:     return 0;
06:   if(StrEmpty_H(T))
07:     return 0;
08:   else
09:   {
10:      ( * S).ch = (char * )realloc(( * S).ch, (( * S).length + T.length) * sizeof(char));
11:      if( ! ( * S).ch )
12:        exit( - 2);                                  //堆栈上溢
13:      for(i = ( * S).length - 1; i> = pos - 1; -- i)
14:        ( * S).ch[i + T.length] = ( * S).ch[i];
15:      for(i = 0; i<T.length; ++ i)
16:        ( * S).ch[pos - 1 + i] = T.ch[i];
17:      ( * S).length += T.length;
18:   }
19:    return 1;
20:}
```

(13) 删除串:从串 S 中删除第 pos 个字符起长度为 len 的子串。

```
01:int StrDelete_H(String * S, int pos, int len)
02:{
03:   int i;
04:   if(StrEmpty_H( * S))
05:     return 0;
06:   if(pos<1 || pos + len - 1>( * S).length || len<0)
07:     return 0;
08:   for(i = pos - 1; i + len< = ( * S).length; ++ i)
09:     ( * S).ch[i] = ( * S).ch[i + len];
10:   ( * S).length - = len;
11:   //缩小分配的空间
12:   ( * S).ch = (char * )realloc(( * S).ch, ( * S).length * sizeof(char));
13:   return 1;
14:}
```

(14) 串销毁。

```
01:void DestroyString_H(String * S)
02:{
03:   //堆串不能被销毁
04:}
```

(15) 串输出。

```
01:void StrPrint_H(String S)
02:{
03:   int i;
```

```
04:    if(StrEmpty_H(S))
05:      printf("S为空串,不可输出!");
06:    for(i = 0; i<S.length; ++i)
07:      printf("%c",S.ch[i]);
08:}
```

4.2.3 串的块链存储结构——块链串

块链串的本质依然是顺序存储,每个字符串用数组存储,每个内存块用指针顺序链接。

块链的重点在于"块"和"链"。块链串用链表的思维存储字串,但每个结点并不是存储一个字符,还是存储多个字符,不用的"块"之间用指针相"链"。

块链串存储结构如图 4-3 所示。

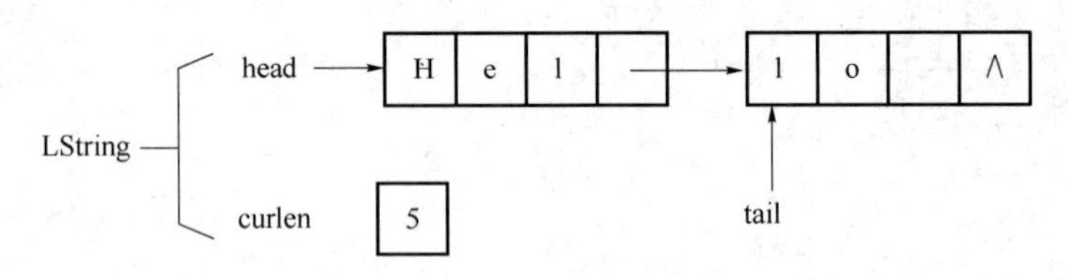

图 4-3 块链串存储结构

接下来将对块链串的一些基本操作进行实现。

所涉及头文件及结构体:

```
01:#include<stdio.h>
02:#include<string.h>
03:#include<stdlib.h>
04:#define CHUNKSIZE 3
05:typedef struct Chunk
06:{
07:    char ch[ CHUNKSIZE ];
08:    struct Chunk *next;
09:} Chunk ;
10:typedef struct
11:{
12:    Chunk *head, *tail;             //串的头指针和尾指针
13:    int curlen;                     //串的当前长度
14:} LString ;
```

(1) 初始化串:初始化块链串 T 为空串。

```
01:void InitString_L(LString T)
02:{
03:    (*T).head = NULL;
04:    (*T).tail   = NULL;
05:    (*T).curlen = 0;
06:}
```

(2) 串赋值:生成一个其值等于常量 chars 的串 T。

```
01:int StrAssign_L(LString *T, char *chars)
02:{
03:  int len, i, j, k, count;
04:  Chunk *r;
05:  InitString_L(T);
06:  len = strlen(chars);
07:  if( !len )
08:    return 0;
09:  i = len / CHUNKSIZE;
10:  j = len % CHUNKSIZE;
11:  if(j)
12:    ++i;
13:  for(k=1 ; k<=i ; ++k)
14:  {
15:    r = (Chunk *)malloc(sizeof(Chunk));
16:    if( !r )
17:      exit(-2);                          //堆栈上溢
18:    r->next = NULL;
19:    if(k==1)                             //第一个块
20:      (*T).head = (*T).tail = r;
21:    else
22:    {
23:      (*T).tail->next = r;
24:      (*T).tail = r;
25:    }
26:    for(count=0;count<CHUNKSIZE&&count+(k-1)*CHUNKSIZE<len;
27:                    ++count)
28:      (*T).tail->ch[count] = chars[count+(k-1)*CHUNKSIZE];
29:  }
30:  while(count<CHUNKSIZE)
31:  {
32:    (*T).tail->ch[count] = '\0';          //T中多余空间补上'\0'
33:    ++count;
34:  }
35:  (*T).curlen = len;
36:  return 1;
37:}
```

(3) 串复制:由串 S 复制得到串 T。

```
01:int StrCopy_L(LString *T, LString S)
02:{
03:  int i;
04:  Chunk *r, *p;
```

```
05:   InitString_L(T);
06:   for(p = S.head; p; p = p->next)
07:   {
08:       r = (Chunk *)malloc(sizeof(Chunk));
09:       if( !r )
10:         exit(-2);                          //堆栈上溢
11:       r->next = NULL;
12:       if(p == S.head)
13:         (*T).head = (*T).tail = r;
14:       else
15:       {
16:         (*T).tail->next = r;
17:         (*T).tail = r;
18:       }
19:       for(i = 0; i<CHUNKSIZE; ++i)
20:         (*r).ch[i] = (*p).ch[i];
21:   }
22:   (*T).curlen = S.curlen;
23:   return 1;
24:}
```

(4) 判断空串:判断指定字符串是否为空串。

```
01:int StrEmpty_L(LString S)
02:{
03:  if(S.head == NULL && S.tail == NULL && S.curlen == 0)
04:    return 1;
05:  else
06:    return 0;
07:}
```

(5) 串比较:若 $S>T$,返回值>0;若 $S<T$,返回值<0;否则,返回值$=0$。

```
01:int StrCompare_L(LString S, LString T)
02:{
03:   int i;
04:   int s = S.curlen;
05:   int t = T.curlen;
06:   Chunk *p = S.head;
07:   Chunk *q = T.head;
08:   while(p && q)
09:   {
10:       for(i = 0 ; i<CHUNKSIZE ; ++i)
11:       {
12:         if((*p).ch[i] != (*q).ch[i])
13:             return (*p).ch[i] - (*q).ch[i];
```

```
14:       }
15:       p = p->next;
16:       q = q->next;
17:   }
18:   return s - t;
19:}
```

(6) 求串长:返回指定字符串的长度。

```
01:int StrLength_L(LString S)
02:{
03:   return S.curlen;
04:}
```

(7) 串清空:清空指定的字符串。

```
01:void ClearString_L(LString * S)
02:{
03:   Chunk * p, * q;
04:   p = ( * S).head;
05:   while(p)
06:   {
07:       q = p->next;
08:       free(p);
09:       p = q;
10:   }
11:   ( * S).head = NULL;
12:   ( * S).tail  = NULL;
13:   ( * S).curlen = 0;
14:}
```

(8) 串连接:用 T 返回由 S1 和 S2 连接而成的新串。

```
01:void Concat_L(LString * T, LString S1, LString S2)
02:{
03:   int i, j, k, count;
04:   Chunk * r, * p, * q;
05:   InitString_L(T);
06:   r = ( * T).head;
07:   p = S1.head;
08:   q = S2.head;
09:   i = j = k = 0;                 //i, j, k 分别遍历 T,S1,S2
10:   while(p || q)
11:   {
12:       if( !r )
13:       {
14:           r = (Chunk * )malloc(sizeof(Chunk));
```

```
15:         if( !r )
16:           exit( -2);
17:         r->next = NULL;
18:         if(! ( *T).head)
19:         ( *T).head = ( *T).tail = r;
20:      else
21:      {
22:         ( *T).tail->next = r;
23:         ( *T).tail = r;
24:      }
25:   }
26:   if(p)
27:   {
28:      while(p && p->ch[i])
29:      {
30:         r->ch[i] = p->ch[j];
31:         i = (i + 1) % CHUNKSIZE;
32:         j = (j + 1) % CHUNKSIZE;
33:         if( !j || !(p->ch[j]) )
34:           p = p->next;
35:         if( !i )
36:         {
37:          r = r->next;
38:            break;
39:         }
40:      }
41:   }
42:   else
43:   {
44:      while(q && q->ch[k])
45:      {
46:         r->ch[i] = q->ch[k];
47:         i = (i+1) % CHUNKSIZE;
48:         k = (k+1) % CHUNKSIZE;
49:         if( ! k || ! (q->ch[k]) )
50:           q = q->next;
51:         if( !i )
52:         {
53:            r = r->next;
54:            break;
55:         }
56:      }
57:   }
58:   ( *T).curlen = S1.curlen + S2.curlen;
59:   count = (( *T).curlen-1) % CHUNKSIZE + 1;
```

```
60:   while(count<CHUNKSIZE)
61:   {
62:      (*T).tail->ch[count] = '\0';
63:      ++count;
64:   }
65:}
```

(9) 返回子串:用 Sub 返回串 S 的第 pos 个字符起长度为 len 的子串。

```
01:int SubString_L(LString *Sub, LString S, int pos, int len)
02:{
03:   int i, j, k, count;
04:   Chunk *r, *p;
05:   InitString_L(Sub);
06:   if(StrEmpty_L(S))
07:     return 0;
08:   if(pos<1 || pos>S.curlen || len<0 || pos+len-1>S.curlen)
09:     return 0;
10:   for(count=1, p=S.head ; pos>count*CHUNKSIZE ; ++count, p=p->next);
11:                        //p 指向第 pos 个元素
12:   r = (*Sub).head;
13:   i = 0;
14:  j = 0;
15:   k = (pos % CHUNKSIZE) - 1;
16:   while(i<len)
17:   {
18:     if( !r )
19:     {
20:       r = (Chunk*)malloc(sizeof(Chunk));
21:       if( !r )
22:         exit(-2);
23:       r->next = NULL;
24:       if( !(*Sub).head )
25:         (*Sub).head = (*Sub).tail = r;
26:       else
27:       {
28:           (*Sub).tail->next = r;
29:           (*Sub).tail = r;
30:       }
31:     }
32:     while(i<len)
33:     {
34:       (*r).ch[j] = (*p).ch[k];
35:       j = (j+1) % CHUNKSIZE;
36:       k = (k+1) % CHUNKSIZE;
```

```
37:         ++i;
38:       if( !k )
39:         p = p->next;
40:       if( ! j )
41:       {
42:         r = r->next;
43:         break;
44:       }
45:     }
46:   }
47:   ( * Sub).curlen = len;
48:   count = (( * Sub).curlen-1) % CHUNKSIZE + 1;
49:   while(count<CHUNKSIZE)
50:   {
51:       ( * Sub).tail->ch[count] = '\0';
52:       ++count;
53:   }
54:   return 1;
55:}
```

(10) 串寻找:返回 T 在 S 中第 pos 个字符后第一次出现的位置,不存在则返回 0。

```
01:int Index_L(LString S, LString T, int pos)
02:{
03:   int i, s, t;
04:   LString sub;
05:   if(pos>0 && pos<=S.curlen)
06:   {
07:       s=S.curlen;                          //主串长度
08:       t=T.curlen;                          //T 串长度
09:       i=pos;
10:       while(i+t-1<=s)
11:       {
12:          SubString_L(&sub,S,i,t);
13:          //sub 为从 S 的第 i 个字符起,长度为 t 的子串
14:          if(StrCompare_L(sub,T)!=0)        //sub 不等于 T
15:             ++i;
16:          else
17:          return i;
18:       }
19:   }
20:   return 0;                                //找不到匹配的则返回 0
21:}
```

(11) 串插入:在串 S 的第 pos 个字符之前插入串 T。

```
01:intStrInsert_L(LString *S, int pos, LString T)
02:{
03:    Chunk *r, *p1, *p2, *q;
04:    int i, j, k, count;
05:    LString Tmp;
06:    if(pos<1 || pos>(*S).curlen+1)
07:        return 0;
08:    InitString_L(&Tmp);
09:    r = Tmp.head;
10:    p1 = (*S).head;
11:    p2 = NULL;
12:    q = T.head;
13:    i = j = k = 0;
14:    count = 1;
15:    while(p1 || p2 || q)
16:    {
17:        if( !r )
18:        {
19:            r = (Chunk*)malloc(sizeof(Chunk));
20:            if( !r )
21:                exit(-2);
22:            r->next = NULL;
23:            if( ! Tmp.head )
24:                Tmp.head = Tmp.tail = r;
25:            else
26:            {
27:                Tmp.tail->next = r;
28:                Tmp.tail = r;
29:            }
30:        }
31:        if( p1 )
32:        {
33:            while(p1 && count<pos)
34:            {
35:                r->ch[i] = p1->ch[i];
36:                i = (i +1) % CHUNKSIZE;
37:                j = (j +1) % CHUNKSIZE;
38:                ++count;
39:                if(!j || !(p1->ch[j]))
40:                    p1 = p1->next;
41:                if( !i )
```

```
42:             {
43:                 r = r->next;
44:                 break;
45:             }
46:         }
47:         if(count == pos)
48:         {
49:             p2 = p1;
50:             p1 = NULL;
51:         }
52:     }
53:     else if(q)
54:     {
55:         while(q && q->ch[k])
56:         {
57:             r->ch[i] = q->ch[k];
58:             i = (i+1) % CHUNKSIZE;
59:             k = (k+1) % CHUNKSIZE;
60:             if(!k || !(q->ch[k]))
61:               q = q->next;
62:             if( !i )
63:             {
64:                 r = r->next;
65:                 break;
66:             }
67:         }
68:     }
69:     else
70:     {
71:         while(p2 && p2->ch[j])
72:         {
73:             r->ch[i] = p2->ch[j];
74:             i = (i+1) % CHUNKSIZE;
75:             j = (j+1) % CHUNKSIZE;
76:             if(!j || !(p2->ch[j]))
77:               p2 = p2->next;
78:             if( !i )
79:             {
80:                 r = r->next;
81:                 break;
82:             }
83:         }
84:     }
```

```
85:   }
86:   Tmp.curlen = ( * S).curlen + T.curlen;
87:   count = (Tmp.curlen - 1) % CHUNKSIZE + 1;
88:   while(count<CHUNKSIZE)
89:   {
90:       Tmp.tail->ch[count] = '\0';
91:       ++count;
92:   }
93:   ClearString_L(S);
94:   ( * S).curlen = Tmp.curlen;
95:   ( * S).head = Tmp.head;
96:   ( * S).tail = Tmp.tail;
97:   return 1;
98:}
```

(12) 串删除：从串 S 中删除第 pos 个字符起长度等于 len 的子串。

```
01:int StrDelete_L(LString * S, int pos, int len)
02:{
03:   Chunk * p, * q, * r;
04:   int count, first, last, m, n;
05:   if(pos<1 || pos>( * S).curlen || len<0 || pos + len - 1>( * S).curlen)
06:     return 0;
07:   if(pos == 1 && len == ( * S).curlen)
08:     ClearString_L(S);
09:   first = pos;
10:   last = pos + len - 1;
11:   for(count = 1,p = ( * S).head ; first>count * CHUNKSIZE ;
                                      ++count,p = p->next);
12:               //p 指向 first 所在块
13:   for(q = p ; last>count * CHUNKSIZE ; ++count,q = q->next);
14:               //q 指向 last 所在块
15:   m = (first - 1) % CHUNKSIZE;
16:   n = (last - 1) % CHUNKSIZE;
17:   n = (n + 1) % CHUNKSIZE;
18:   if( !n )
19:     q->next;
20:   while(q && q->ch[n])
21:   {
22:       p->ch[m] = q->ch[n];
23:       m = (m + 1) % CHUNKSIZE;
24:       n = (n + 1) % CHUNKSIZE;
25:       if( !m )
```

```
26:        p=p->next;
27:      if( !n )
28:        q = q->next;
29:    }
30:    (*S).curlen -= len;
31:    for(count=1,(*S).tail=(*S).head ; (*S).curlen>count*CHUNKSIZE ;
32:                                ++count,(*S).tail=(*S).tail->next);
33:                //r指向删除后的终点的结点
34:    count = ((*S).curlen-1) % CHUNKSIZE + 1;
35:    while(count<CHUNKSIZE)
36:    {
37:       (*S).tail->ch[count] = '\0';
38:       ++count;
39:    }
40:    r = (*S).tail->next;
41:    while( r )
42:    {
43:       (*S).tail->next = r->next;
44:       free(r);
45:       r =(*S).tail->next;
46:    }
47:    return 1;
48:}
```

(13) 串销毁。

```
01:void DestroyString_L(LString *S)
02:{
03://块链存储结构的串不能被销毁
04:}
```

(14) 串输出:输出指定的块链串。

```
01:void StrPrint_L(LString S)
02:{
03:   int i=0;
04:   Chunk *p = S.head;
05:   if(S.head==NULL && S.tail==NULL && S.curlen==0)
06:     printf("S为空串,无法输出!");
07:   while(p)
08:   {
09:      if((*p).ch[i])
10:        printf("%c",(*p).ch[i]);
11:      i = (i + 1) %CHUNKSIZE;
```

```
12:     if( !i )
13:       p = p->next;
14:   }
15:}
```

(15) 返回字符:用 * c 返回串 S 中第 i 个字符。

```
01:int GetChar_L(LString S, char *c, int i)
02:{
03:   int m, n, count;
04:   Chunk *p;
05:   if(StrEmpty_L(S))
06:     return 0;
07:   if(i<1 || i>S.curlen)
08:     return 0;
09:   m = i / CHUNKSIZE;                    //计算第 i 个元素在第几块
10:   n = i % CHUNKSIZE;                    //计算第 i 个元素是第 m 块中的第几个
11:   if(n)
12:     ++m;
13:   for(count = 1,p = S.head ; count<m ; ++count)
14:     p = p->next;                        //p 指向第 i 个元素所属的块
15:   if(n)
16:     *c = (*p).ch[n-1];                  //注意每个块中最后一个字符的处理
17:   else
18:     *c = (*p).ch[CHUNKSIZE-1];
19:   return 0;
20:}
```

(16) 串替换:用 V 替换主串 S 中出现的所有与 T 相等的不重叠的子串。

```
01:int Replace_L(LString *S, LString T, LString V)
02:{
03:   int i;
04:   if(StrEmpty_L(T))
05:     return 0;
06:   i = Index_L(*S, T, 1);
07:   while(i)                               //能找到与 T 匹配的字符串
08:   {
09:      StrDelete_L(S, i, StrLength_L(T));
10:      StrInsert_L(S,i, V);
11:      i += StrLength_L(V);
12:      i = Index_L(*S, T, i);
13:   }
14:   return 1;
15:}
```

4.3　串的模式匹配算法

字符串定位运算通常称为串的模式匹配(Pattern Matching)或串匹配(String Matching)运算,是串处理中最重要的运算之一,应用非常广泛。例如,在编辑文本的过程中,经常需要在文本中找到某个模式的所有出现位置;在 DNA 序列中搜寻特定的序列;在网络搜索引擎中也需要用这种办法来找到所要查询的网页地址。

4.3.1　朴素字符串匹配算法

朴素字符串匹配算法是通过一个循环找到所有有效偏移。举一个例子,在主串 S 中找和子串 T 相同串的位置,我们可以把 T 联想成一个沿着 S 滑动的模板,其过程如图 4-4 所示。

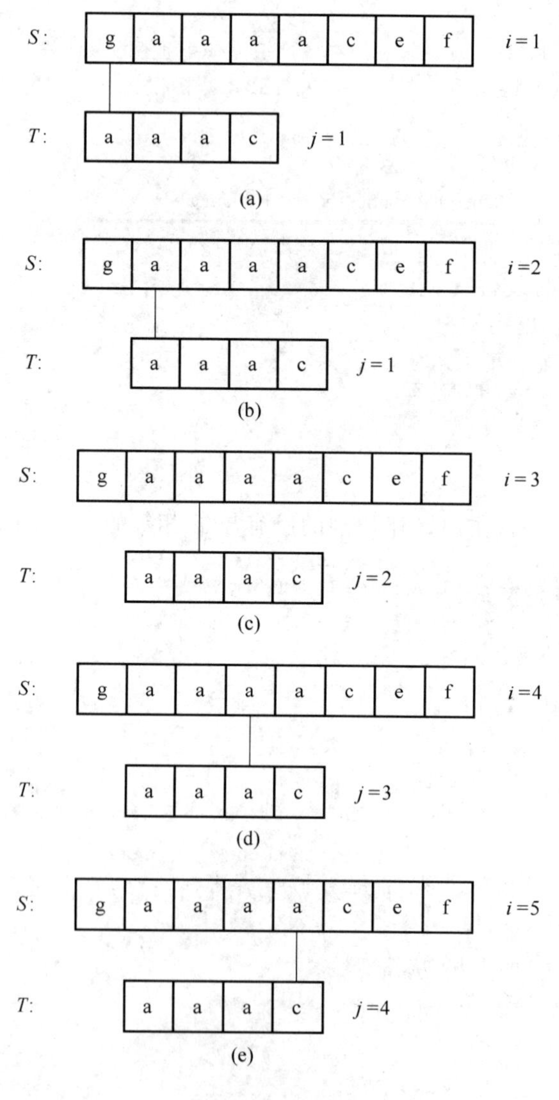

图 4-4　朴素字符串匹配

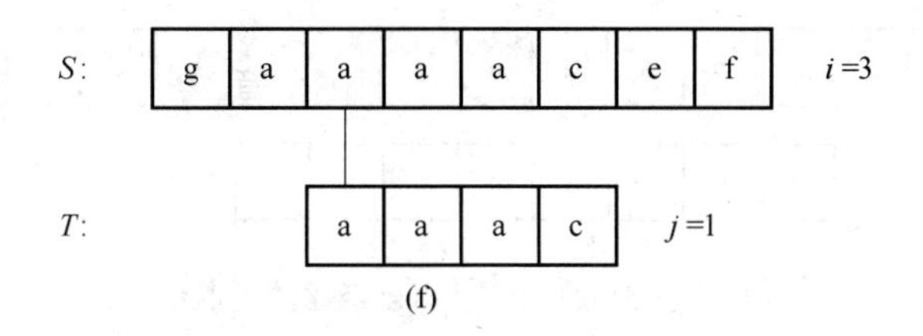

图 4-4 朴素字符串匹配(续图)

如图 4-4(a)所示,串 S 的第 1 个字符与串 T 中的第 1 个字符不同,则++i。

如图 4-4(b)所示,串 S 的第 2 个字符与串 T 中的第 1 个字符相同,则++j,++i。

如图 4-4(c)所示,串 S 的第 3 个字符与串 T 中的第 2 个字符相同,则++j,++i。

如图 4-4(d)所示,串 S 的第 4 个字符与串 T 中的第 3 个字符相同,则++j,++i。

如图 4-4(e)所示,串 S 的第 5 个字符与串 T 中的第 4 个字符不同,则 j=j-(i-1),i=1,这次 j、i 的变化称为回溯,然后++j。

图 4-4(f)之后的步骤同上面的过程,每次回溯时都会判断“i+j. length-1<=S. length”是否成立,不成立时则此次匹配结束。

4.3.2 KMP 算法

在 4.3.1 节中介绍了字符串的朴素匹配算法,该算法中回溯的过程是朴素匹配算法中必要的一步,但也正是回溯的过程使朴素算法的效率大打折扣。接下来介绍一种由 Knuth、Morris、Pratt 三人设计的线性时间字符串匹配算法,该算法以设计者三人的名字命名,即 KMP 算法。

该算法利用匹配失败后的信息,尽量减少模式串与主串的匹配次数,达到快速匹配的目的。具体实现依赖一个 next()函数,函数本身包含了模式串的局部匹配信息,其时间复杂度为 $O(m+n)$。

举个例子来说,有一个字符串“abaabaaabaabcac”(称为主串),要利用该算法求得里面是否包含另一个字符串“abaabcac”(称为模式串)。

(1) 主串“abaabaaabaabcac”与“abaabcac”在回溯以前的步骤与朴素匹配算法相同,不多解释,直接跳到到第一次回溯的前一步,如图 4-5 所示。

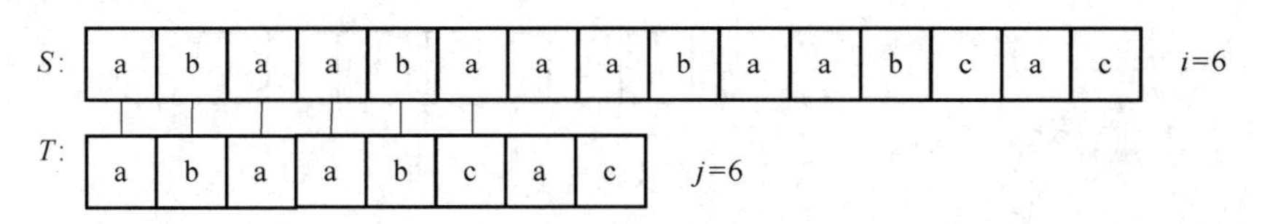

图 4-5 相同字符依次比较

(2) 这时,按照朴素匹配算法来操作的话就是将整个模式串往后移动一位,再从头逐个比较。但 KMP 算法却不同,一个基本事实是,当 a 与 c 不匹配时,其实已知前面字符内容为“abaab”。KMP 算法的思想是,设法利用这个已知信息,不要把“搜索位置”移回已经比较过的位置,在保证不丢失可能匹配的情况的基础上,继续把它向后移,这样就提高了效率,如图 4-6 所示。

(3) 怎样做到这一点呢? 可以针对模式串,算出一张部分匹配表(Partial Match Table),如表 4-1 所示。这张表是如何产生的,后面再介绍,这里只要会用就可以了。

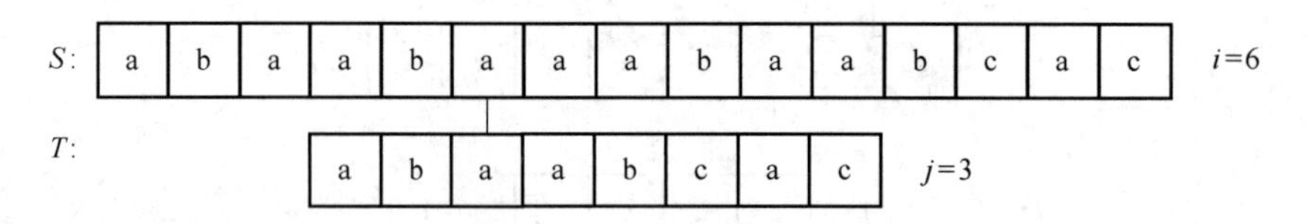

图 4-6　把“搜索位置”移出已经比较过的位置

表 4-1　部分匹配表

模式串	a	b	a	a	b	c	a	c
部分匹配信息	0	1	1	2	2	3	1	2

（4）如图 4-7 所示，已知 a 与 c 不匹配时，前面五个字符“abaab”是匹配的。查表 4-1 可知，“abaabcac”中不匹配的字符 c 的“部分匹配值”为 3，因此保持 i 的值不变，将 j 的值修改为 3，继续进行比较。字符匹配时 i++且 j++，直到 $i=8$ 且 $j=5$ 时遇到不匹配字符。

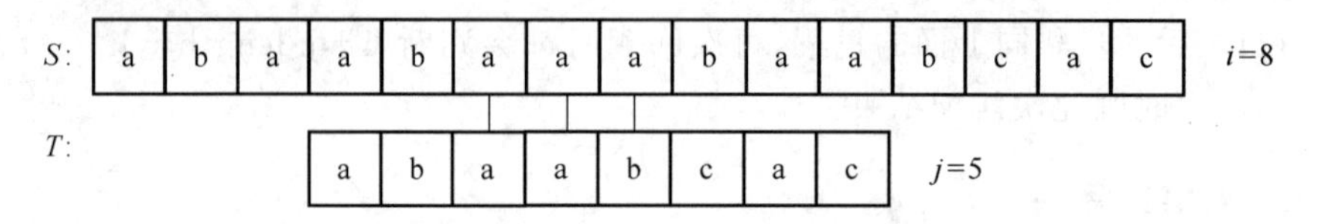

图 4-7　根据计算结果将 S 串的第 6 个字符与 T 串的第 3 个字符进行比较

（5）因为 a 与 b 不匹配，模式串还要继续往后移。这时，“abaabcac”中不匹配的字符 b 的“部分匹配值”为 2。所以，保持 i 值不变，把 j 修改为 2，如图 4-8 所示。

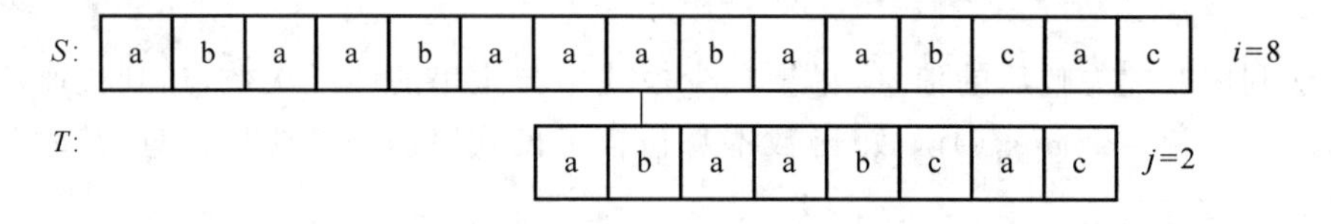

图 4-8　继续根据部分匹配值进行移动

（6）因为 a 与 b 不匹配，继续根据表 4-1 修改 j 的值，如图 4-9 所示。

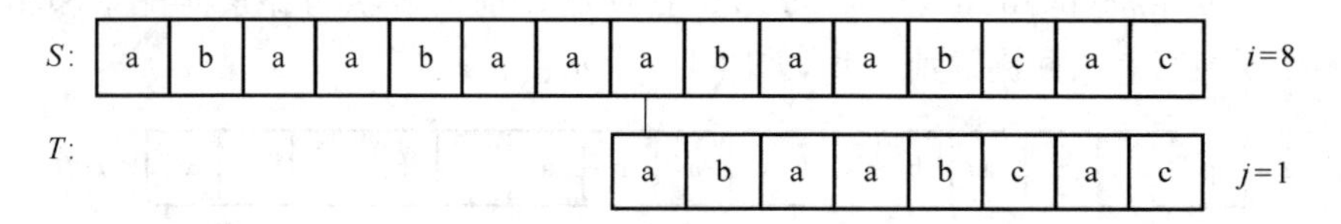

图 4-9　继续调整 j 的值

（7）逐位比较，直到模式串的最后一位完全匹配，于是搜索完成，如图 4-10 所示。

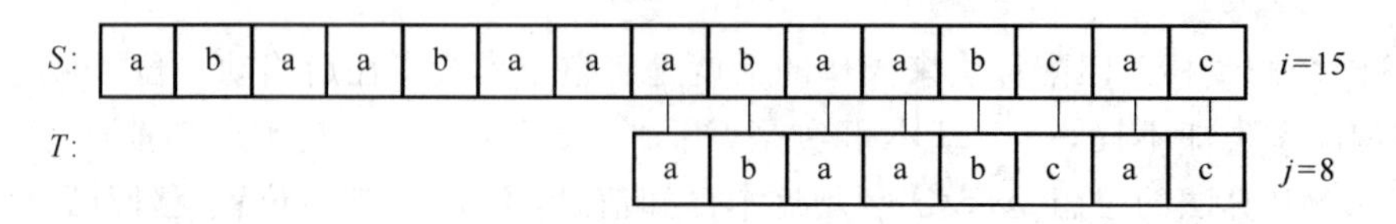

图 4-10　向后移动 4 位

（8）如果还要继续搜索（即找出全部匹配），再将模式串向后移动 8 位，这里就不再重复了。

下面介绍表 4-1 是如何产生的。

首先,要了解两个概念:“前缀”和“后缀”。“前缀”指除了最后一个字符以外,一个字符串的全部头部组合;“后缀”指除了第一个字符以外,一个字符串的全部尾部组合。

“部分匹配值”就是“前缀”和“后缀”最长的共有元素的长度,也叫作“最长公共前后缀”。以“ABCDABD”为例,“A”的前缀和后缀都为空集,共有元素的长度为 0。

“AB”的前缀为[A],后缀为[B],共有元素的长度为 0。

“ABC”的前缀为[A, AB],后缀为[BC, C],共有元素的长度 0。

“ABCD”的前缀为[A,AB,ABC],后缀为[BCD, CD, D],共有元素的长度为 0。

“ABCDA”的前缀为[A, AB, ABC, ABCD],后缀为[BCDA, CDA, DA, A],共有元素为“A”,长度为 1。

“ABCDAB”的前缀为[A, AB, ABC, ABCD, ABCDA],后缀为[BCDAB, CDAB, DAB, AB, B],共有元素为“AB”,长度为 2。

“ABCDABD”的前缀为[A, AB, ABC, ABCD, ABCDA, ABCDAB],后缀为[BCDABD, CDABD, DABD, ABD, BD, D],共有元素的长度为 0。

“部分匹配表”对应 next()函数的取值,公式如下:

$$\text{next}(j)=\begin{cases}0 & j=1\\ \text{Max}\{k \mid 1<k<j\} & k\text{ 为共有元素长度}\\ 1 & \text{其他情况}\end{cases}$$

按照定义,“ABCDABD”的部分匹配表如表 4-2 所示。

表 4-2 字符串 next(j)表

模式串	A	B	C	D	A	B	D
next(j)	0	1	1	1	1	2	3

部分匹配值的实质是,某些情况下,字符串头部和尾部会有重复。比如,“ABCDAB”之中有两个“AB”,那么它的部分匹配值就是 2(“AB”的长度)。模式串移动的时候,第一个“AB”向后移动 4 位(字符串长度－部分匹配值),就可以来到第二个“AB”的位置。

最后来介绍 KMP 算法中最核心的部分:next 数组。

next 数组,又叫作“失配函数”,它是以下标 0 开始的数组。为了方便大家理解,给出图 4-11,横线部分表示匹配成功,网格部分表示在位置 i 处匹配失败。

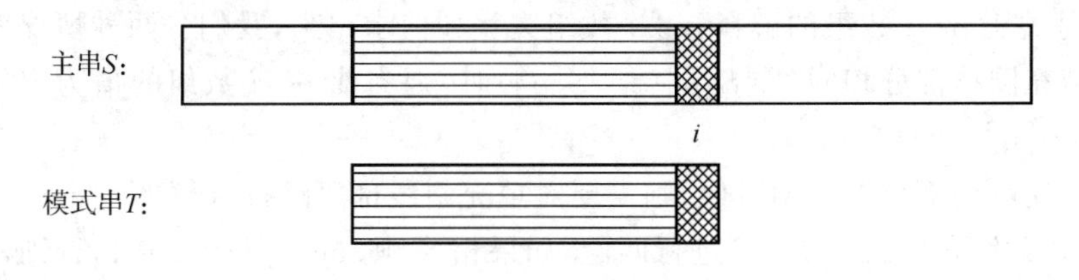

图 4-11 匹配状态图

根据 KMP 算法,在失配位会调用该位的 next 数组的值,下面详细介绍 next 数组的来龙去脉。next(i)表示在失配位 i 之前的最长公共前后缀的长度。首先,我们取之前已经匹配的部分(即填充横线的部分),如图 4-12 所示。

我们在上面说到“最长公共前后缀”，体现到图 4-13 所示的样子，其中，填充斜线的部分就是字符串最长公共前后缀的部分。

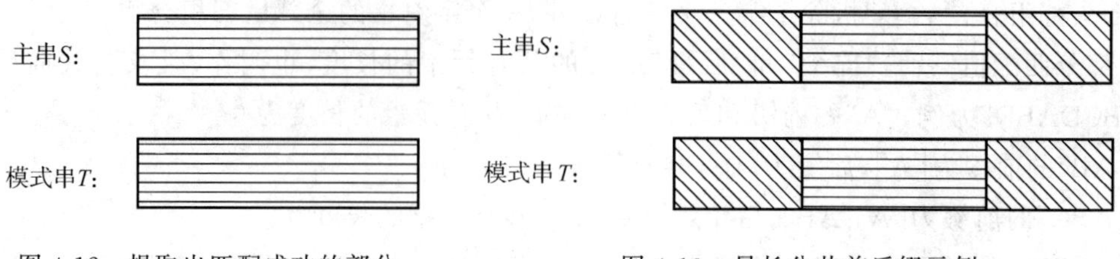

图 4-12　提取出匹配成功的部分　　　　图 4-13　最长公共前后缀示例

next 数组的作用是通过寻找最长公共前后缀的部分，快速移动模式串，从而提高字符串匹配的效率，如图 4-14 所示。

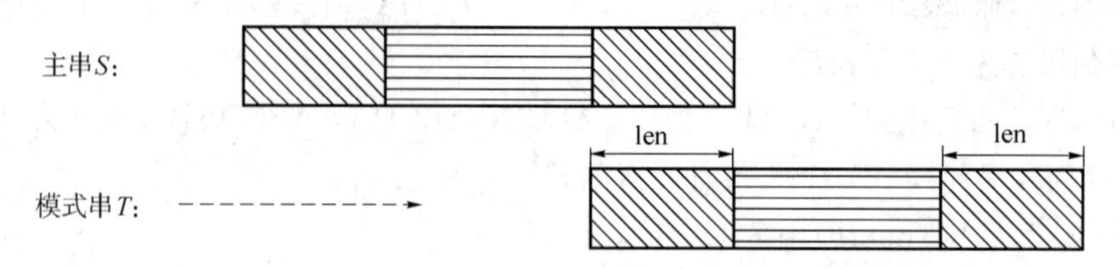

图 4-14　快速移动模式串

next(i)返回当前位置 i 的最长公共前后缀的长度，假设为 len。next 数组让模式串的第 len 位与主串匹配就是用最长前缀之后的第 1 位与失配字符进行比较，如图 4-15 所示。

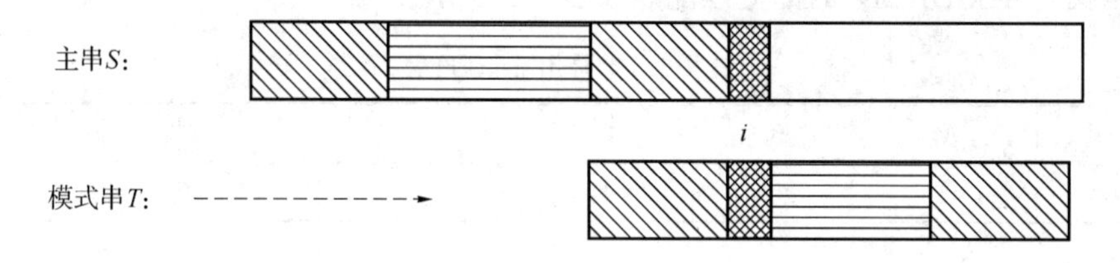

图 4-15　移动到正确位置与失配字符进行比较

如果图 4-15 中的填充网格位置依然匹配失效，则需要对填充斜线部分再次求解它的最长公共前后缀长度(假设为 len′)，然后继续向右移动模式串，让模式串的第 len′位与主串的失配位重新进行匹配，如果仍旧不匹配，则继续以上操作。

我们发现，当发生失配的时候，可以借助递推的思想，根据已知的结果继续求出当前失配位之前的最长公共前后缀的长度，然后继续移动模式串，从而进行新一轮的字符串匹配。

上述就是关于 next 数组的解释，next 数组究竟如何求出来，我们分两种情况考虑。

(1) 当填充网格部分相同(即 S[k]==S[q])时，则当前 next 数组的值为上一个 next 的值加 1(即 next[q]=k++)。

(2) 当填充网格部分不等的时候，则需要对填充斜线部分递推求解 k'=next[$k-1$]，然后再对新的 k'位置字符与 q 位置字符进行匹配，如果相等，则 next[q]=$k'+1$，否则，执行递推匹配，直到 $k'=0$ 时递推结束。比如，模式串“ABCABXABCABC”，最后一个字符 C 的 next 数组值为 3(因为 C 之前的最长公共前后缀为“ABCAB”，而“ABCAB”的最长公共前后缀为“AB”，其长度为 2，又由于第三个字符 C 与最后一个字符 C 匹配，所以最后一个字符 C 的 next 数组值为 3)。

接下来用代码实现 KMP 算法。

```
01:void makeNext(const char P[],int next[])
02:{
03:    int q,k;
04:    int m = strlen(P);
05:    next[0] = 0;
06:    for (q = 1,k = 0; q < m; ++q)
07:    {
08:        while(k > 0 && P[q] != P[k])
09:          k = next[k-1];
10:        if (P[q] == P[k])
11:        {
12:          //原来的 next 值 +1
13:          k++;
14:        }
15:        next[q] = k;
16:    }
17:}
18:void kmp(const char T[],const char P[],int next[])
19:{
20:    int n,m;
21:    int i,q;
22:    n = strlen(T);
23:    m = strlen(P);
24:    makeNext(P,next);
25:    for (i = 0,q = 0; i < n; ++i)
26:    {
27:        while(q > 0 && P[q] != T[i])
28:          q = next[q-1];
29:        if (P[q] == T[i])
30:        {
31:          q++;
32:        }
33:        if (q == m)
34:        {
35:          q=0;
36:          printf("Pattern occurs with shift: %d\n",(i-m+1));
37:        }
38:    }
39:}
```

KMP算法的程序测试如下：

```
01:#include<stdio.h>
02:#include<string.h>
03:
04:void makeNext(const char P[],int next[])
05:{
06:    int q,k;
07:    int m = strlen(P);
08:    next[0] = 0;
09:    for (q = 1,k = 0; q < m; ++q)
10:    {
11:        while(k > 0 && P[q] != P[k])
12:          k = next[k-1];
13:        if (P[q] == P[k])
14:        {
15:          //原来的 next 值 +1
16:          k++;
17:        }
18:        next[q] = k;
19:    }
20:}
21:void kmp(const char T[],const char P[],int next[])
22:{
23:    int n,m;
24:    int i,q;
25:    n = strlen(T);
26:    m = strlen(P);
27:    makeNext(P,next);
28:    for (i = 0,q = 0; i < n; ++i)
29:    {
30:        while(q > 0 && P[q] != T[i])
31:          q = next[q-1];
32:        if (P[q] == T[i])
33:        {
34:          q++;
35:        }
36:        if (q == m)
37:        {
38:          q=0;
39:          printf("Pattern occurs with shift: %d\n",(i-m+1));
40:        }
41:    }
```

```
42:}
43:int main()
44:{
45:    int i;
46:    int next[20] = {0};
47:    char T[] = "BBC ABCDABD ABCDABCDABDE";
48:    char P[] = "ABCDABD";
49:    printf("主串：%s\n",T);
50:    printf("模式串：%s\n",P );
51:    kmp(T,P,next);
52:    printf("next 数组：");
53:    for (i = 0; i < strlen(P); ++i)
54:    {
55:        printf(" %d ",next[i]);
56:    }
57:    printf("\n");
58:    return 0;
59:}
```

程序运行结果如下：

```
主串：BBC ABCDABD ABCDABCDABDE
模式串：ABCDABD
Pattern occurs with shift: 4
Pattern occurs with shift: 16
next 数组：0 0 0 0 1 2 0
```

第 5 章　数组和广义表

数组是一种常用的数据结构，大多数程序设计语言都支持数组类型。数组是具有相同类型的数据元素的有限序列，数组中的元素本身也可以是一个数据结构，而稀疏矩阵可以算是一种特殊的二维数组，因此可以将它们看成是线性表的推广。在程序设计语言中，重点是数组的使用，而这里重点是数组的内部实现。

广义表是一种特殊的数据结构，它是采用递归方法定义的，兼有线性表、树、图等结构的特点。

本章主要内容为数组的存储结构、稀疏矩阵的表示及操作的实现、广义表的定义和存储结构、广义表的递归算法。

5.1　数组的定义

在许多程序设计语言中，都可以看到数组类型和数组变量。C 语言中的数组 int A[10]表示一个整型的、下标从 0 到 9 的一维数组变量 A。数组变量 A 一般理解为 10 个连续的能存放整型值的空间，每个空间通过一个下标表示。又如 char B[4][5]定义了名为 B 的二维数组，有 20 个存放类型为字符型的空间，每个空间通过一组下标$[i][j]$($0\leqslant i\leqslant 3, 0\leqslant j\leqslant 4$)表示。同理可定义 n 维数组，每一维的下标是连续的、有限的整数序列。通过分析具体的数组类型，可以得出数组是一种带有如下性质的数据结构：数据元素的类型是相同的；每个数据元素对应一个（组）下标，通过下标访问该数据元素；下标可以是多维的，每一维的下标是连续、可数、有限的序列。综上所述，如果一个向量的所有元素都是向量（或称子向量），且这些向量具有相同的上限和下限，这种数据结构称为数组。

从逻辑结构上看，多维数组可认为是向量的扩充；但从物理结构上来看，向量是数组的特例，而且数组具有复杂的元素存储位置的计算公式。直观来说，数组可以看成是一个映射：把一个（组）下标映射为一个值（数组元素）。注意，在描述数组的特性时，并没有涉及它在物理存储方面的特性，也就是说，数组是一种逻辑结构。这与高级语言中的数组类型有区别，高级语言中的数组类型把数组这个概念仅看成是一片连续的、大小相同的内存单元，所以程序设计语言中的数组类型是数组这种逻辑结构的一种实现，而且一般是顺序方式的实现。在线性表的存储中，数组类型是实现线性表的顺序存储方式的手段。

一维数组是一个向量，它的每个元素是这个结构中不可分割的最小单位。n($n>1$)维数组也是一个向量，它的每个元素是 $n-1$ 维数组，且具有相同的上限和下限。例如，二维数组（或矩阵）可看成是由 m 个行向量所组成的向量，也可以看成是由 n 个列向量所组成的向量。

5.1.1　数组的基本概念

需要指出的是，这里所说的数组（Array）是一种数据结构，它与我们通常所提到的数组不完全相同。高级语言中的数组在计算机内是用一批连续的存储单元来表示的，称为数组的顺序存储结构。实际中用户还可以根据需要选择数组的其他存储方式。

从本质上讲，数组是下标一值偶对(Index-Value Pairs)的集合，其中每个元素都由一个值(Value)和一组下标(Index)组成。在数组中，对于一组有意义的下标，都存在一个与其相对应的值，这种下标与值一一对应的关系就是数组结构的特点。例如一个有 m 行 n 列的二维数组 $\boldsymbol{a}$，其表示形式如图 5-1 所示。

$$\boldsymbol{a}=\begin{bmatrix} a[0][0] & a[0][1] & a[0][2] & \cdots & a[0][n-1] \\ a[1][0] & a[1][1] & a[1][2] & \cdots & a[1][n-1] \\ \vdots & \vdots & \vdots & & \vdots \\ a[m-1][0] & a[m-1][1] & a[m-1][2] & \cdots & a[m-1][n-1] \end{bmatrix}$$

图 5-1 二维数组图例

$\boldsymbol{a}$ 中每一个元素都和一个二维空间的二元组 $(i,j)(0\leqslant i\leqslant m-1, 0\leqslant j\leqslant n-1)$ 相对应。类似的，每一个元素都和一个 n 维空间的 n 元组相对应的数组是 n 维数组。

线性表 $(a_1, a_2, \cdots, a_n)$ 可以看作是一个一维数组，若元素类型定义为 elementype，则该数组可以记作 elementype $a[n]$。而二维数组 $a[m][n]$ 可以看作由 m 个长度为 n 的线性表(每一行为一个线性表)或者是由 n 个长度为 m 的线性表(每一列为一个线性表)所组成的。因此，可以说数组是线性表的一个推广，而线性表是数组的一种特殊情况。行向量表示示例如图 5-2 所示，列向量表示如图 5-3 所示。

$$\boldsymbol{a}=\begin{bmatrix} [a[0][0] & a[0][1] & a[0][2] & \cdots & a[0][n-1]] \\ [a[1][0] & a[1][1] & a[1][2] & \cdots & a[1][n-1]] \\ \vdots & \vdots & \vdots & & \vdots \\ [a[m-1][0] & a[m-1][1] & a[m-1][2] & \cdots & a[m-1][n-1]] \end{bmatrix}$$

图 5-2 行向量表示

$$\boldsymbol{a}=\left[\begin{bmatrix} a[0][0] \\ a[1][0] \\ \vdots \\ a[m-1][0] \end{bmatrix} \begin{bmatrix} a[0][1] \\ a[1][1] \\ \vdots \\ a[m-1][1] \end{bmatrix} \begin{bmatrix} a[0][2] \\ a[1][2] \\ \vdots \\ a[m-1][2] \end{bmatrix} \cdots \begin{bmatrix} a[0][n-1] \\ a[1][n-1] \\ \vdots \\ a[m-1][n-1] \end{bmatrix}\right]$$

图 5-3 列向量表示

为书写算法简单，也可扩大数组，使其成为 $m+1$ 行 $n+1$ 列。仅使用数组第 1 行至第 m 行，第 1 列至第 n 列，第 0 行、第 0 列的元素虽然存在，但空着不使用，这样做的目的是让数组元素与矩阵元素对应起来。

在 C 语言中，一个二维数组可以用其分量为一维数组的数组来定义。同样，一个三维数组可以用其数据元素为二维数组的线性表来定义，依此类推，可得到 n 维数组的递归定义。

通常，线性表的长度是可变的，而数组的大小(所包含元素的个数)却是固定的。

5.1.2 数组的抽象数据类型定义

```
ADT Array{
数据对象：
D = {aj1j2…jn|n>0,是数组的维数,ji 是数组元素的第 i 维下标,
1≤ji≤bi,bi 是数组第 i 维的长度,aj1j2…jn∈ElemSet}
数据关系：
R = {R1,R2,…,Rn}
Ri = {<aj1…ji…jn, aj1…ji+1…jn>|
1≤ jk≤bk,1≤k≤n  且 k≠ i, 1≤ ji≤ bi-1,
aj1…ji…jn, aj1…ji+1…jn∈D,i = 2,…,n }
基本操作：
InitArray(Array *A,int dim,…)
操作结果：若维数 n 和各维长度合法，则构造相应的数组 A,并返回 OK。
DestroyArray(Array *A)
操作结果：销毁数组 A。
ValueArray(Array A,AElemType *e,…)
初始条件：A 是 n 维数组,e 为元素变量，随后是 n 个下标值。
操作结果：若各下标不超界，则 e 赋值为所指定的 A 的元素值,并返回 OK。
AssayPrint(Array *A,AElemType e,…)
初始条件：A 是 n 维数组,e 为元素变量,随后是 n 个下标值。
操作结果：若下标不超界，则将 e 的值赋给所指定的 A 的元素,并返回 OK。
}ADT Array
```

数组一旦被定义，其维数和维界就不再改变，因此，除了初始化和销毁之外，数组只有两种运算：

(1) 给定一组下标，存取相应的数据元素；

(2) 给定一组下标，修改相应数据元素中的某个数据项的值。

数组不能进行元素的插入和删除运算。

5.2 数组的顺序表示和实现

通过前面的讨论得知，数组是一种独立的数据结构，可以选用不同的存储结构存储数组元素。由于数组一般不作插入或删除运算，因此数组元素之间的位置是有规律的，数组一般采用顺序存储的方式。

5.2.1 数组的顺序存储方式

由于存储单元是一维的结构，而数组是多维的结构，因此用一组连续存储单元存放数组的数据元素就有次序约定问题。对于二维数组可有两种存储方式：一种是以列序为主序(Column Major Order)的存储方式，另一种是以行序为主序(Row Major Order)的存储方式，如图 5-4 所示。

把数组中的元素按照逻辑次序依次存放在一组地址连续的存储单元中的方式称为数组的顺序存储结构，采用这种存储结构的数组称为数组顺序表(Array Sequential List)。

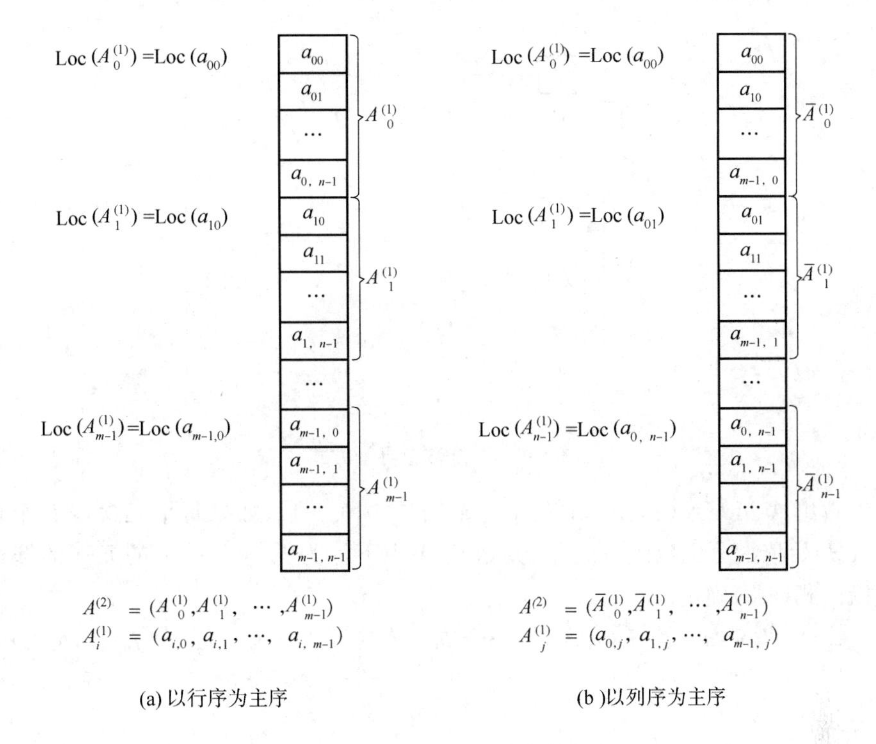

(a) 以行序为主序　　(b)以列序为主序

图 5-4　二维数组的两种存储方式

因此，一旦定义了数组，即规定了它的维数和各维的上、下界，便可为它分配存储空间。反之，只要给出一组下标，便可定位到相应数组元素在存储器中的存储位置。下面以行优先存储方式为例，说明存储位置和下标的关系。

5.2.2　多维数组的寻址方式

1. 一维数组的寻址公式 $Loc(a_i)$

假设每个数组元素占 L 个存储单元，则一维数组 A 中任一元素 a_i 的存储位置可由式(5-1)表示，其分配情况如图 5-5 所示。

$$Loc(a_i) = Loc(a_0) + i \times L \tag{5-1}$$

其中，$Loc(a_0)$ 是 a_0 的存储位置，称为数组的基地址或基址。

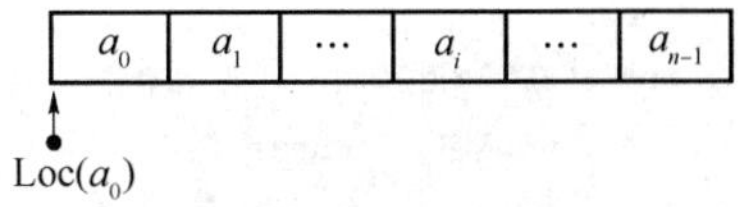

a_0	a_1	…	a_i	…	a_{n-1}

$Loc(a_0)$

图 5-5　一维数组存储方式

2. 二维数组的寻址公式 $Loc(a_{ij})$

二维数组结构如图 5-6 所示，假设每个数据元素占 L 个存储单元，则二维数组 A 中任一元素 a_i 的存储位置可由式(5-2)表示。

$$Loc(a_{ij}) = Loc(a_{00}) + (b_2 \times i + j) \times L \tag{5-2}$$

其中，b_1 为行数，b_2 为列数。$Loc(a_{00})$ 是 a_{00} 的存储位置。

3. $n(n>2)$ 维数组的寻址公式 $Loc(a_{j1j2\cdots jn})$

对于 $n(n>2)$ 维数组，一般也采用按行优先和按列优先两种存储方法。按行优先存储的基本思想是：最右边的下标先变化，即最右下标从小到大，循环一遍后，右边第二个下标再变……最后是最左下标。按列优先存储的基本思想恰好相反：最左边的下标先变化，即最左下标从小到大，循环一遍后，左边的第二个下标再变……最后是最右下标。

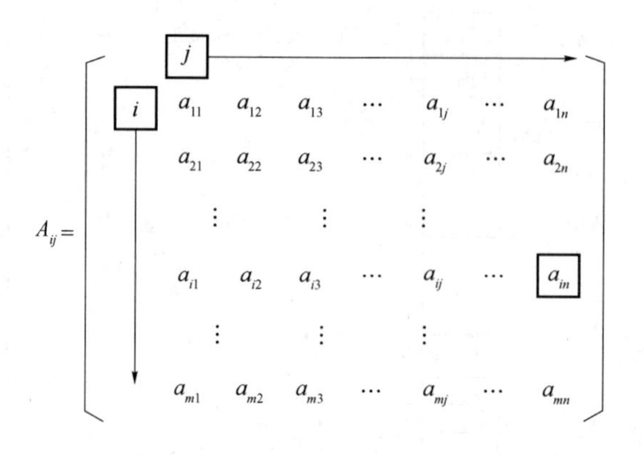

图 5-6　二维数组寻址方式

设 n 维数组 A 第 k 维($1 \leqslant k \leqslant n$)的下标范围是$[0,b_k-1]$,如果每个元素占 L 个存储单元且从地址 A 开始依次分配数组各元素,则数组 A 中下标为 $j_1,j_2,\cdots,j_n$的元素的按行优先存储地址可以由式(5-3)确定。

$$\mathrm{Loc}(a_{j1j2\cdots jn})=\mathrm{Loc}(a_{00\cdots 0})+(j_1\times b_2\times\cdots\times b_n+j_2\times b_3\times\cdots\times b_n+\cdots+j_{n-1}\times b_n+j_n)\times L \tag{5-3}$$

可得下列公式：

$$\mathrm{Loc}(a_{j1j2\cdots jn}) = \mathrm{Loc}(a_{00\cdots 0}) + \sum c_i j_i \tag{5-4}$$

其中,$c_n=L,c_{i-1}=b_i\times c_i,1<i\leqslant n$。

式(5-4)称为 n 维数组的映像函数。容易看出,一旦确定了数组各维的长度,c_i就是常数,因此,数组元素的存储地址是其下标的线性函数。数组中的任一元素可以在相同的时间内存取,即数组顺序是一个随机存取结构。

5.2.3　数组的基本操作

下面给出简单的对应算法的 C 语言程序。

数组类型定义：

```
01:typedef int AElemType;
02:typedef int Status;
03:#define MAX_ARRAY_DIM 8                 //数组的最大维度为8
04:typedef struct                         //数组的顺序存储表示
05:{
06:   AElemType *base;                    //数组元素基址(存放数组元素)
07:   int dim;                            //数组维数
08:   int *bounds;                        //数组维界基址(存放数组行、列信息)
09:   int *constants;
10:   //数组映像函数常量基址(存储跨越某个维度时需要越过的元素个数)
11:}Array;
```

基本操作的算法描述如下。

1. 数组的初始化

```
01:Status InitArray(Array * A, int dim,...)
02:{
03:   int elemtotal;                                    //统计数组中的总元素个数
04:   va_list ap;                                       //ap 存放可变参数表信息
05:   int i;
06:   if(dim<1 || dim>MAX_ARRAY_DIM)                    //数组维数有限制
07:    return ERROR;
08:   A->dim = dim;                                     //初始化数组维度
09:   A->bounds = (int * )malloc(dim * sizeof(int));    //初始化数组维度信息表
10:   if (!A->bounds)
11:    return OVERFLOW;
12:   elemtotal = 1;
13:   va_start(ap,dim);
14://使 ap 指向第一个可变参数,dim 相当于起始标识
15:   for(i = 0;i<dim;i++)
16:   {
17:     A->bounds[i] = va_arg(ap,int);
18:     if (A->bounds[i]<= 0)
19:     return UNDERFLOW;
20:     elemtotal * = A->bounds[i];
21:    }
22:    va_end (ap) ;                                    //置空 ap
23:    A->base = (AElemType * )malloc(elemtotal * sizeof(AElemType));
24:    if (!A->base)                                    //初始化数 & 空间
25:      return OVERFLOW;
26:    A->constants = (int * )malloc(dim * sizeof(int));
27://初始化数组映像函数常量信息表
28:    if(!A->constants)
29:      return OVERFLOW;
30:    A->constants[dim - 1] = 1;
31:    for(i = dim - 2;i> = 0;i-- )
32:    //假设数组维度为 2,则 constants 存储移动每一行、每一列所需跨越的元素个数
33:      A->constants[i] = A->bounds[i + 1] * A->constants[i + 1];
34:    return OK;
35:}
```

2. 数组结构的销毁

```
01:Status DestroyArray(Array * A)
02:{
03:  if(!A->base)
04:      return ERROR;
```

```
05:  free(A->base);
06:  A->base = NULL;
07:  if (!A->bounds)
08:    return ERROR;
09:  free(A->bounds);
10:  A->bounds = NULL;
11:  if (!A->constants)
12:    return ERROR;
13:  free(A->constants);
14:  A->constants = NULL;
15:  A->dim = 0;
16:  return OK;
17:}
```

3. 查找数组元素位置

```
01:Status LocateArray(Array A,va_list ap,int *off)
02:{
03:  int i,ind;
04:  *off=0;
05:  for(i=0;i<A.dim;i++)
06:  {
07:    ind=va_arg(ap,int);
08:    if(ind<0 || ind>=A.bounds[i])        //保证下标不越界
09:      return OVERFLOW;
10:    *off+= A.constants[i]*ind;           //某个维度的单位元素个数*需要跨过的单位
11:  }
12:  return OK;
13:}
```

4. 数组中元素取值

```
01:Status ValueArray(Array A,AElemType *e,...)
02:{
03:  va_list ap;
04:  Status result;
05:  int off;
06:  va_start(ap,*e);
07:  result=LocateArray(A,ap,&off);
08:  if(result==OVERFLOW)
09:    return result;
10:  *e=*(A.base+off);
11:  return OK;
12:}
```

5. 数组元素赋值

```
01:Status AssignArray(Array *A,AElemType e,...)
02:{
03:  va_list ap;
04:  Status result;
05:  int off;
06:  va_start(ap,e);
07:  result = LocateArray(*A,ap,&off);
08:  if(result==OVERFLOW)
09:    return result;
10:   *(A->base+off) = e;
11:  return OK;
12:}
```

6. 输出数组内容

```
01:void ArrayPrint(Array A)
02:{
03:  int i, j;
04:  for(i=0,j=1;i<A.dim;i++)
05:    j*=A.bounds[i];
06:  for(i=0;i<j;i++)
07:  printf("%d",A.base[i]);
08:}
```

5.3 矩阵的压缩存储

矩阵(Matrix)在科学计算与工程计算中有着广泛的应用。在此,我们关心的不是矩阵本身,而是在计算机中如何表示矩阵,以便使矩阵的各种运算能有效进行。一般用 $m\times n$ 表示一个具有 m 行 n 列的矩阵。该矩阵共有 $m\times n$ 个元素。

在高级语言中,普遍是用二维数组来表示矩阵的。这样,利用上一节所介绍的地址计算公式,就可以快速地访问矩阵中的每个元素。

然而,实际应用中也常常会遇到一些阶数很高的矩阵,它们有许多值相同的元素或零元素。为了节省空间,可以对这类矩阵进行压缩存储。所谓压缩存储的含义是:为多个值相同的元素只分配一个存储空间;对零元素不分配空间。

如果值相同的元素或零元素在矩阵中的分布有一定的规律,则称这类矩阵为特殊矩阵,反之,称为稀疏矩阵。下面分别介绍这两类矩阵的压缩存储。

5.3.1 特殊矩阵

常见的特殊矩阵有三种:对称矩阵、三角矩阵和对角矩阵。

1. 对称矩阵

在一个 n 阶矩阵 $\mathbf{A}$ 中,如果元素满足 $a_{ij}=a_{ji}(0\leqslant i,j\leqslant n-1)$,则称 $\mathbf{A}$ 为 n 阶对称矩阵。图 5-7 给出了 5 阶对称矩阵。

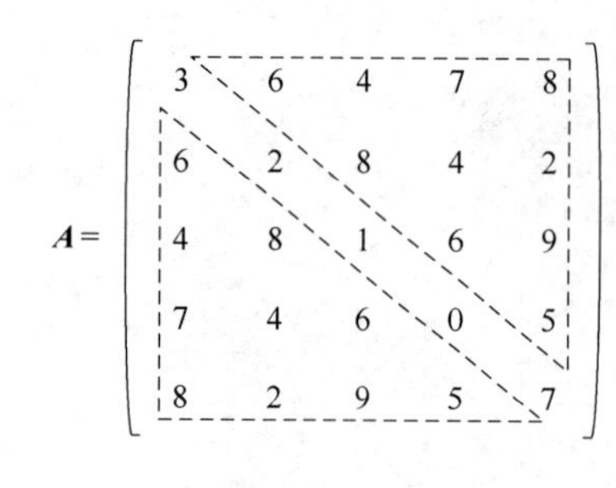

图 5-7　5 阶对称矩阵

因为对称矩阵中的元素关于主对角线是对称的，所以只要使矩阵中上三角和下三角中每两个对称的元素共享一个存储空间，就可以节约近一半的存储空间。

(1) 存储方式

采用按行优先方式存储主对角线(包括对角线)以下的元素，即按照 $a_{00}, a_{10}, a_{11}, \cdots, a_{n-1,0}, a_{n-1,1}, \cdots, a_{n-1,n-1}$ 的次序依次存放在一维数组 SA[0..$n(n+1)/2-1$]中。其中，SA[0] = a_{00}，SA[1] = a_{10}，…，SA[$n(n+1)/2-1$] = $a_{n-1,n-1}$。图 5-8 给出了对称矩阵压缩存储的示意图。

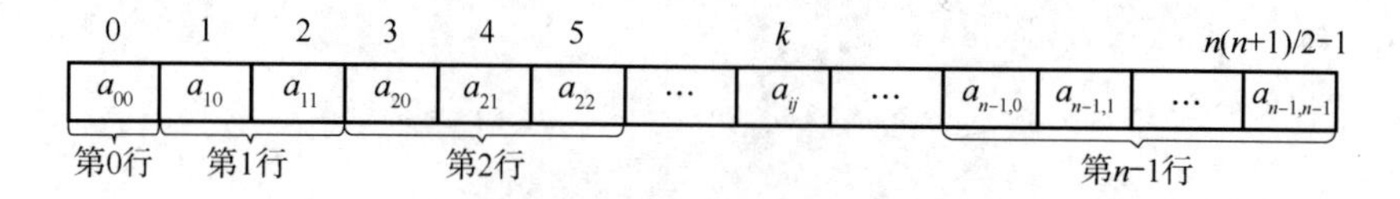

图 5-8　对称矩阵按行优先压缩存储

(2) a_{ij} 和 SA[k]之间的对应关系

非零元素 a_{ij} 的前面有 i 行(从第 0 行到第 $i-1$ 行)，一共有 $1+2+\cdots+i=i\times(i+1)/2$ 个元素；在第 i 行上，a_{ij} 之前恰有 j 个元素(即 $a_{i0}, a_{i1}, \cdots, a_{i,j-1}$)，因此有式(5-5)：

$$\mathrm{SA}[i\times(i+1)/2+j]=a_{ij} \tag{5-5}$$

如果 $i\geqslant j$，则 $k=i\times(i+1)/2+j$，且 $0\leqslant k<n(n+1)/2$；如果 $i<j$，则 $k=j\times(j+1)/2+i$，且 $0\leqslant k<n(n+1)/2$。令 $I=\max(i,j)$，$J=\min(i,j)$，k 和 i、j 的对应关系可以统一为式(5-6)：

$$k=I\times(I+1)/2+J, 0\leqslant k<n(n+1)/2 \tag{5-6}$$

(3) 对称矩阵的地址计算

如果矩阵中的每个元素占 L 个存储单元，那么根据式(5-6)，对称矩阵的下标变换公式由式(5-7)表示：

$$\begin{aligned}\mathrm{Loc}(a_{ij})&=\mathrm{Loc}(\mathrm{SA}[k])=\mathrm{Loc}(\mathrm{SA}[0])+k\times L\\&=\mathrm{Loc}(\mathrm{SA}[0])+[I\times(I+1)/2+J]\times L\end{aligned} \tag{5-7}$$

2. 三角矩阵

按主对角线划分，三角矩阵分为上三角矩阵和下三角矩阵两种。下三角(不包括对角线)中的元素均为常数 c 或零的 n 阶矩阵称为上三角矩阵。上三角(不包括对角线)中的元素均为常数 c 或零的 n 阶矩阵称为下三角矩阵。图 5-9 给出了 5 阶的上三角矩阵和下三角矩阵。

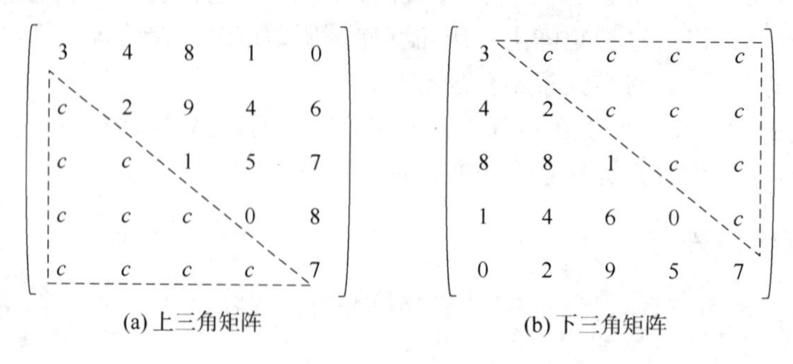

图 5-9　5 阶三角矩阵

三角矩阵按主对角线进行划分，其压缩存储与对称矩阵类似，不同之处仅在于除了存储主对角线一边三角中的元素以外，还要存储对角线另一边三角的常数 c。这样原来需要 $n\times n$ 个存储单元，现在只需要 $n\times(n+1)/2+1$ 个存储单元，节约了将近一半的存储单元。

(1) 存储方式

采用按行优先方式存储上三角矩阵中的元素，即按照 $a_{00},a_{01},\cdots,a_{0,n-1},a_{11},\cdots,a_{1,n-1},\cdots,a_{n-2,n-2},a_{n-2,n-1},a_{n-1,n-1},c$ 的次序依次存放在一维数组 SA[0..$n(n+1)/2$]中。其中，SA[0]=a_{00}，SA[1]=a_{01}，…，SA[$n(n+1)/2-1$]=$a_{n-1,n-1}$，SA[$n(n+1)/2$]=c。图 5-10(a)给出了上三角矩阵压缩存储的示意图。

采用按行优先方式存储下三角矩阵中的元素，即按照 $a_{00},a_{10},a_{11},\cdots,a_{n-1,0},a_{n-1,1},\cdots,a_{n-1,n-1},c$ 的次序依次存放在一维数组 SA[0..$n(n+1)/2$]中。其中，SA[0]=a_{00}，SA[1]=a_{10}，…，SA[$n(n+1)/2-1$]=$a_{n-1,n-1}$，SA[$n(n+1)/2$]=c。图 5-10(b)给出了下三角矩阵压缩存储的示意图。

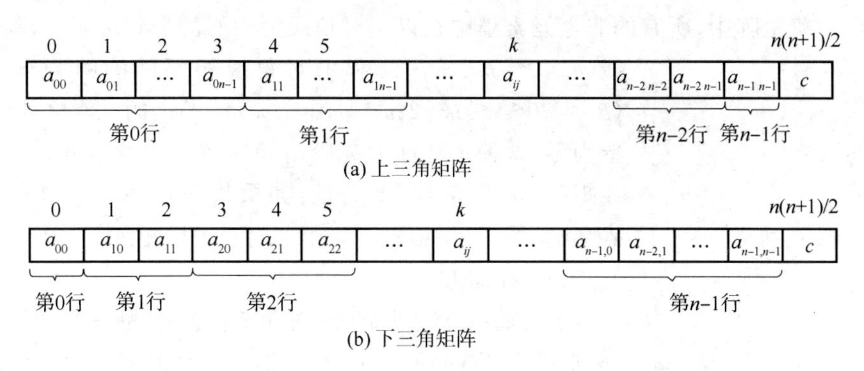

图 5-10 三角矩阵按行优先压缩存储

(2) a_{ij} 和 SA[k]之间的对应关系

在上三角矩阵中，非零元素 a_{ij} 的前面有 i 行(从第 0 行到第 $i-1$ 行)，一共有 $(n-0)+(n+1)+(n-2)+\cdots+(n-i+1)=i\times(2n-i+1)/2$ 个元素；在第 i 行上，a_{ij} 之前恰有 $j-i$ 个元素(即 $a_{ii},a_{i,i+1},\cdots,a_{i,j-1}$)，因此由式(5-8)：

$$\text{SA}[i\times(2n-i+1)/2+j-i]=a_{ij} \tag{5-8}$$

得到上三角矩阵中 k 和 i、j 的对应关系由式(5-9)表示：

$$k=\begin{cases} i\times(2n-i+1)/2+j-i & (\text{当 } i\leqslant j \text{ 时}) \\ n(n+1)/2 & (\text{当 } i>j \text{ 时}) \end{cases} \tag{5-9}$$

在下三角矩阵中，非零元素 a_{ij} 的前面有 i 行(从第 0 行到第 $i-1$ 行)，一共有 $1+2+\cdots+i=i\times(i+1)/2$ 个元素；在第 i 行上，a_{ij} 之前恰有 j 个元素(即 $a_{i0},a_{i1},\cdots,a_{i,j-1}$)，因此由式(5-10)：

$$\text{SA}[i\times(i+1)/2+i]=a_{ij} \tag{5-10}$$

得到的下三角矩阵中 k 和 i、j 的对应关系由式(5-11)表示：

$$k=\begin{cases} i\times(i+1)/2+j & (\text{当 } i\geqslant j \text{ 时}) \\ n(n+1)/2 & (\text{当 } i<j \text{ 时}) \end{cases} \tag{5-11}$$

(3) 三角矩阵的地址计算

如果矩阵中的每个元素占 L 个存储单元，那么根据式(5-9)，上三角矩阵的下标变换公式由式(5-12)表示：

$$\text{Loc}(a_{ij})=\text{Loc}(\text{SA}[k])=\text{Loc}(\text{SA}[0])+k\times L$$

$$=\text{Loc}(\text{SA}[0])+[i\times(2n-i+1)/2+j-i]\times L \qquad (5\text{-}12)$$

如果矩阵中的每个元素占 L 个存储单元，那么根据式(5-10)，下三角矩阵的下标变换公式由式(5-13)表示：

$$\begin{aligned}\text{Loc}(a_{ij})&=\text{Loc}(\text{SA}[k])=\text{Loc}(\text{SA}[0])+k\times L\\&=\text{Loc}(\text{SA}[0])+[i\times(i+1)/2+j]\times L\end{aligned} \qquad (5\text{-}13)$$

上(下)三角矩阵重复元素的下标变换公式由式(5-14)表示：

$$\begin{aligned}\text{Loc}(a_{ij})&=\text{Loc}(\text{SA}[k])=\text{Loc}(\text{SA}[0])+k\times c\\&=\text{Loc}(\text{SA}[0])+[n\times(n+1)/2]\times L\end{aligned} \qquad (5\text{-}14)$$

例如，在图 5-10(a)所示的上三角矩阵中，a_{12} 存储在数组 SA[6]中，这是因为 $k=i\times(2n-i+1)/2+j-i=1\times(2\times5-1+1)/2+1=6$。在图 5-10(b)所示的下三角矩阵中，$a_{12}$ 存储在数组 SA[4]中，这是因为 $k=i\times(i+1)/2+j=2\times(2+1)/2+1=4$。

3. 对角矩阵

在一个 n 阶矩阵中，所有的非零元素集中在以主对角线为中心的带状区域中，除了主对角线(a_{ij}，$0\leqslant i\leqslant n-1$)和主对角线相邻俩侧的若干条对角线($a_{i,i+1}$，$0\leqslant i\leqslant n-2$；$a_{i+1,i}$，$0\leqslant i\leqslant n-2$)上的元素之外，其余元素皆为零，这种矩阵称为 n 阶对角矩阵。由此可知，一个 w 对角线矩阵(w 为奇数)$\mathbf{A}$ 满足：如果 $|i-j|>(w-1)/2$，则元素 $a_{ij}=0$。图 5-11 给出了一个 3 对角 5 阶矩阵。

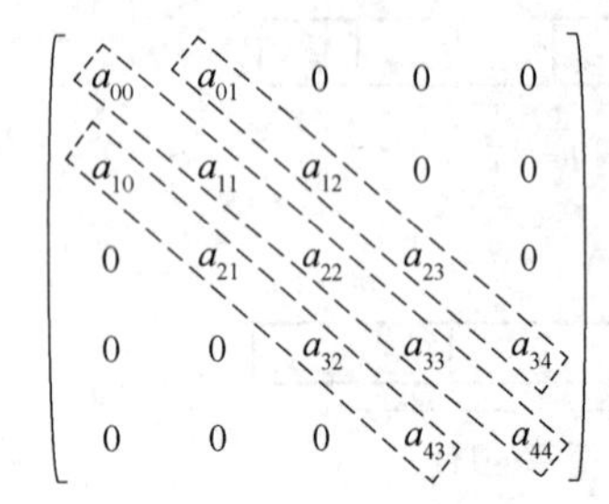

图 5-11　一个 3 对角 5 阶矩阵

(1) 存储方式

首先将一个 n 阶的 w 对角矩阵转换为一个 n 行 n 列的矩阵(如图 5-12(a)所示)，然后将这些元素按行优先依次存储到一维数组 SA[$n\times w$]中(如图 5-12(b)所示)。图 5-12 给出了一个 5 阶 3 对角矩阵压缩存储的示意图。

$$\begin{bmatrix} a_{00} & a_{01} & 0 & 0 & 0\\ a_{10} & a_{11} & a_{12} & 0 & 0\\ 0 & a_{21} & a_{22} & a_{23} & 0\\ 0 & 0 & a_{32} & a_{33} & a_{34}\\ 0 & 0 & 0 & a_{43} & a_{44}\end{bmatrix}$$

(a) 5阶3对角矩阵转换为一个5×3矩阵

0	1	2	3	4	5	6	7	8	9	10	11	12	13	14
0	a_{00}	a_{01}	a_{10}	a_{11}	a_{12}	a_{21}	a_{22}	a_{23}	a_{32}	a_{33}	a_{34}	a_{43}	a_{44}	0

(b) 5×3矩阵按行优先压缩存储

图 5-12　对角矩阵按行优先压缩存储

(2) a_{ij} 和 SA[k]之间的对应关系

非零元素 a_{ij}($|i-j|\leqslant(w-1)/2$)转换为一个 n 行 w 列 $n\times w$ 矩阵中的元素 a_{ts}($t\in[0,n-1]$，$s\in[0,w-1]$)的映射关系如式(5-15)所示：

$$\begin{cases}t=i\\ s=j-i+(w-1)/2\end{cases} \qquad (5\text{-}15)$$

该 $n\times w$ 矩阵中的元素 a_{ts} 在一维数组 SA 中的下标 k 与 t、s 的关系如式(5-16)所示：

$$k = w\times t+s \tag{5-16}$$

(3) 对角矩阵的地址计算

如果矩阵中的每个元素占 L 个存储单元，那么根据式(5-15)和式(5-16)，w 对角矩阵的下标变换公式由式(5-17)表示：

$$\begin{aligned}\mathrm{Loc}(a_{ij}) &= \mathrm{Loc}(\mathrm{SA}[k]) = \mathrm{Loc}(\mathrm{SA}[0]) + k\times L \\ &= \mathrm{Loc}(\mathrm{SA}[0]) + [w\times t+s]\times L \\ &= \mathrm{Loc}(\mathrm{SA}[0]) + [w\times i+(j-i+(w-1)/2)]\times L\end{aligned} \tag{5-17}$$

在所有这些统称为特殊矩阵的矩阵中，非零元的分布都有一个明显的规律，从而都可以将其压缩到一维数组中，并找到每个非零元素在一维数组中的对应关系。

5.3.2 稀疏矩阵

在实际应用中，经常会遇到另一类型的矩阵，其阶数高，非零元素较零元素少，且分布没有一定规律。假设在 $m\times n$ 矩阵中，如果有 t 个非零元素，令 $\delta=t/(m\times n)$，则称 δ 为矩阵的稀疏因子。通常认为 $\delta\leqslant 0.05$ 的矩阵为稀疏矩阵(Sparse Matrix)。这类矩阵的压缩存储要比特殊矩阵复杂。

稀疏矩阵的抽象数据类型定义如下：

```
ADT SparseMatrix{
数据对象:D = {aij | i = 1,2,…,m; j = 1,2,…,n;
aij ∈ElemSet,m,n 分别为称为矩阵的行数和列数}
数据关系:R = {Row,Col}
Row = {<ai,j,ai,j+1>| 1≤i≤m, 1≤j≤n-1 }
Col = {<ai,j,ai+1,j>| 1≤i≤m-1, 1≤j≤n }
基本操作:
CreateSMatrix(&M)
操作结果:创建稀疏矩阵 M。
DestroySMatrix(&M)
初始条件:稀疏矩阵 M 存在。
操作结果:销毁稀疏矩阵 M。
PrintSMatrix(M)
初始条件:稀疏矩阵 M 存在。
操作结果:输出稀疏矩阵 M。
CopySMatrix(M,&T)
初始条件:稀疏矩阵 M 存在。
操作结果:由稀疏矩阵 M 复制得到 T。
AddSMatrix(M,N,&Q)
初始条件:稀疏矩阵 M 和 N 的行数与列数对应相等。
操作结果:求稀疏矩阵的差 Q=M+N。
SubSMatrix(M,N,&Q)
初始条件:稀疏矩阵 M 和 N 的行数与列数对应相等。
操作结果:求稀疏矩阵的差 Q=M-N。
```

```
MultSMatrix(M,N,&Q)
初始条件:稀疏矩阵 M 的列数等于 N 的行数。
操作结果:求稀疏矩阵的积 Q=M*N。
TransSMatrix(M,&t)
初始条件:稀疏矩阵 M 存在。
操作结果:求稀疏矩阵 M 的转置矩阵 T。
}ADT SparseMatrix。
```

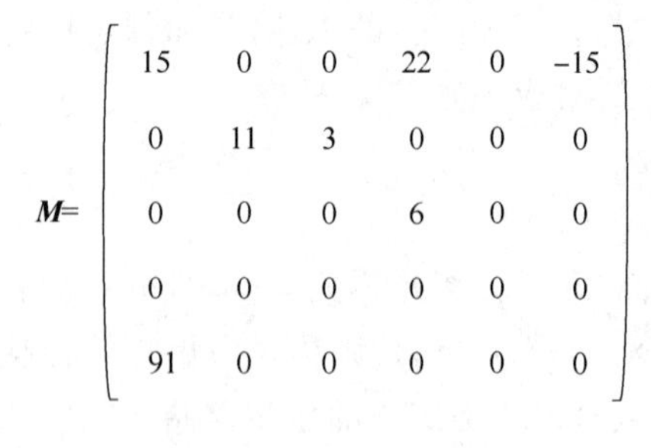

图 5-13　稀疏矩阵 $\boldsymbol{M}$

1. 三元组顺序存储方式

按照压缩存储的概念,只存储稀疏矩阵的非零元。因此,除了存储非零元的值以外,还必须同时记下它所在行和列的位置(i,j)。反之,一个三元组(i,j,a_{ij})唯一确定了矩阵 $\boldsymbol{A}$ 的一个非零元素。由此,稀疏矩阵可由表示非零元的三元组及其行列数唯一确定。例如以下三元组表((0,0,15),(0,3,22),(0,5,−15),(1,1,11),(1,2,3),(2,3,6),(4, 0,91)),加上(5,6)这一对行、列值便可以作为图 5-13 所示稀疏矩阵的另一种描述。而由上述三元组表的不同表示方法可以引出稀疏矩阵不同的压缩存储方法。

假设以顺序存储结构来表示三元组表,则可得稀疏矩阵的一种压缩存储方式——三元组顺序表(Triple Sequential List)。

为了方便运算,将稀疏矩阵行、列数及非零元素总数均作为三元组顺序表的属性进行描述。其类型描述为:

```
01:#define MAXSIZE 100                    //假设非零元个数的最大值为 100
02:typedef struct
03:{ int  i,  j;                          //该非零元的行下标和列下标
04:  elemtype v;                          //该非零元的值
05:} Triple;                              //三元组类型
06:typedef union
07:{ Triple data[MAXSIZE+1];              //非零元三元组表,data[0]未用
08:  int mu,nu,tu;                        //矩阵的行数、列数和非零元个数
09:} TSMatrix;                            //稀疏矩阵类型
```

在此,data 域中表示非零元的三元组是以行序为主的顺序排列的,图 5-14 所示为图 5-13 所示稀疏矩阵对应的三元组顺序表。从下面的讨论中容易看出这样做有利于进行某些矩阵运算。下面将讨论在这种压缩存储结构下如何实现矩阵的转置运算。

转置运算是一种最简单的矩阵运算。对于一个 $m\times n$ 的矩阵 $\boldsymbol{M}$,它的转置矩阵 $\boldsymbol{T}$ 是一个 $n\times m$ 的矩阵,且 $T(i,j)=M(j,i),1\leqslant i\leqslant n,1\leqslant j\leqslant m$。例如,图 5-13 中的矩阵 $\boldsymbol{M}$ 和图 5-15 中的矩阵 $\boldsymbol{T}$ 互为转置矩阵。显然,一个稀疏矩阵的转置矩阵仍然是稀疏矩阵。

当用三元组顺序表表示稀疏矩阵时,转置运算就演变为"由 $\boldsymbol{M}$ 的三元组表求得 $\boldsymbol{T}$ 的三元组表"的操作。图 5-16(a)和(b)分别列出了 $\boldsymbol{M}$ 和 $\boldsymbol{T}$ 的三元组顺序表。

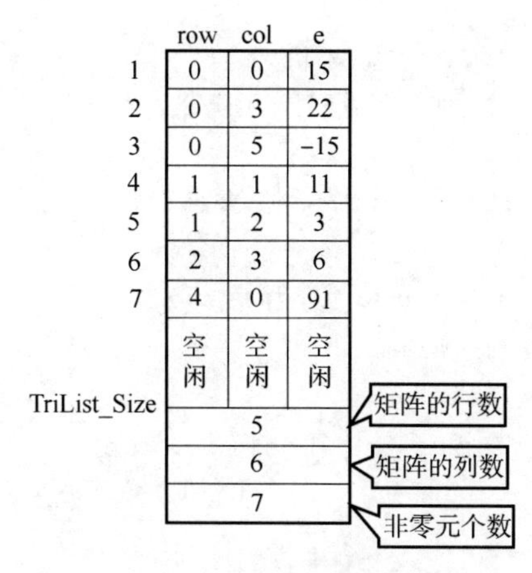

图 5-14　图 5-13 表示的稀疏矩阵 **M** 对应的三元组顺序表

$$T=\begin{bmatrix} 15 & 0 & 0 & 0 & 91 \\ 0 & 11 & 0 & 0 & 0 \\ 0 & 3 & 0 & 0 & 0 \\ 22 & 0 & 6 & 0 & 0 \\ 0 & 0 & 0 & 0 & 0 \\ -15 & 0 & 0 & 0 & 0 \end{bmatrix}$$

图 5-15　稀疏矩阵 **M** 的转置矩阵 **T**

	row	col	e
1	0	0	15
2	0	3	22
3	0	5	−15
4	1	1	11
5	1	2	3
6	2	3	6
7	4	0	91

M.data

（a）矩阵**M**的三元组顺序表

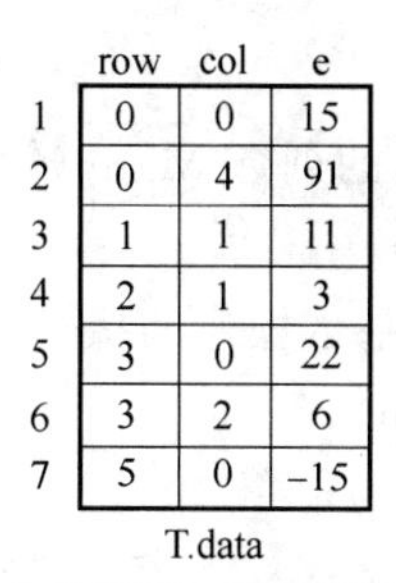

	row	col	e
1	0	0	15
2	0	4	91
3	1	1	11
4	2	1	3
5	3	0	22
6	3	2	6
7	5	0	−15

T.data

（b）矩阵**T**的三元组顺序表

图 5-16　稀疏矩阵 **M** 和 **T** 的三元组顺序表

分析图 5-16(a)和(b)的差异发现只要做到下面两点，就可以由 M. data[]得到 T. data[]，实现矩阵转置。

① 将稀疏矩阵 **M** 中非零元素的行、列值相互调换，即将 M. data[]每个元素的 row 和 col 相互调换；

② 因为三元组顺序表中元素是以按行优先顺序排列的，T. data[]中元素的顺序和 M. data[]中元素的顺序不同，所以需要重排三元组顺序表中元素的次序。

在这两点中，最关键的是第二点，即如何实现 T. data[]中所要求的按行优先顺序。常用的处理方法有两种：一种是直接取—顺序存；另一种是顺序取—直接存。

(1) 方法一：直接取—顺序存

① 算法设计

基于 T. data[]按行优先的顺序，在 **M** 中依次扫描第 0 列、第 1 列……第 M. nu−1 列的三元组，从中“找出”元素进行“行列互换”后顺序插入 T. data[]中。通常，也称该方法为“按需点菜”法。

② 算法描述

【算法 5-1】

```
01:void TransSMatrix_TSM(TSMatrix M,TSMatrix &T){
02://用 T 返回三元组顺序表 M 的转置矩阵
```

```
03:InitSMatrix_TSM(T);                        //初始化三元组顺序表 T
04:T.mu = M.nu; T.nu = M.mu; T.tu = M.tu;     //设置 T 的行数、列数和非零元素个数
05:if(T.tu){
06:   pt = 1;                                 //pt 为 T.data 的下标,初始为 1
07:   for(i = 0;i<M.nu; ++ i)
08:     for(pm = 1;pm< = M.tu; ++ pm)          //pm 为 M.data 的下标,初始为 1
09:       if(M.data[pm].col == i){            //进行转置
10:       T.data[pt].row = M.data[pm].col;
11:       T.data[pt].col = M.data[pm].row;
12:       T.data[pt].e = M.data[pm].e;
13:        ++ pt;
14:       }
15:   }
16:}  //TransSMatrix_TSM
```

③ 算法分析

• 问题规模:矩阵 ***M*** 的列数 M. nu(简称 nu)和非零元素个数 M. tu(简称 tu)。

• 基本操作:行列互换。

• 时间分析:算法中基本操作的执行次数主要依赖于嵌套的两个 for 循环,因此算法 5-1 的时间复杂度为 $O(\text{nu}\times\text{tu})$。

一般矩阵的转置算法为:

```
01:Void Transpose(ElemType M[ ][ ],ElemType T[ ][ ],int mu,int nu){
02:  for(i = 0;i<nu; ++ i)
03:    for(j = 0;j<mu; ++ j)  T[i][j] = M[j][i];
04:}//Transpose
```

其时间复杂度为 $O(\text{nu}\times\text{mu})$。当 ***M*** 中的非零元素个数 tu 和其元素总数 mu×nu 同数量级时,算法 5-1 的时间复杂度为 $O(\text{mu}\times\text{nu}^2)$,其时间性能劣于一般矩阵转置算法,因此算法 5-1 仅适于 tu≪mu×nu 的情况。

(2) 方法二:顺序取—直接存

① 算法设计

如果能预先确定矩阵 ***M*** 中每一列(即转置矩阵 ***T*** 中每一行)的第一个非零元素在 T. data[] 中的位置,则在对 M. data[]中的三元组依次作转置时,就能直接将其放到 T. data[]中恰当的位置。这样,对 M. data[]进行依次扫描就可以使所有非零元素的三元组在 T. data[]中“一次到位”。通常,也称该方法为“按位就座”法。

提出问题:如何确定当前从 M. data 中取出的三元组在 T. data 中应有的位置?

注意到 M. data 中第 0 列的第一个非零元素一定存储在 T. data 中下标为 1 的位置上,该列中其他非零元素则应该存放在 T. data 中后面连续的位置上;M. data 中第 1 列的第一个非零元素在 T. data 中的位置等于其第 0 列的第一个非零元素在 T. data 中的位置加上其第 0 列的非零元素个数……依此类推。

解决问题:引入两个数组作为辅助数据结构解决上述问题。

• 数组 num[col]:存储 ***M*** 中第 col 列的非零元素个数。

- 数组 cpot[col]:指示 ***M*** 中第 col 列第一个非零元素在 T. data 中的恰当位置。

由此可以得到如式(5-18)所示的递推关系：

$$\begin{cases} copt[0]=1 \\ copt[col]=cpot[col-1]+num[col-1] \quad (1\leqslant col\leqslant M.nu-1) \end{cases} \tag{5-18}$$

图 5-13 所示的稀疏矩阵 ***M*** 的 num 和 cpot 的数组值如图 5-17(a)所示，num 和 cpot 之间的关系如图 5-17(b)所示。

col	0	1	2	3	4	5
Num[col]	2	1	1	2	0	1
cpot[col]	1	3	4	5	7	7

(a) 稀疏矩阵***M***的num与cpot值

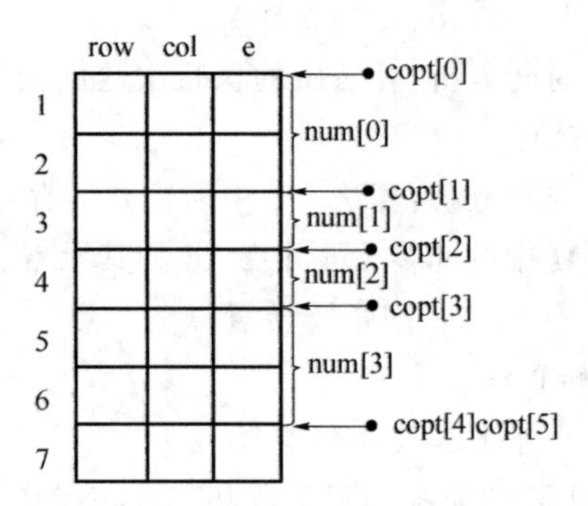

(b) num与cpot之间的关系示意图

图 5-17　辅助数组 num 和 cpot

在求出 cpot[col]后只需要扫描一遍 M. data，当扫描到一个 col 列的元素时，直接将其存放在 T. data 中下标为 copt[col]的位置上，然后将 cpot[col]加 1，即 cpot[col]中存放的始终是下一个 col 列元素(如果有的话)在 T. data 中的位置。

② 算法描述

【算法 5-2】

```
01:void FastTransSMatrix_TSM(TSMatrix M,TSMatrix &T){
02://用 T 返回三元组顺序表 M 的转置矩阵
03:  InitSMatrix_TSM(T);                       //初始化三元组顺序表 T
04:  T.mu = M.nu;T.nu = M.mu;T.tu = M.tu;       //设置 T 的行数、列数和非零元素个数
05:  if(T.tu){
06:    for(i = 0;i<M.nu; ++ i)                   //num 数组初始化为 0
07:      num[i] = 0;
08:      for(i = 1;i< = M.tu; ++ i)              //计算 M 中每一列非零元素的个数
09:        ++ num[M.data[i],col];
10:      cpot[0] = 1;                           //置 M 第 0 列第一个非零元素下标为 1
11:      for(i = 1;i<M.nu; ++ i)                 //计算 M 每一列第一个非零元素的下标
12:        cpot[i] = cpot[i - 1] + num[i - 1];
13:      for(i = 1;i< = M.tu; ++ i){             //扫描 M.data,依次进行转置
14:        j = M.data[i].col;                   //当前三元组列号
15:        k = cpot[j];                         //当前三元组在 T.data 中的下标
16:        T.data[k].row = M.data[i].col;
17:        T.data[k].col = M.data[i].row;
18:        T.data[k].e = M.data[i].e;
19:        ++ cpot[j];                          //预置同一列下一个三元组的下标
```

```
20:        }
21:    }
22:}
```

③ 算法分析

• 问题规模:矩阵 ***M*** 的列数 M.nu 和非零元素个数 M.tu。

• 基本操作:行列互换。

• 时间分析:算法中的执行次数依赖于四个并列的 for 循环,因此算法 5-2 的时间复杂为 $O(\text{nu}+\text{tu})$。

• 空间分析:算法 5-2 中所需要的存储空间比算法 5-1 多了两个辅助数组。

当 ***M*** 中的非零元素个数 tu 和其元素总数 mu×nu 同数量级时,算法 5-2 的时间复杂度为 $O(\text{mu}\times\text{nu})$,与一般矩阵转置算法一致。由此可见,算法 5-2 的平均时间性能优于算法 5-1,又称快速转置法。

2. 十字链表及操作实现

当矩阵的非零元素个数和位置在操作过程中变化较大时,就不宜采用顺序存储结构来表示三元组的线性表。例如,在进行"将矩阵 ***B*** 加到矩阵 ***A*** 上"的操作时,由于非零元素的插入和删除将会引起 A.data 中元素的大量移动,为此,对于这种类型的矩阵,采用链式存储结构表示三元组的线性表更为合适。

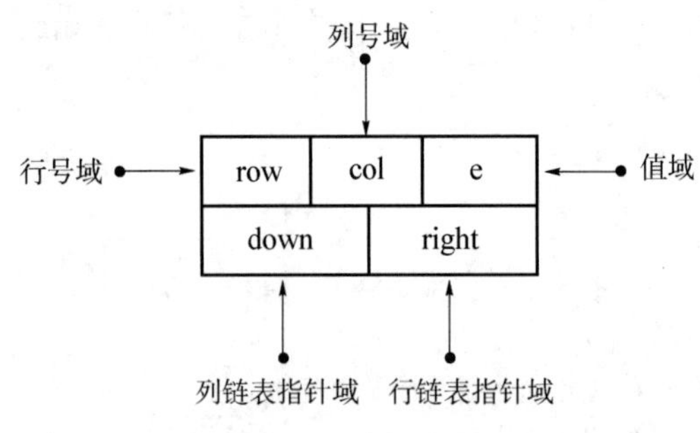

图 5-18 稀疏矩阵十字链表结点结构

(1) 十字链表的定义

将稀疏矩阵的非零元素用一个包含五个域的结点表示:行号域 row、列号域 col、值域 e、列链表指针域 down 和行链表指针域 right,如图 5-18 所示。

稀疏矩阵中同一行的非零元素通过 right 连接成一个行链表,同一列的非零元素通过 down 连接成一个列链表;每个非零元素既是某个行链表中的一个结点,又是某个列链表中的一个结点,整个矩阵构成了一个十字交叉链表;依靠行列指针连接建立相邻的逻辑关系的方式称为稀疏矩阵的链式存储结构,采用这种存储结构的稀疏矩阵称为十字链表(Cross Linked List)。

(2) 十字链表的类型定义

通常,可以使用两个一维数组分别存储行链表头指针和列链表头指针。其类型描述为:

```
01:typedef struct OLNode{
02:    int  row,col;                    //非零元的行下标和列下标
03:    ElemType   e;                    //非零元的值
04:    struct OLNode * right, * down;   //非零元所在行表和列表的后继链域
05:}OLNode, * Olink;
06:typedef struct{
07:    Olink    * rhead, * chead;       //行和列链表头指针向量
08:    int   mu,nu,tu;                  //稀疏矩阵行、列数和总非零元个数
09:}CrossList;
```

5.4　广义表的定义

广义表(Generalized List),又称为列表(Lists,采用复数形式是为了与统称的表 List 区别开),是线性表的一种推广和扩充,即在广义表中取消了线性表元素的原子限制,允许它们具有其自身的结构;广义表又区别于数组,即不要求每个元素具有相同的类型。通俗来讲,广义表可以比作一个大型背包,里面可以放入多个小型背包、多个物品或者什么也不放,小型背包里也可以放入多个极小型背包、多个物品或者什么也不放,依此类推,但综合之后仍然是一个背包及其扩展。

广义表是 $n(n\geqslant0)$个元素的有限序列,一般记作:

$$LS=(a_1,a_2,\cdots,a_n)$$

其中,LS 是广义表的名称;$a_{ij}(1\leqslant i\leqslant n)$是 LS 的成员(也称为直接元素),它可以是单个元素,也可以是一个广义表,分别称为 LS 的原子和子表。一般用大写字母表示广义表,用小写字母表示原子。

当广义表 LS 非空时,第一个直接元素称为 LS 的表头(Head);广义表 LS 中除去表头后其余的直接元素组成的广义表称为 LS 的表尾(Tail)。广义表 LS 中的直接元素个数称为 LS 的长度;广义表 LS 中括号的最大嵌套层数称为 LS 的深度。

下面是一些广义表的例子。

(1) $A=()$:长度为 0,深度为 1,没有元素,是一个空表。

(2) $B=(e)$:长度为 1,深度为 1,只有一个原子。

(3) $C=(a,(b,c,d))$:长度为 2,深度为 2,有一个原子和一个子表。

(4) $D=(A,B,C)$:长度为 3,深度为 3,有 3 个子表。

(5) $E=(a,E)$:长度为 2,深度为无穷大,是一个递归表。

(6) $F=(())$:长度为 1,深度为 2,只有一个空表。

5.4.1　广义表的图形表示

可以采用图形方法表示广义表的逻辑结构:对每个广义表元素 a_i用一个结点来表示,如果 a_i为原子,则用矩形结点表示;如果 a_i为广义表,则用圆形结点表示;结点之间的边表示元素之间的"包含/属于"关系。对于上面列举的 6 个广义表,其图形表示如图 5-19 所示。

5.4.2　广义表的主要特性

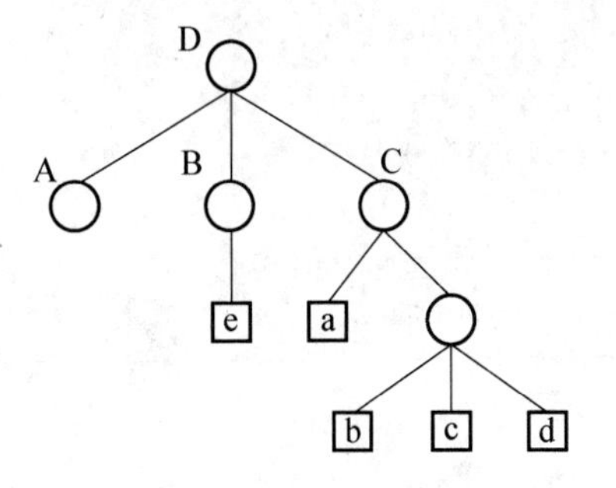

图 5-19　广义表的图形表示

从上述广义表的定义和例子可以看出,广义表具有以下四个特性。

(1) 线性特性:对任意广义表来说,如果不考虑其元素的内部结构,则它是一个线性表,它的直接元素之间是线性关系。

(2) 元素复合特性:广义表中的元素有原子和子表两种,因此广义表中元素的类型不统一。一个子表在某一层上被当作元素,但就它本身的结构而言,也是广义表。在其他数据结构中,并不把子表这样的复合元素看作元素。

(3) 元素递归特性:广义表可以是递归的。广义表的定义并没有限制元素的递归,即广义表也可以是其自身的子表,这种递归性使得广义表具有较强的表达能力。

(4) 元素共享特性:广义表以及广义表的元素可以为其他广义表所共享。例如,对于上面列举的6个广义表,广义表A、广义表B、广义表C是广义表D的共享子表。

广义表的上述四个特性对于它的使用价值和应用效果起到了很大的作用。广义表的结构相当灵活,它可以兼容线性表、数组、树和有向图等各种常用的数据结构。例如,当二维数组的每行(或每列)作为子表处理时,二维数组即为一个广义表;如果限制广义表中元素的共享和递归,广义表和树对应;如果限制广义表的递归并允许元素共享,则广义表和图对应。

5.4.3 广义表的主要操作

由于广义表是线性表的一种推广和扩充,因此和线性表类似,也可以对广义表进行查找、插入、删除和取表元素值等操作。但广义表在结构上较线性表复杂得多,操作的实现不如线性表简单。在这些操作中,最重要的两个基本运算是取广义表表头 GetHead 和取广义表表尾 GetTail。

任何一个非空广义表表头是表中第一个元素,它可以是原子,也可以是广义表;而其表尾必定是广义表。下面是对给出的广义表取表头和取表尾的操作。

(1) $A=()$:因为是空表,所以不能进行取表头和取表尾的操作。

(2) $B=(e)$:GetHead$(B)=e$,GetTail$(B)=()$。

(3) $C=(a,(b,c,d))$:GetHead$(C)=a$,GetTail$(C)=((b,c,d))$。

(4) $D=(A,B,C)$:GetHead$(D)=A$,GetTail$(D)=(B,C)$。

(5) $E=(a,E)$:GetHead$(E)=a$,GetTail$(E)=(E)$。

(6) $F=(())$:GetHead$(F)=()$,GetTail$(F)=()$。

值得注意的是,广义表()和广义表(())是不同的。()为空表,其长度$n=0$,不能分解成表头和表尾;(())不是空表,其长度$n=1$,可以分解得到其表头是空表(),表尾是空表()。

5.4.4 广义表的抽象数据类型

```
ADT Glist {
数据对象:D = {ei | i = 1,2,…,n;  n≥0; ei∈AtomSet 或 ei∈GList,AtomSet 为某个数据对象
数据关系:
LR = {<ei - 1, ei >| ei - 1 ,ei∈D, 2≤i≤n}
基本操作
InitGList(&L);
操作结果:创建空的广义表 L。
CreateGList(&L,S);
初始条件:S是广义表的书写形式串。
操作结果:由 S 创建广义表 L。
} ADT Glist
```

5.5 广义表的存储结构

由于广义表$(a_1,a_2,\cdots,a_n)$中的数据元素可以具有不同的结构(或是原子,或是列表),因此难以用顺序存储结构表示,通常采用链式存储结构,每个数据元素可用一个结点表示。

如何设定结点的结构？由于列表中的数据元素可能为原子或列表，由此需要两种结构的结点：一种是表结点，用以表示列表；一种是原子结点，用以表示原子。从上节得知，若列表不空，则可分解成表头和表尾；反之，一堆确定的表头和表尾可唯一确定列表。由此，一个表结点可由 3 个域组成：标志域、指示表头的指针域和指示表尾的指针域；而原子结点只需要两个域：标志域和值域（如图 5-20 所示）。广义表的存储结构如图 5-21所示。其形式定义说明如下：

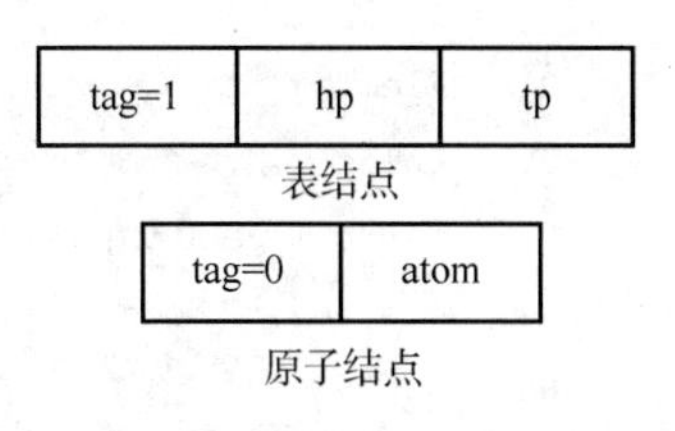

图 5-20 广义表的链表结点结构

```
01://-----广义表的头尾链表存储表示-----
02:typedef enum{ATOM,LIST}ElemTag;          //ATOM==0:原子,LIST==1:子表
03:typedef struct GLNode{
04:  ElemTag tag;                           //公共部分,用于区分原子结点和表结点
05:  union {                                //原子结点和表结点的联合部分
06:    AtomType atom;                       //atom是原子结点的值域,AtomType由用户定义
07:    struct { struct GLNode * hp, * tp;}ptr;
08:    //ptr是表结点的指针域,ptr.hp和ptr.tp分别指向表头和表尾
09:  };
10:};GList;                                  //广义表类型
```

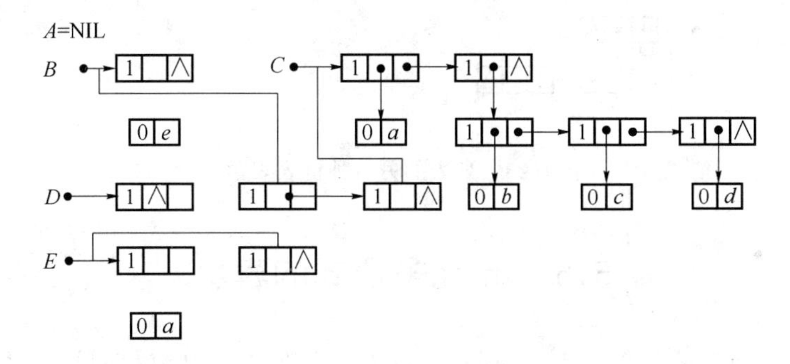

图 5-21 广义表的存储结构示例

前面曾列举了广义表的例子。在这种存储结构中有几种情况。

(1) 除空表的表头指针为空外，对任何非空列表，其表头指针均指向一个表结点，且该结点中的 hp 域指示列表表头（或为原子结点，或为表结点），tp 域指向列表表尾（除非表尾为空，则指针为空，否则必为表结点）。

(2) 容易分清列表中原子和子表所在层次。如在列表 D 中，原子 a 和 e 在同一层次上，而 b、c 和 d 在同一层次且比 a 和 e 低一层，B 和 C 是同一层的子表。

(3) 最高层的表结点个数即为列表的长度。

以上 3 个特点在某种程度上给列表的操作带来方便。也可采用另一种结构的链表表示广义表，如图 5-22 和图 5-23 所示。其形式定义说明如下：

```
01://-----广义表的扩展线性链表存储表示-----
02:typedef enum {ATOM,LIST}ElemTag;          //ATOM==0:原子,LIST==1:子表
03:typedef struct GLNode{
```

```
04:  ElemTag  tag;                //公共部分,用于区分原子结点和表结点
05:  union{                       //原子结点和表结点的联合部分
06:    AtomType atom;             //原子结点的值域
07:    struct GLNode * hp;        //表结点的表头指针
08:};
09:  struct GLNode * tp;          //相当于线性链表的 next,指向下一个元素结点
10:} * GList;;                    //广义表类型 GList 是一种扩展的线性链表
```

对于列表的这两种存储结构,读者只要根据自己的习惯掌握其中一种结构即可。

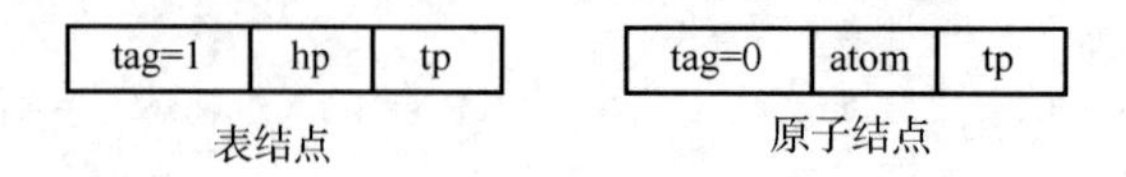

图 5-22　广义表的另一种结点结构

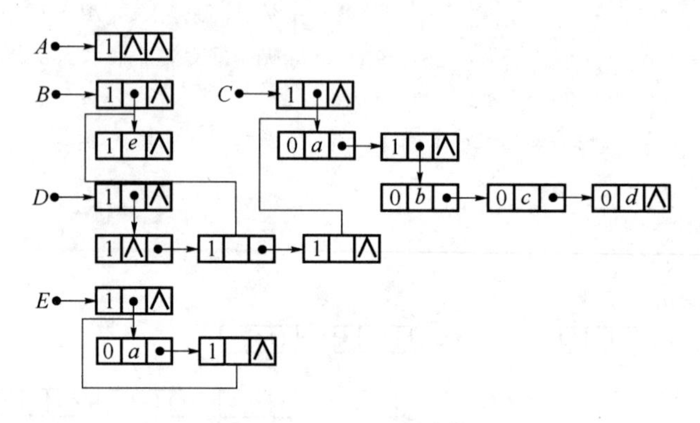

图 5-23　列表的另一种链表表示

5.6　m 元多项式的表示

在一般情况下使用的广义表为非递归表,也不为其他表所共享。对广义表可以这样来理解,广义表中的一个数据元素可以是另一个广义表,一个 m 元多项式的表示就是广义表的这种应用的典型实例。

一个一元多项式可以用一个长度为 m 且每个数据元素有两个数据项(系数项和指数项)的线性表来表示。

这里,将讨论如何表示 m 元多项式。一个 m 元多项式的每一项最多有 m 个变元。如果用线性表来表示,则每个数据元素需要 $m+1$ 个数据项,以存储一个系数值和 m 个指数值。这将产生两个问题:一是无论多项式中各项的变元是多是少,若都按 m 个变元分配存储空间,则将造成浪费;反之,若按各项实际的变元分配存储空间,就会造成结点的大小不均,给操作带来不便。二是对 m 值不同的多项式,线性表中的结点大小也不同,这同样会引起存储管理的不便。由于 m 元多项式中每一项数目的不均匀性和变元信息的重要性,故不适于用线性表表示。例如,三元多项式

$$P(x,y,z)=x^{10}y^3z^2+2x^6y^3z^2+3x^5y^2z^2+x^4y^4z+6x^3y^4z+2yz+15$$

其中各项的变元数目不尽相同,而 y^3、z^2 等因子又多次出现,如若改写为

$$P(x,y,z)=((x^{10}+2x^{6})y^{3}+3x^{5}y^{2})z^{2}+((x^{4}+6x^{3})y^{4}+2y)z+15$$

情况就不同了。现在，我们再来看这个多项式 P，它是变元 z 的多项式，即 $Az^{2}+Bz+15z^{0}$，只是其中 A 和 B 本身又是一个 (x,y) 的二元多项式，15 是 z 的零次项的系数。进一步考察 $A(x,y)$，又可把它看成是 y 的多项式。$Cy^{3}+Dy^{2}$，而其中 C 和 D 为 x 的一元多项式。依此类推，每个多项式都可看作是由一个变量加上若干个系数指数偶对组成的。

任何一个 m 元多项式都可如此处理：先分解出一个主变元，随后再分解出第二个变元等。由此，一个 m 元多项式首先是它的主变元的多项式，而其系数又是第二变元的多项式，由此可用广义表来表示 m 元多项式。例如，上述三元多项式可用式(5-19)所示的广义表表示，广义表的深度即为变元个数。

$$P=z((A,2),(B,1),(15,0)) \tag{5-19}$$

其中

$A=y((C,3),(D,2))$

$C=x((1,10),(2,6))$

$D=x((3,5))$

$B=y((E,4),(F,1))$

$E=x((1,4),(6,3))$

$F=x((2,0))$

可类似于广义表的第二种存储结构来定义表示 m 元多项式的广义表的存储结构。链表的结点结构如图 5-24 所示。

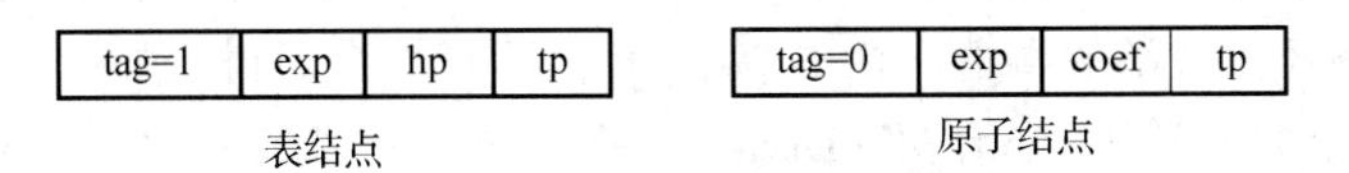

图 5-24　m 元多项式链表结点结构

其中，exp 为指数域，coef 为系数域，hp 指向其系数子表，tp 指向同一层的下一结点。其形式定义说明如下：

```
01:typedef struct NPNode{
02:  ElemTag tag;                    //区分原子结点和表结点
03:  int exp;                        //指数域
04:  union{
05:    float coef;                   //系数域
06:    struct MPNode * hp;           //表结点的表头指针
07:  };
08:  struct MPNode * tp;             //相当于线性表的 next,指向下一个元素结点
09:} * MPList;                       //m 元多项式广义表类型
```

三元多项式 $P(x,y,z)$ 的广义表的存储结构如图 5-25 所示，在每一层上增设一个表头结点并利用 exp 指示该层的变元，可用一维数组存储多项式中所有变元，故 exp 域存储的是该变元在一维数组中的下标。头指针 p 所指表结点中 exp 的值 3 为多项式中变元的个数。可见，这种存储结构可表示任何元的多项式。

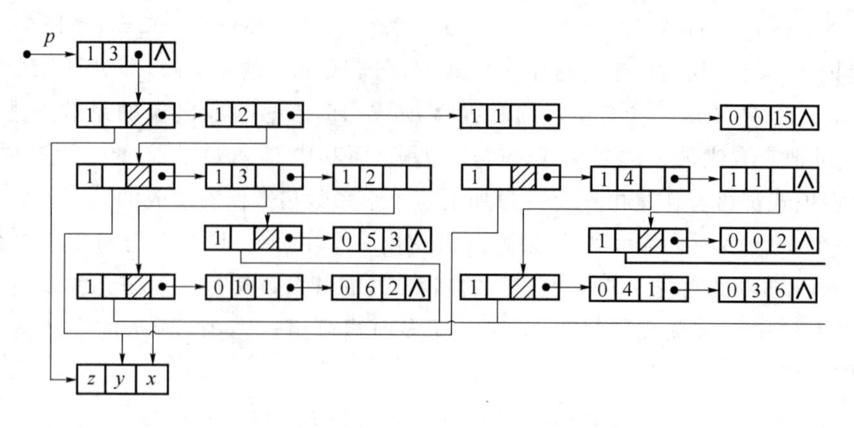

图 5-25　三元多项式 $P(x,y,z)$ 的存储结构示意图

5.7　广义表的递归算法

递归函数结构清晰，程序易读，且容易证明正确性，是程序设计的有力工具，但有时递归函数的执行效率很低，因此使用递归函数应扬长避短。在程序设计的过程中，我们并不一味追求递归。如果一个问题的求解过程没有明显的递归规律，也不容易写出它的递推过程（如求阶乘函数 $f(n)=n!$ 的值），则不必要使用“递归”。反之，在对问题进行分解、求解的过程中得到的是和原问题性质相同的子问题（如 Hanoi 塔问题），由此自然得到一个递归算法，且它比利用栈实现的非递归算法更符合人们的思维逻辑，因而更易于理解。但是要熟练掌握递归算法的设计方法也不是件轻而易举的事情。在本节中，我们不打算全面讨论如何设计递归算法，只是以广义表为例，讨论如何利用“分治发”（Divide and Conquer）进行递归算法设计。

对这类问题设计递归算法时，通常可以先写出问题求解的递归定义。和第二数学归纳法类似，递归定义由基本项和归纳项两部分组成。

递归定义的基本项描述了一个或几个递归过程的终结状态。虽然一个有限的递归（且无明显的迭代）可以描述一个无限的计算过程，但任何实际应用的递归过程，除错误情况外，必定能经过有限层次的递归而终止。所谓终结状态指的是不需要继续递归而可直接求解的状态。

递归定义的归纳项描述了如何实现从当前状态到终结状态转化。递归设计的实质是：当一个复杂的问题可以分解成若干子问题来处理时，其中某些子问题解决了，原问题也就迎刃而解了。递归定义的归纳项就是描述这种原问题和子问题之间的转化关系的。

由于递归函数的设计用的是归纳思维的方法，则在设计递归函数时，应注意：

(1) 首先应书写函数的首部和规格说明，严格定义函数的功能和接口（递归调用的界面），对求精函数中所得的和原问题性质相同的子问题，只要接口一致，便可进行递归调用；

(2) 对函数中的每一个递归调用都看成只是一个简单的操作，只要接口一致，必能实现规格说明中定义的功能，切记想得太深、太远。

下面讨论广义表的 3 种操作。首先约定所讨论的广义表都是非递归表且无共享子表。

5.7.1　求广义表的深度

广义表的深度定义为广义表中括号的重数，是广义表的一种量度。例如，多元多项式广义表的深度为多项式中变元的个数。

设非空广义表

$$LS=(a_1,a_2,\cdots,a_n)$$

其中，$a_i(i=1,2,\cdots,n)$或为原子或为LS的子表，则求LS的深度可分解为n个子问题，每个子问题为求a_i的深度。若a_i是原子，则其深度为零；若a_i是广义表，则和上述一样处理，而LS的深度为各$a_i(i=1,2,\cdots,n)$的深度中最大值加1。空表也是广义表，并由定义可知空表的深度为1。

由此可见，求广义表的深度的递归算法有两个终结状态：空表和原子，且只要求得$a_i(i=1,2,\cdots,n)$的深度，广义表的深度就容易求得了。显然，它应比子表深度的最大值多1。

广义表

$$LS=(a_1,a_2,\cdots,a_n)$$

的深度DEPTH(LS)的递归定义如下。

基本项： DEPTH(LS)=1 当LS为空表时

DEPTH(LS)=0 当LS为原子时

归纳项： $DEPTH(LS)=1+Max\{DEPTH(a_j)\}$ $n\geqslant 1$

由此定义容易写出求深度的递归函数。假设L是GList型的变量，则L=NULL表明广义表为空表，L－>tag=0表明是原子。反之，L指向表结点，该结点中的hp指针指向表头，即为L的第一个子表，而结点中的tp指针所指表尾结点中的hp指针指向L的第二个子表。在第一层中由tp相连的所有尾结点中的hp指针均指向L的子表。

```
01:int GListDepth(GList L){
02://采用头尾链表存储结构,求广义表L的深度
03:  if(!L)return 1;                              //空表深度为1
04:  if(L->tag = = ATOM) return 0;                 //原子深度为0
05:    for(max = 0,pp = L;pp;pp = pp->ptr.tp){
06:      dep = GListDepth(pp->ptr.hp);             //求以pp->ptr.hp为头指针的子表深度
07:      if(dep>max) max = dep;
08:  }
09:  return max + 1;                               //非空表的深度是各元素的深度的最大值加1
10:}GListDepth
```

上述算法的执行过程实质上是遍历广义表的过程，在遍历中首先求得各子表的深度，然后综合得到广义表的深度。例如，图5-26展示了求广义表D的深度的过程。图中用虚线示意遍历过程中指针L的变化状况，在指向结点的虚线旁边标记的是将要遍历的子表，虚线示意遍历过程中指针L的变化状况，在指向结点的虚线旁标记的是将要遍历的子表，而在从结点射出的虚线旁标记的数字是刚求得的子表的深度。从图中可见广义表$D=(A,B,C)=((),(e),(a,(b,c,d)))$的深度为3。若按递归定义分析广义表$D$的深度，则有

$DEPTH(D)=1+Max\{DEPTH(A),DEPTH(B),DEPTH(C)\}$

$DEPTH(A)=1$

$DEPTH(B)=1+Max\{DEPTH(e)\}=1+0=1$

$DEPTH(C)=1+Max\{DEPTH(a),DEPTH((b,c,d))\}=2$

$DEPTH(a)=0$

$DEPTH((b,c,d))=1+Max\{DEPTH(a),DEPTH(b),DEPTH(c)\}=1+0=1$

由此，DEPTH(D)=1+Max{1,1,2}=3。

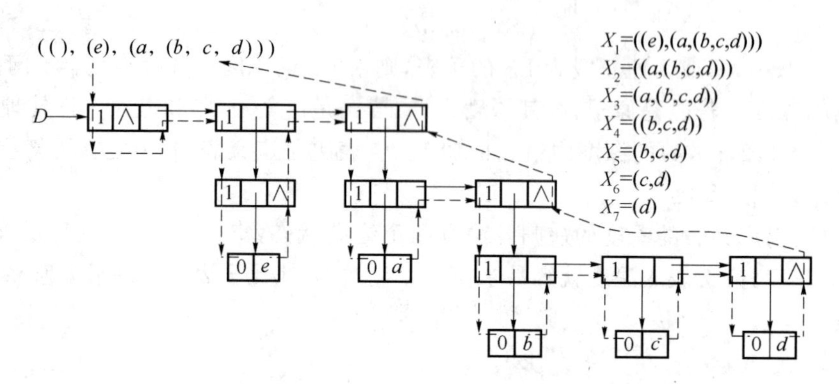

图 5-26　求广义表的深度的过程

5.7.2　复制广义表

在 5.5 节中曾提及，任何一个非空广义表均可分解成表头和表尾，反之，一对确定的表头和表尾可唯一确定一个广义表。由此，复制一个广义表只要分别复制其表头和表尾，然后合成即可。假设 LS 是原表，NEWLS 是复制表，则复制操作的递归定义如下。

基本项：InitGList(NEWLS){置空表}，当 LS 为空表时

归纳项：COPY(GetHead(LS)－>GetHead(NEWLS)){复制表头}

　　　　COPY(GetTail(LS)－>GetTail(NEWLS)){复制表尾}

若原表以图 5-20 的链表表示，则复制表的操作便是建立相应的链表。只要建立和原表中的结点一一对应的新结点，便可得到复制表的新链表。由此可写出复制广义表的递归算法。

```
01:Status CopyGList(GList &T,GList L){
02://采用头尾链表存储结构,由广义表 L 复制得到广义表 T
03:  if(! L)T = NULL;                                                //复制空表
04:  else{
05:    if(! (T = (GList)malloc(sizeof(GLNode))))exit(OVERFLOW);      //建表结点
06:      T->tag = L->tag;
07:    if(L->tag == ATOM)T->atom = L->atom;                          //复制单原子
08:    else{CopyGList(T->ptr.hp,L->ptr.hp);
09:    //复制广义表 L->ptr.hp 的一个副本 T->ptr.hp
10:      CopyGList(T->ptr.tp,L->ptr.hp);
11:      //复制广义表 L->ptr.tp 的一个副本 T->ptr.tp
12:    }//else
13:  }//else
14:  return OK;
15:}//CopyGList
```

注意，这里使用了变参，使得这个递归函数简单明了地反映出广义表的复制过程，读者可尝试以广义表 C 为例查看复制过程，以便得到更深刻的了解。

5.7.3　建立广义表的存储结构

从上述两种广义表操作的递归算法的讨论中可以发现，在对广义表进行递归操作定义时，可有两种分析方法：一种是把广义表分解成表头和表尾两部分；另一种是把广义表看成含有 n 个并列子表(假设原子也视作子表)的表。在讨论建立广义表的存储结构时，这两种分析方法均可。

假设把广义表的书写形式看成是一个字符串 S，在则当 S 为非空白串时广义表非空。此时可以利用 5.4.3 节中定义的取列表表头 GerHead 和取列表表尾 GetTail 两个函数建立广义表的链表存储结构。这个递归算法和复制的递归算法极为相似，读者可自行尝试。下面就第二种分析方法进行讨论。

广义表字符串 S 可能有两种情况：①S='()'(带括号的空表串)；②$S=(a_1,a_2,\cdots,a_n,)$，其中 $a_i(i=1,2,\cdots,n)$ 是 S 的子串。对应于第一种情况，S 的广义表为空表，对应于第二种情况，S 的广义表中含有 n 个子表，每个子表的书写形式即为子串 $a_i(i=1,2,\cdots,n)$。此时可类似于求广义表的深度，分析由 S 建立的广义表和由 $a_i(i=1,2,\cdots,n)$ 建立的子表之间的关系。假设按图 5-23 所示结点结构来建立广义表的存储结构，则含有 n 个子表的广义表中有 n 个表结点序列。第 $i(i=1,2,\cdots,n-1)$ 个表结点中的表尾指针指向第 $i+1$ 个表结点。第 n 个表结点的表尾指针为 NULL，并且，如果把原子也看成是子表的话，则第 i 个表结点的表头指针 hp 指向由 a_i 建立的子表($i=1,2,\cdots,n$)。由此，由 S 建广义表的问题可转化为由 $a_i(i=1,2,\cdots,n)$ 建子表的问题。又 a_i 可能有 3 种情况：①带括号的空表串；②长度为 1 的单字符串；③长度>1 的字符串。显然，前两种情况为递归的终结状态，子表为空表或只含一个原子结点，后一种情况为递归调用。由此，在不考虑输入字符串可能出错的前提下，可得下列建立广义表链表存储结构的递归定义。

基本项：置空广义表　　　　　　当 S 为空表串时

　　　　建原子结点的子表　　　当 S 为单字符串时

归纳项：假设 sub 为脱去 S 中最外层括号的子串，记为'$s_1,s_2,\cdots,s_n$'，其中 $s_i(i=1,2,\cdots,n)$ 为空字符串。对每一个 s_i 建立一个表结点，并令其 hp 域的指针为由 s_i 建立的子表的头指针，除最后建立的表结点的尾指针为 NULL 外，其余表结点的尾指针均指向在它之后建立的表结点。

假定函数 sever(str，hstr)的功能为，从字符串 str 中取出第一个“，”之前的子串赋给 hstr，并使 str 称为删去子串 hstr 和'，'之后的剩余串，若串 str 中没有字符'，'，则操作后的 hstr 即为操作前的 str，而操作后的 str 为空串 NULL。根据上述递归定义可得到建广义表存储结构的递归函数。

```
01:Status CreateGList(GList &L,SString S){
02://采用头尾链表存储结构,由广义表的书写形式串 S 创建广义表 L。设 emp = "()"
03:  if(StrCompare(S,emp))  L = NULL;                          //创建空表
04:  else{
05:    if(!(L = (GList)malloc(sizeof(GLNode))))exit(OVERFLOW); //建表结点
06:    if(StrLength(S) = = 1){L - >tag = ATOM; L - >atom = S;}  //创建单元子广义表
07:    else{
```

```
08:        L->tag = LIST; p = L;
09:        SubString(sub,S,2,StrLength(S) - 2);              //脱外层括号
10:        do{                                               //重复建 n 个子表
11:        sever(sub,hsub);                                  //从 sub 中分离出表头串 hsub
12:        CreateGList(p->ptr.hp,hsub); q = p;
13:        if(!StrEmpty(sub)){                               //表尾不空
14:          if(!(p = (GLNode *)malloc(sizeof(GLNode))))
15:            exit(OVERFLOW);
16:          p->tag = LIST;q->ptr.tp = p;
17:          }//if
18:        }while(!StrEmpty(sub));
19:      q->ptr.tp = NULL;
20:      }else
21:    }//else
22:    return OK;
23:}//CreateGList
24:Status sever(SString &str,SString &hstr){
25://将非空串 str 分割成两部分:hsub 为第一个','之前的子串,str 为之后的子串
26:    n = StrLength(str); i = 0;k = 0;                     //k 为尚未配对的左括号个数
27:    do{                                                  //搜索最外层的第一个逗号
28:      ++i;
29:      SubString(ch,str,i,1);
30:      else if(ch == ')')    --k;
31:    }while(i<n&&(ch! = ','‖ k! = 0));
32:    if(i<n)
33:      SubString(hstr,str,1,i - 1);SubString(str,str,i + 1,n - i)}
34:    else{StrCopy(hstr,str); ClearString(str)}
35:}//sever
```

第 6 章　树和二叉树

树形结构是一类重要的非线性数据结构,其中以树和二叉树最为常见。直观看来,树是以分支关系定义的层次结构,其形状像一棵倒置的树。树结构在客观世界中广泛存在,如人类社会的族谱和各种社会组织机构都可以用树的形象来表示。树在计算机领域中也得到广泛应用,如在编译程序中,可以用树来表示源程序的语法结构。在数据库系统中,树形结构也是信息最重要的组织形式之一。本章重点讨论二叉树的存储结构及其各种操作,并研究树和森林与二叉树的转换关系。

6.1　树的定义和基本术语

树(Tree)是 $n(n\geqslant 0)$ 个结点的有限集。在任意一颗非空树中,满足如下关系:

(1) 有且仅有一个特定的称为根(Root)的结点。

(2) 当 $n>1$ 时,其余结点可分为 $m(m>0)$ 个互不相交的有限集 $T_1,T_2,\cdots,T_m$,其中每一个集合本身又是一棵树,并且称为根的子树(SubTree)。

例如,在图 6-1 中,(a)是只有一个根结点的树;(b)是有 13 个结点的树,其中 A 是根,其余的结点分成 3 个互不相交的子集:$T_1=\{B,E,F,K,L\}$,$T_2=\{C,G\}$,$T_3=\{D,H,I,J,M\}$;T_1、T_2 和 T_3 都是根 A 的子树,且本身也是一棵树。

对于 T_1,其根为 B,其余结点分别为两个互不相交的子集:$T_{11}=\{E,K,L\}$,$T_{12}=\{F\}$。T_{11} 和 T_{12} 都是 B 的子树。而 T_{11} 中 E 是根,{K}和{L}是 E 的两棵互不相交的子树,其本身又是一个只有根结点的树。

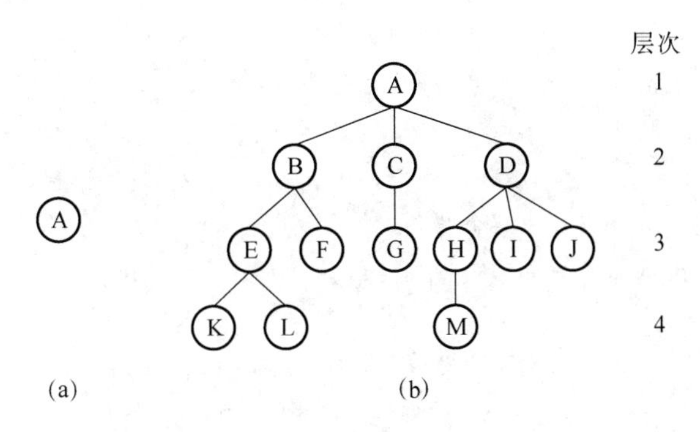

图 6-1　树的示例

上述树的结构定义加上树的一组基本操作就构成了树的抽象数据类型定义。

```
ADT Tree{
数据对象 D:D 是具有相同特性的数据元素的集合。
数据关系 R:若 D 为空集,则称为空树;
```

若D仅含一个数据元素，则R为空集，否则R={H}，H有如下二元关系：

(1) 在D中存在唯一的称为根的数据元素root，它在关系H下无前驱；

(2) 若D-{root}≠∅，则存在D-{root}的一个划分D1，D2，…，Dm(m＞0)，对任意j≠k(1≤j,k≤m)有Dj∩Dm=∅，且对任意的i(1≤i≤m)，存在唯一的数据元素xi∈Di，有＜root，x_i＞∈H；

(3) 对应于D-{root}的划分，H-{＜root，xi＞，…，＜root，xm＞}有唯一的一个划分H1、H2、Hm(m＞0)，对任意j≠k(1≤j,k≤m)有Dj∩Dk=∅，且对任意i(1≤i≤m)，Hi是Di上的二元关系，(Di，{Hi})是一棵符合本定义的树，称为根root的子树。

基本操作P：

InitTree(&T);

操作结果：构造空子树T。

DestroyTree(&T);

初始条件：树T存在。

操作结果：销毁树T。

CreateTree(&T,definition);

初始条件：definition给出树T的定义。

操作结果：按definition构造树T。

ClearTree(&T);

初始条件：树T存在。

操作结果：将树T清为空树。

TreeEmpty(T);

初始条件：树T存在。

操作结果：若T为空树，则返回TRUE，否则FALSE。

TreeDepth(T);

初始条件：树T存在。

操作结果：返回T的深度。

Root(T);

初始条件：树T存在。

操作结果：返回T的根。

Value(T,cur_e);

初始条件：树T存在，cur_e是T中的某个结点。

操作结果：返回cur_e的值。

Assign(T,cur_e,value);

初始条件：树T存在，cur_e是T中某个结点。

操作结果：结点cur_e赋值为value。

Parent(T,cur_e);

初始条件：树T存在，cur_e是T中的某个结点。

操作结果：若cur_e是T的非根结点，则返回它的双亲，否则函数值为空。

LeftChild(T,cur_e);

初始条件：树T存在，cur_e是T中的某个结点。

操作结果：若cur_e是T的非叶子结点，则返回它的左孩子，否则函数值为空。

RightSibling(T,cur_e);

初始条件：树T存在，cur_e是T中的某个结点。

操作结果：若cur_e存在右兄弟，则返回它的右兄弟，否则函数值为空。

```
InsertChild(&T,&p,i,c);
初始条件:若树 T 存在,p 指向 T 中某个结点,1≤i≤p 所指结点的度+1,非空树 c 与 T 不相交。
操作结果:插入 c 为 T 中 p 所指结点的第 i 棵子树。
DeleteChild(&T,&p,i);
初始条件:树 T 存在,p 指向 T 中某个结点,1≤i≤p 所指结点的度。
操作结果:删除 T 中 p 所指结点的第 i 棵子树。
TraverseTree(T,Visit());
初始条件:树 T 存在,Visit 是对结点操作的应用函数。
操作结果:按某种次序对 T 的每个结点调用函数 visit()一次至多次。一旦 visit()失败,则操作
失败。
}ADT Tree
```

下面给出树结构的基本术语。

树的结点包含一个数据元素及若干指向其子树的分支。结点拥有的子树称为结点的度(Degree)。例如,在图 6-1(b)中,A 的度为 3,C 的度为 1,F 的度为 0。度为 0 的结点称为叶子(Leaf)结点。图 6-1(b)中的结点 K、L、F、G、M、I、J 都是树的叶子。度不为 0 的结点称为非终端结点或分支结点。除根结点之外,分支结点也称为内部结点。树的度是树内各个结点的度的最大值。图 6-1(b)所示的树的度为 3。结点的子树的根称为该结点的孩子(Child),相应的,该结点称为孩子的双亲(Parent)。例如,在图 6-1(b)所示的树中,D 为 A 的子树 T_3 的根,则 D 是 A 的孩子,A 是 D 的双亲,同一个双亲的孩子之间互为兄弟(Sibling)。例如,H、I 和 J 互为兄弟。将这些关系进一步推广,可以认为 D 是 M 的祖先。结点的祖先是从根到该结点所经分支上的所有结点。例如,M 的祖先为 A、D 和 H。反之,以某结点为根的子树中任一结点都称为该结点的子孙。如 B 的子孙为 E、K、L 和 F。

结点的层次(Level)从根开始定义,根为第一层,根的孩子为第二层。若某结点在第 i 层,则其子树的根就在第 $i+1$ 层。其双亲在同一层的结点互为堂兄弟。例如,结点 G 与 E、F、H、I、J 互为堂兄弟。树中结点的最大层次为树的深度(Depth)或高度。图 6-1(b)所示的树的深度为 4。通常,双亲又称作父结点,孩子又称作子结点。

如果将树中结点的各子树看成从左至右是有次序(即不能互换)的,则称该树为有序树,否则称为无序树。在有序树中最左边的子树的根称为第一个孩子,最右边的称为最后一个孩子。

森林(Forest)是 $m(m\geqslant 0)$棵互不相交的树的集合。对树中每个结点而言,其子树的集合即为森林。由此,也可以用森林和树相互递归的定义来描述树。

就逻辑而言,任何一棵树是一个二元组 Tree=(root,F),其中,root 是数据元素,称作树的根结点。F 是 $m(m\geqslant 0)$棵树的森林,$F=(T_1,T_2,\cdots,T_n)$,其中 $T_i=(r_i,F_i)$,称作

$$RF=\{<\text{root},r_i>|i=1,2,\cdots,m,m>0\}$$

这个定义将有助于得到森林和树与二叉树之间转换的递归定义。

6.2 二 叉 树

二叉树是一种经常能用到的树结构,在讨论一般树的存储结构及操作之前,先研究二叉树的抽象数据类型。

6.2.1 二叉树的定义

二叉树(Binary Tree)是另一种树形结构，它的特点是每个结点至多有两棵子树(即二叉树中不存在度大于2的结点)，并且，二叉树的子树有左右之分(左子树和右子树)，其次序不能任意颠倒。

二叉树的抽象数据类型定义如下：

```
ADT BinaryTree{
数据对象 D:D 是具有相同特性的数据元素的集合。
数据关系 R:
若 D=∅,则 R=∅,称二叉树为空二叉树。
若 D≠∅,则 R={H},H 有如下二元关系：
(1) 在 D 中存在唯一的称为根的数据元素 root,它在关系 H 下无前驱；
(2) 若 D-{root}≠∅,则存在 D-{root}={Dl,Dr},且 Dl∩Dr=∅;
(3) 若 Dl≠∅,则 Dl 中存在唯一的元素 Xl,<root,xl>∈H,且存在 Dl 上的关系 Hl∈H;若 Dr≠∅,则
Dr 中存在唯一的元素 xr,<root,xr>∈H,且存在关系 Dr∈H;H={<root,xl>,<root,xr>,Hl,Hr};
(4) (Dl,{Hl})是一棵符合基本定义的二叉树,称为根的左子树,(Dr,{Hr})是一棵符合基本定义的二
叉树,称为根的右子树。
基本操作 P:
InitBiTree(&T);
操作结果:构造空二叉树 T。
DestroyBiTree(&T);
初始条件:二叉树 T 存在。
操作结果:销毁二叉树 T。
CreateBiTree(&T,definition);
初始条件:definition 给出二叉树 T 的定义。
操作结果:按 definition 构造二叉树 T。
ClearBiTree(&T);
初始条件:二叉树 T 存在。
操作结果:将二叉树 T 清为空树。
BiTreeEmpty(&T);
初始条件:二叉树 T 存在。
操作结果:若 T 为空二叉树,则返回 TRUE,否则 FALSE。
BiTreeDepth(&T);
初始条件:二叉树 T 存在。
操作结果:返回 T 的深度。
Root(T);
初始条件:二叉树 T 存在。
操作结果:返回 T 的根。
Value(T,e);
初始条件:二叉树 T 存在,e 是 T 的某个结点。
操作结果:返回 e 的值。
Assign(T,&e,value);
```

初始条件:二叉树T存在,e是T的某个结点。

操作结果:结点e赋值为value。

Parent(T,e);

初始条件:二叉树T存在,e是T中某个结点。

操作结果:若e是T的非根结点,则返回它的双亲;否则返回空。

LeftChild(T,e);

初始条件:二叉树T存在,e是T中某个结点。

操作结果:返回e的左孩子。若e无左孩子,则返回空。

RightChild(T,e);

初始条件:二叉树T存在,e是T中某个结点。

操作结果:返回e的右孩子。若e无右孩子,则返回空。

LeftSibling(T,e);

初始条件:二叉树T存在,e是T中某个结点。

操作结果:返回e的左兄弟。若e是T的左孩子或无左兄弟,则返回空。

RightSibling(T,e);

初始条件:二叉树T存在,e是T中某个结点。

操作结果:返回e的右兄弟。若e是T的右孩子或无右兄弟,则返回空。

InsertChild(T,p,LR,c);

初始条件:二叉树T存在,p指向T中的某个结点,LR为0或1,非空二叉树c与T不相交且右子树为空。

操作结果:根据LR为0或1,插入c为T中p所指结点的左子树或右子树。P所指结点的原有左子树或右子树称为c的右子树。

DeleteChild(T,p,LR);

初始条件:二叉树T存在,p指向T中某个结点,LR为0或1。

操作结果:根据LR为0或1,删除T中p所指结点的左子树或右子树。

PreOrderTraverse(T,Visit());

初始条件:二叉树T存在,Visit是对结点操作的应用函数。

操作结果:先序遍历T,对每个结点调用函数Visit一次且仅一次。一旦visit()失败,则操作失败。

InOrderTraverse(T,Visit());

初始条件:二叉树T存在,Visit是对结点操作的应用函数。

操作结果:中序遍历T,对每个结点调用函数Visit一次且仅一次。一旦visit()失败,则操作失败。

PostOrderTraverse(T,Visit());

初始条件:二叉树T存在,Visit是对结点操作的应用函数。

操作结果:后序遍历T,对每个结点调用函数Visit一次且仅一次。一旦visit()失败,则操作失败。

LevelOrderTraverse(T,Visit());

初始条件:二叉树T存在,Visit是对结点操作的应用函数。

操作结果:层序遍历T,对每个结点调用函数Visit一次且仅一次。一旦visit()失败,则操作失败。

}ADT BinaryTree

上述数据结构的定义表明二叉树具有五种基本形态,它们分别是空二叉树,仅有根结点的二叉树,右子树为空的二叉树,左、右子树均非空的二叉树,左子树为空的二叉树,如图6-2所示。要注意的是,每一棵二叉树的子树又可以是其他类型的二叉树。

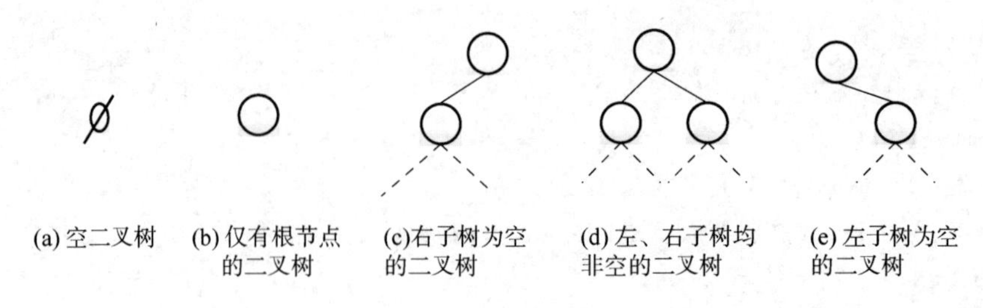

图 6-2　二叉树的五种基本形态

6.2.2　二叉树的性质

完全二叉树和满二叉树是两种特殊形态的二叉树。

一棵深度为 k 且有 2^k-1 个结点的二叉树称为满二叉树。图 6-3(a)所示是一棵深度为 4 的满二叉树,这种树的特点是每一层上的结点数都是最大结点数。

可以对满二叉树的结点进行连续编号,约定编号从根结点起,自上而下,自左至右。由此可以引出完全二叉树的定义。深度为 k、有 n 个结点的二叉树,当且仅当其每一个结点都与深度为 k 的满二叉树中编号从 1 至 n 的结点一一对应时,才称为完全二叉树。图 6-3(b)所示为一棵深度为 4 的完全二叉树。显然,这种树的特点是:①叶子结点只可能在层次最大的两层上出现;②对任一结点,若其右分支下的子孙为最大层次 l,则其左分支下的子孙的最大层次必为 l 或 $l+1$。图 6-3 中(c)和(d)不是完全二叉树。

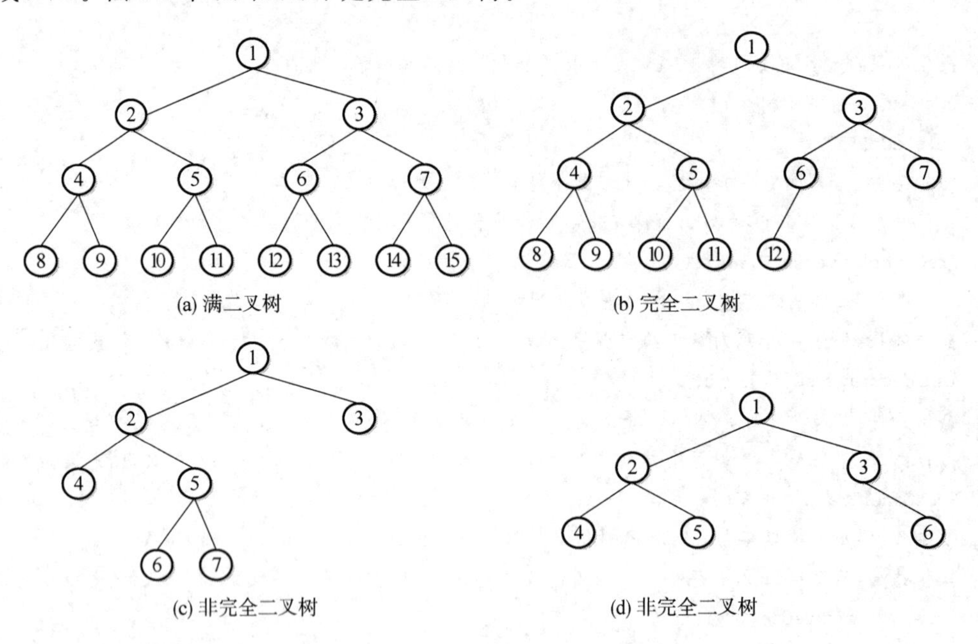

图 6-3　特殊形态的二叉树

二叉树具有很多重要的特性,如下。

性质 1　在二叉树的第 i 层上至多有 $2^{i-1}(i\geqslant1)$个结点。

性质 2　深度为 k 的二叉树至多有 $2^k-1(k\geqslant1)$个结点。

性质 3　对任何一棵二叉树 T,如果其终端结点数为 n_0,度为 2 的结点数为 n_2,则 $n_0=n_2+1$。

性质 4 具有 n 个结点的完全二叉树的深度为 $\lfloor \log_2 n \rfloor+1$（$\log_2 n$ 向下取整）。

性质 5 如果对一棵有 n 个结点的完全二叉树（其深度为 $\lfloor \log_2 n \rfloor+1$）的结点按层序编号（从第 1 层到第 $\lfloor \log_2 n \rfloor+1$ 层，每层从左到右），则对任一结点 $i(1\leqslant i\leqslant n)$，有

（1）如果 $i=1$，则结点 i 是二叉树的根，无双亲；如果 $i>1$，则其双亲的结点编号是 $i/2$。

（2）如果 $2i>n$，则结点 i 无左孩子（结点 i 为叶子结点）；否则其左孩子是结点 $2i$。

（3）如果 $2i+1>n$，则结点 i 无右孩子；否则其右孩子是结点 $2i+1$。

通俗来说，在完全二叉树中，根结点以外的所有结点 i 的双亲一定是 $i/2$；对任一结点 j，若存在左孩子则为 $2j$，若存在右孩子则为 $2j+1$。然而，对于任一结点 $i+1$，不一定是 i 结点的右兄弟或堂兄弟，如图 6-4 所示。

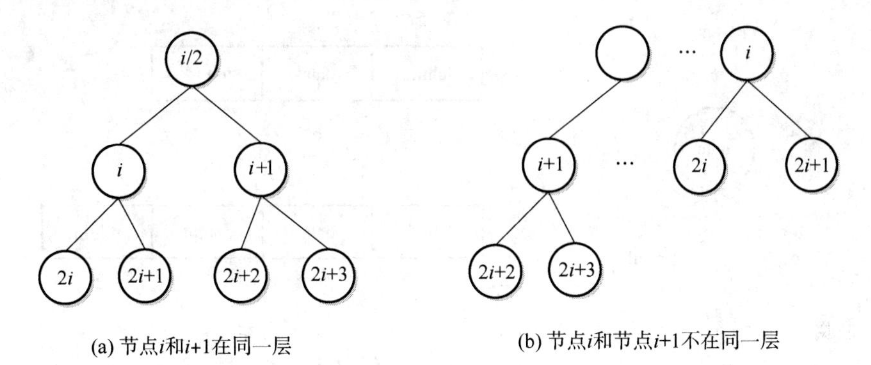

图 6-4 完全二叉树中结点 i 和 $i+1$ 的左右孩子

6.2.3 二叉树的存储结构

1．顺序存储结构

```
01:#define Max_Tree_Size 100                         //二叉树的最大结点数
02:Typedef TElemType SqBiTree[Max_Tree_Size];        //0 号单元存储根结点
03:SqBiTree bt;
```

按照顺序存储结构的定义，在此约定，用一组地址连续的存储单元依次自上而下、自左至右存储完全二叉树上的结点元素，即将完全二叉树上编号为 i 的结点元素存储在如上定义的一维数组中下标为 $i-1$ 的分量中。例如，图 6-5(a)所示为图 6-3(b)所示完全二叉树的顺序存储结构。对于一般的二叉树，则应将其每个结点与完全二叉树上的结点相对照，存储在一维数组的相应分量中。图 6-3(c)所示的二叉树的顺序存储结构如图 6-5(b)所示，图中以“0”表示不存在此结点。由此可见，这种顺序存储结构仅适用于完全二叉树。因为，在最坏的情况下，一个深度为 k 且只有 k 个结点的单支树（树中不存在度为 2 的结点）却需要长度为 2^k-1 的一维数组。

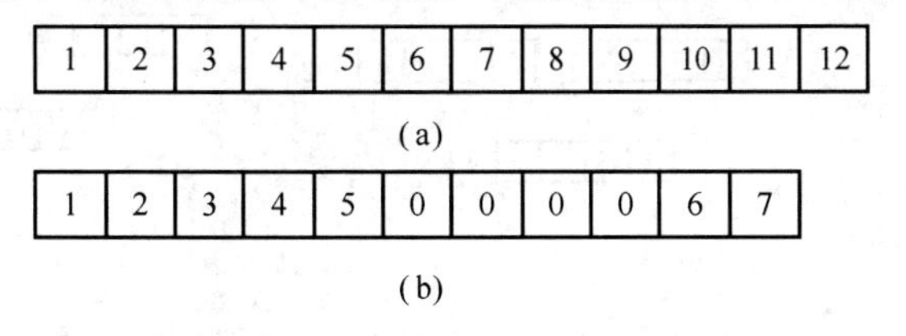

图 6-5 二叉树的顺序存储结构

2. 链式存储结构

设计不同的结点可构成不同形式的链式存储结构。由二叉树的定义得知，二叉树的结点(如图 6-6(*a*)所示)由一个数据元素和分别指向其左、右子树的两个分支构成，故表示二叉树的链表中的结点至少包含 3 个域：数据域和左、右指针域，如图 6-6(*b*)所示，利用这种结点所构成的二叉树的存储结构称为二叉链表(如图 6-7(*a*)所示)。有时，为了便于找到结点的双亲，还可以在结点结构中增加一个指向其双亲结点的指针域，称为三叉链表，如图 6-6(*b*)和图 6-6(*c*)所示(两图根结点表示略有不同)。

容易证得，在含有 n 个结点的二叉链表中有 n+1 个空链域。在 6.3 节中将会看到可以利用这些空链域存储其他有用信息，从而得到另一种链式存储结构——线索链表。

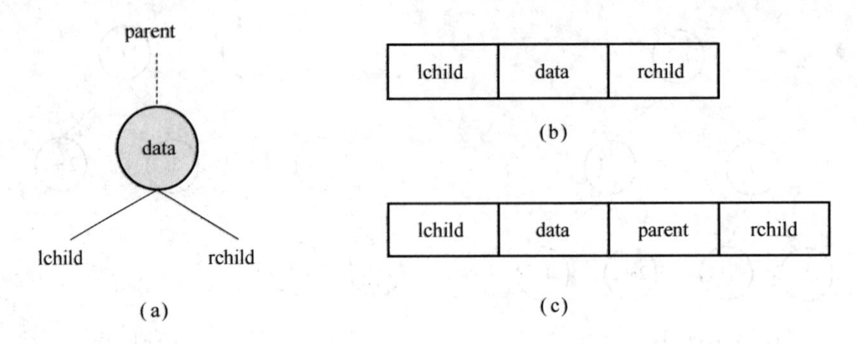

图 6-6　二叉树的结点及其存储结构

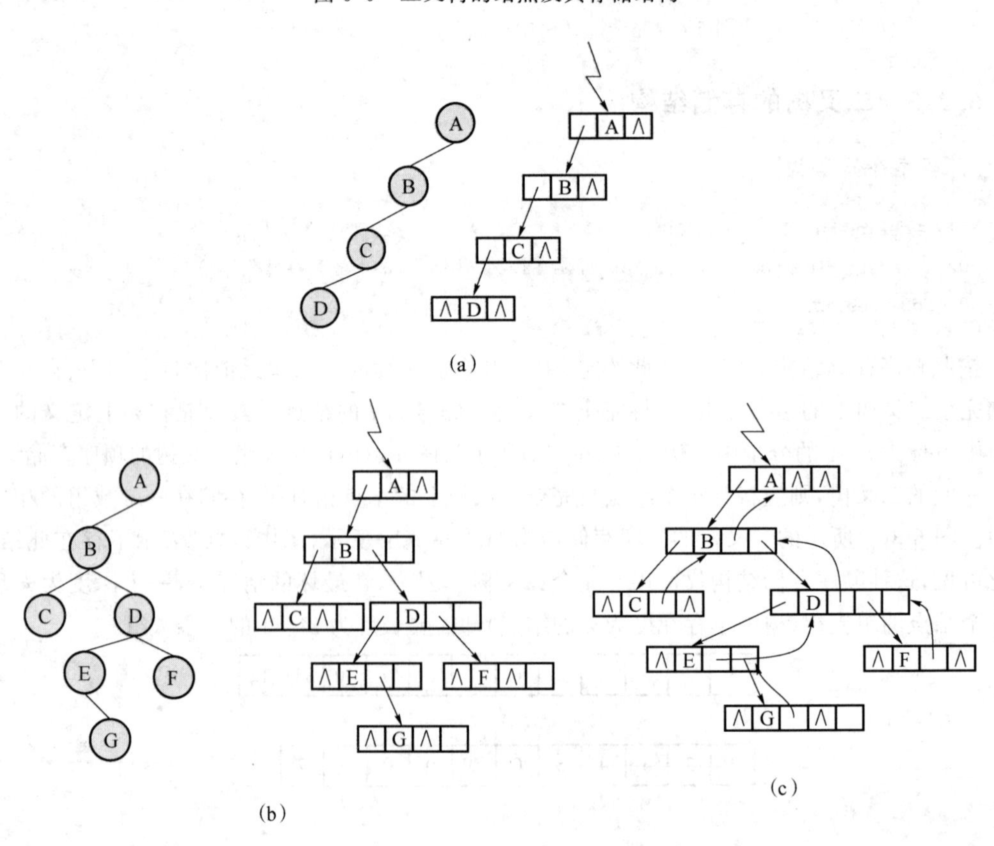

图 6-7　链表存储结构

在不同的存储结构中,实现二叉树的操作方法也不同,如找结点 x 的双亲 *Parent*(T,e),在三叉链表中很容易实现,而在二叉链表中则需要从根指针出发寻查。由此,在具体应用中采用什么存储结构,除根据二叉树的形态之外还应考虑需进行何种操作。

6.3 遍历二叉树和线索二叉树

前两节都是一些基本的概念介绍,本节将会学习如何创建及访问二叉树。

6.3.1 遍历二叉树的几种方法

二叉树是由三个基本单元组成的:根结点、左子树和右子树。因此,若能依次遍历这三部分,便是遍历了整棵二叉树。假如以 L、D、R 分别表示遍历左子树、访问根结点和遍历右子树,则可有 *DLR*、*LDR*、*LRD*、*DRL*、*RDL*、*RLD* 这 6 种遍历二叉树的方案。若限定先左后右,则只有前 3 种情况,分别称之为先(根)序遍历、中(根)序遍历和后(根)序遍历。基于二叉树的递归定义,可得下述遍历二叉树的递归算法定义。

(1) 先序遍历二叉树的操作定义为:

若二叉树为空,则空操作,否则

① 访问根结点;

② 先序遍历左子树;

③ 先序遍历右子树。

(2) 中序遍历二叉树的操作定义为:

若二叉树为空,则空操作,否则

① 中序遍历左子树;

② 访问根结点;

③ 中序遍历右子树。

(3) 后序遍历二叉树的操作定义为:

若二叉树为空,则空操作,否则

① 后序遍历左子树;

② 后序遍历右子树;

③ 访问根结点。

如图 6-8 所示,用二叉树表示如下表达式:

$$a+b*(c-d)-e/f$$

以二叉树表示表达式的递归定义如下:若表达式为数或简单变量,则相应的二叉树中仅有一个根结点,其数据域存放该表达式信息;若表达式=(第一操作数)(运算符)(第二操作数),则相应的二叉树中以左子树表示第一操作数,右子树表示第二操作数;根结点的数据域存放运算符(若为一元运算符,则左子树为空),操作数本身又为表达式。

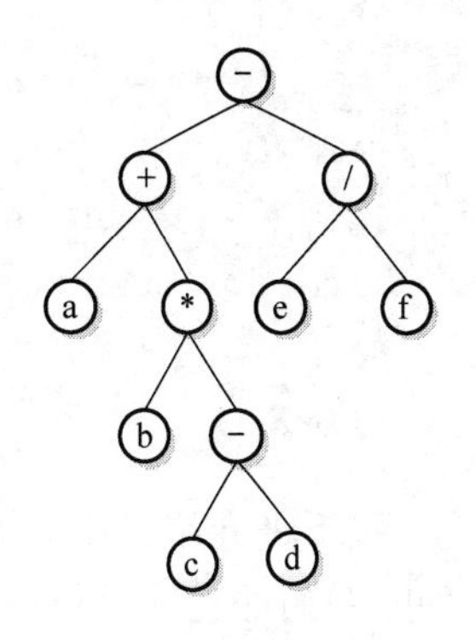

图 6-8 表达式

下面以图 6-8 为例进行介绍。

若先序遍历此二叉树,按访问结点的先后次序将结点排列起来,可得到二叉树的先序序列为:

$$-+a*b-cd/ef$$

类似的,中序遍历次二叉树,可得此二叉树的中序序列为：

$$a+b*c-d-e/f$$

后序遍历此二叉树,可得此二叉树的后序序列为：

$$abcd-*+ef/-$$

从上述二叉树遍历的定义可知,3 种遍历算法不同之处仅在于访问根结点和遍历左、右子树的先后关系。从递归执行过程的角度来看先序、中序和后序遍历也是完全相同的。

6.3.2 二叉树的创建及遍历

二叉树的存储结构定义如下：

```
01:typedef struct node
02:{
03:   struct node * lchild;                    //定义左孩子指针域
04:   struct node * rchild;                    //定义右孩子指针域
05:   char data;                               //数据域
06:}BiTreeNode, * BiTree;
```

通过以上的存储结构定义,可以利用类似上面介绍的遍历方法的方式来创建二叉树。通过递归地创建根、左子树和右子树,从而创建出完整的二叉树的方式就是先序建立方式,同理,可以得到中序建立方式和后序建立方式。

示例代码如下：

```
01:void createBiTree(BiTreeNode * * T)
02:{
03:   char c;
04:   while(scanf(" %c",&c) && ( c == '\n' || c == ' '));     //支持多种输入方式,避免格式错误
05:   if(c == '#')              //当遇到#时,令树的根结点为 NULL,从而结束该分支的递归
06:      * T = NULL;
07:   else
08:   {
09:      * T = (BiTree)malloc(sizeof(BiTreeNode));           //申请结点空间
10:      ( * T) - >data = c;                                 //数据域赋值
11:      createBiTree(&( * T) - >lchild);                    //递归地创建左子树
12:      createBiTree(&( * T) - >rchild);                    //递归地创建右子树
13:   }
14:}
```

接下来介绍先序遍历。同样采用递归的方式,分别访问根结点、遍历左子树和右子树。在这里,我们的访问操作是输出值,可以更改成其他功能函数。另外,很容易实现中序遍历和后序遍历,只需更改访问操作(输出)语句顺序即可。

```
01:void preTraverse(BiTree T)
02:{
03:  if(T)                          //如果结点不为空,则输出这一结点并继续遍历
04:  {
05:    printf(" %c ",T->data);
06:    preTraverse(T->lchild);
07:    preTraverse(T->rchild);
08:  }
09:}
```

【例 6-1】 二叉树的创建与遍历示例。

在此例中,我们采用的是二叉链表的存储结构,演示起来比较简单。通过输入"—+a##*b##—c##d##/e##f##"即可创建如图 6-8 所示的二叉树,并进行三种遍历访问。

```
01:#include<stdio.h>
02:#include<stdlib.h>
03://定义结点
04:typedef struct node
05:{
06:  struct node *lchild;
07:  struct node *rchild;
08:  char data;
09:}BiTreeNode, *BiTree;          //*BiTree 的意思是给 struct node*起了个别名,叫BiTree,
                                 //故 BiTree 为指向结点的指针
10://按照先序顺序建立二叉树
11:void createBiTree(BiTreeNode **T)
12:{
13:  char c;
14:  while(scanf(" %c",&c) && ( c=='\n' || c==''));    //支持多种输入方式,避免格式错误
15:  if(c == '#')                   //当遇到#时,令树的根结点为 NULL,从而结束该分支的递归
16:     *T = NULL;
17:  else
18:  {
19:     *T = (BiTree)malloc(sizeof(BiTreeNode));
20:    (*T)->data=c;
21:    createBiTree(&(*T)->lchild);
22:    createBiTree(&(*T)->rchild);
23:  }
24:}
25:
26://先序遍历二叉树并打印
27:void preTraverse(BiTree T)
28:{
```

```
29:  if(T)
30:  {
31:    printf(" %c ",T->data);
32:    preTraverse(T->lchild);
33:    preTraverse(T->rchild);
34:  }
35:}
36://中序遍历二叉树并打印
37:void midTraverse(BiTree T)
38:{
39:  if(T)
40:  {
41:    midTraverse(T->lchild);
42:    printf(" %c ",T->data);
43:    midTraverse(T->rchild);
44:  }
45:}
46://后续遍历二叉树并打印
47:void postTraverse(BiTree T)
48:{
49:  if(T)
50:  {
51:    postTraverse(T->lchild);
52:    postTraverse(T->rchild);
53:    printf(" %c ",T->data);
54:  }
55:}
56:int main()
57:{
58:  BiTree T;                    //声明一个指向二叉树根结点的指针
59:  createBiTree(&T);
60:  printf("二叉树创建完成! \n");
61:  printf("先序遍历二叉树:\n");
62:  preTraverse(T);
63:  printf("\n");
64:  printf("中序遍历二叉树:\n");
65:  midTraverse(T);
66:  printf("\n");
67:  printf("后序遍历二叉树:\n");
68:  postTraverse(T);
69:  return 0;
70:}
```

程序运行结果如下：

```
-+a##*b##-c##d##/e##f##
二叉树创建完成!
先序遍历二叉树:
- + a * b - cd/ef
中序遍历二叉树:
a + b * c - d - e/f
后序遍历二叉树:
abcd- * + ef/ -
```

6.3.3　线索二叉树

从上节的讨论得知，遍历二叉树是以一定的规则将二叉树中的结点排列成一个线性序列，得到二叉树中结点的先序序列、中序序列或后序序列。这实质上是对一个非线性结构进行线性化操作，使每个结点(除第一个和最后一个外)在这些线性序列中有且仅有一个直接前驱和直接后继(在不至于混淆的情况，我们省去“直接”二字)。例如在图6-8所示的二叉树的结点的中序序列a+b*c−d−e/f中‘c’的前驱是‘*’，后继是‘−’。

但是，当以二叉链表作为存储结构时，只能找到结点的左、右孩子的信息，而不能直接得到结点在任一序列中的前驱和后继信息。这种信息只有在遍历的动态过程中才能得到。

如何保存这种在遍历过程中得到的信息呢？一个最简单的办法是在每个结点上增加两个指针域fwd和bkwd，分别指示结点在依托任一次序遍历时得到的前驱和后继信息。显然，这样做使得结构的存储密度大大降低。另外，在有n个结点的二叉链表中必定存在$n+1$个空链域(n个结点共有$2n$个链域，除根结点外的$n-1$个结点都被一个链域所指，故有$2n-(n-1)=n+1$个空链域)。由此设想能否用这些空链域来存放结点的前驱和后继信息。

进行如下设定：若结点有左子树，则其lchild域指示其左孩子，否则令lchild域指示其前驱；若结点有右子树，则其rchild域指示其右孩子，否则令rchild域指示其后继。为了避免混淆，尚需改变结点结构，增加两个标志域，如图6-9所示。

lchild	LTag	Data	RTag	rchild

图6-9　结点结构

其中，

$$LTag=\begin{cases}0 & \text{lchild 域指示结点的左孩子}\\1 & \text{lchild 域指示结点的前驱}\end{cases}\qquad RTag=\begin{cases}0 & \text{rchild 域指示结点的右孩子}\\1 & \text{rchild 域指示结点的后继}\end{cases}$$

以这种结点结构构成的二叉链表作为二叉树的存储结构，叫作线索链表，其中指向结点前驱和后继的指针，叫作线索。加上线索的二叉树称为线索二叉树(Threaded Binary Tree)。对二叉树以某种次序遍历使其变为线索二叉树的过程叫作线索化。

在线索树上进行遍历，只要先找到序列中第一个结点，然后依次找结点后继直至其后继为空时而止。

如何在线索树中找结点的后继？在不同的线索结构中有着不同的方式。

在中序线索树中，所有的叶子结点的右链都是线索，其右链域直接指示了结点的后继。树中所有非终端结点的右链域均为指针，无法由此得到后继的信息。然而，根据中序遍历的规律可知，结点的后继应是遍历右子树时访问的第一个结点，即右子树中最左下的结点。反之，在中序线索树中找结点的前驱的规律是：若其左标志为1，则左链为线索，指示其前驱，否则遍历

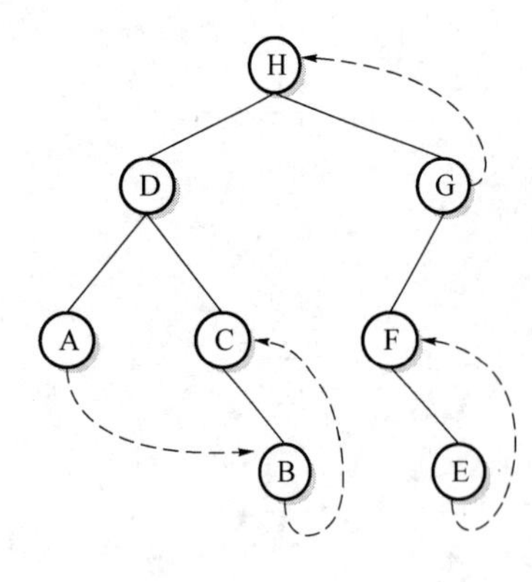

图 6-10　后序线索树示例

左子树时最后访问的一个结点（左子树中最右下的结点）为其前驱。

在后序线索树中找结点后继分 3 种情况：①若结点 x 是二叉树的根，则其后继为空；②若结点 x 是其双亲的右孩子或是其双亲的左孩子且其双亲没有右子树，则其后继是双亲结点；③若结点 x 是其双亲的左孩子，且其双亲有右子树，则其后继为双亲右子树上按后序遍历列出的第一个结点。如图 6-10 所示，结点 B 的后继为结点 C，结点 C 的后继为结点 D，结点 F 的后继为结点 G，而结点 D 的后继为结点 E。可见，在后序线索化树中找后继需要知道双亲结点（可采用带标志域的三叉链表作存储结构）。

在中序线索二叉树上遍历二叉树，虽然时间复杂度亦为 $O(n)$，但常数因子较小，且不需要栈。因此，当某些程序中所用的二叉树需要经常遍历或查找某个结点的前驱和后继时，则应采用线索链表作为存储结构。

二叉树的二叉线索存储表示如下：

```
01:typedef enum {Link,Thread} PointerTag;                  //Link==0:指针,hread==1:线索
02:typedef struct ThrBiNode
03:{
04:  TElemType_Thr data;                                    //数据元素
05:  struct ThrBiNode * lchild;                             //左孩子指针
06:  struct ThrBiNode * rchild;                             //右孩子指针
07:  PointerTag LTag;                                       //左标志
08:  PointerTag RTag;                                       //右标志
09:  struct ThrBiNode * parent;            //双亲结点,仅在非递归后序遍历后继线索二叉树时使用
10:}ThrBiNode, *  ThrBiTree;
```

为了方便起见，仿照线性表的存储结构，在二叉树的线索链表上也添加一个头结点，并令其 lchild 指针指向二叉树的根结点，其 rchild 指向中序遍历时访问的最后一个结点；反之，令二叉树中序序列中的第一个结点 lchild 域的指针和最后一个结点 rchild 域的指针均指向头结点。这好比为二叉树建立了一个双向线索链表，既可以从第一个结点起顺后继进行遍历，也可以从最后一个结点起顺前驱进行遍历。

【例 6-2】 线索二叉树的创建与遍历示例。

在以上的内容中，讨论了线索二叉树的一些结构和特性，下面来做一个综合示例，在此之前，我们先介绍一下二叉树的线索化。由于线索化的实质是将二叉链表中的空指针改为指向前驱或后继的线索，而前驱或后继的信息只有在遍历时才能得到，因此线索化的过程即为在遍历的过程中修改空指针的过程。为了记下遍历过程中访问结点的先后关系，附设一个指针 pre 始终指向刚刚访问过的结点，若指针 p 指向当前访问的结点，则 pre 指向它的前驱。

具体实例代码如下：

```
01:#include<stdio.h>
02:typedef char TElemType_Thr;                            //设二叉树元素为字符
03:typedef enum {Link,Thread} PointerTag;                 //Link==0:孩子;Thread==1:线索
```

```
04:typedef struct ThrBiNode
05:{
06:  TElemType_Thr data;                              //数据元素
07:  struct ThrBiNode * lchild;                       //左孩子指针
08:  struct ThrBiNode * rchild;                       //右孩子指针
09:  PointerTag LTag;                                 //左标志
10:  PointerTag RTag;                                 //右标志
11:  struct ThrBiNode * parent;       //双亲结点,仅在非递归后序遍历后继线索二叉树时使用
12:}ThrBiNode, * ThrBiTree;
13:
14:ThrBiTree pre;                          //全局变量,指向当前访问结点的上一个结点
15:
16://按先序序列构造二叉树,并建立孩子标志(无线索化)
17:int CreateBiTree_Thr(ThrBiTree * T)
18:{
19:  TElemType_Thr ch;
20:  while(scanf(" %c",&ch) && ( ch= ='\n' || ch==' ')); //支持多种输入方式,避免格式错误
21:  if(ch=='#')
22:    * T = NULL;
23:  else
24:  {
25:    * T = (ThrBiTree)malloc(sizeof(ThrBiNode));
26:    if(! * T)
27:      exit(-1);
28:    ( * T)->data = ch;
29:    CreateBiTree_Thr(&( * T)->lchild);             //递归构造左子树
30:    if(( * T)->lchild)                             //判断标志是孩子还是线索
31:      ( * T)->LTag = Link;
32:    else
33:      ( * T)->LTag = Thread;
34:    CreateBiTree_Thr(&( * T)->rchild);             //递归构造右子树
35:    if(( * T)->rchild)                             //判断标志是孩子还是线索
36:      ( * T)->RTag = Link;
37:    else
38:      ( * T)->RTag = Thread;
39:  }
40:  return 1;
41:}
42:
43://中序全线索化
44:void InTheading_Thr(ThrBiTree p)
45:{
46:  if(p)
```

```
47:  {
48:    InTheading_Thr(p->lchild);                    //线索化左子树
49:    if(!p->lchild)                                //为当前结点左子树建立前驱线索
50:    {
51:      p->LTag=Thread;
52:      p->lchild=pre;
53:    }
54:    if(!pre->rchild)                              //为上一个结点的右子树建立后继线索
55:    {
56:      pre->RTag=Thread;
57:      pre->rchild=p;
58:    }
59:    pre=p;                                        //pre 向前挪一步
60:    InTheading_Thr(p->rchild);                    //线索化右子树
61:  }
62:}
63:
64://中序遍历二叉树 T,并将其全线索化
65:int InOrderThreading_Thr(ThrBiTree *Thrt,ThrBiTree T)     //头结点后继回指
66:{
67:   *Thrt=(ThrBiTree)malloc(sizeof(ThrBiNode));
68:  if(!*Thrt)
69:    exit(-1);
70:  (*Thrt)->data='\0';
71:  (*Thrt)->LTag=Link;
72:  (*Thrt)->RTag=Thread;
73:  (*Thrt)->rchild=*Thrt;
74:  if(!T)
75:    (*Thrt)->lchild=*Thrt;
76:  else
77:  {
78:    (*Thrt)->lchild=T;
79:    pre=*Thrt;                                    //指向头结点
80:    InTheading_Thr(T);                            //开始线索化
81:    pre->rchild=*Thrt;                            //最后一个结点指回头结点
82:    pre->RTag=Thread;                             //最后一个结点线索化
83:    (*Thrt)->rchild=pre;                          //头结点指向最后一个结点,建立双向联系
84:  }
85:  return 1;
86:}
87:
88://中序遍历中序全线索二叉树
89:int InOrderTraverse_Thr(ThrBiTree Thrt,void(Visit)(TElemType_Thr))
```

```
90:{
91:  ThrBiTree p = Thrt->lchild;                    //p指向二叉树的根结点
92:  while(p! = Thrt)
93:  {
94:    while(p->LTag == Link)                       //找到最底下的左孩子
95:      p = p->lchild;
96:    Visit(p->data);                              //访问结点
97:    while(p->RTag == Thread && p->rchild! = Thrt)
98:    {
99:      p = p->rchild;
100:       Visit(p->data);
101:    }
102:    p = p->rchild;
103:  }
104:  return 1;
105:}
106:
107://先序后继线索化
108:void PreTheading_Thr(ThrBiTree p)
109:{
110:  if(p)
111:  {
112:    if(!pre->rchild)                              //为上一个结点右子树建立后继线索
113:    {
114:      pre->RTag = Thread;
115:      pre->rchild = p;
116:    }
117:    pre = p;                                      //pre向前挪一步
118:    PreTheading_Thr(p->lchild);                   //线索化左子树
119:    if(p->rchild && p->RTag == Link)
120:      PreTheading_Thr(p->rchild);                 //线索化右子树
121:  }
122:}
123:
124://先序遍历二叉树T,并将其后继线索化
125:int PreOrderThreading_Thr(ThrBiTree * Thrt,ThrBiTree T)
126:{
127:  * Thrt = (ThrBiTree)malloc(sizeof(ThrBiNode));
128:  if(! * Thrt)
129:    exit(-1);
130:  ( * Thrt)->data = '\0';
131:  ( * Thrt)->LTag = Link;
132:  ( * Thrt)->RTag = Thread;
```

```
133:  ( * Thrt) - >rchild = NULL;
134:  if(!T)                                    //空树只有线索头结点
135:    ( * Thrt) - >lchild = ( * Thrt) - >rchild = * Thrt;
136:  else
137:  {
138:    ( * Thrt) - >lchild = T;
139:    pre = * Thrt;                           //指向头结点
140:    PreTheading_Thr(T);                     //开始线索化
141:    pre - >RTag = Thread;                   //最后一个结点线索化
142:    pre - >rchild = * Thrt;                 //最后一个结点指回头结点
143:  }
144:  return 1;
145:}
146:
147://先序遍历前序后继线索二叉树
148:int PreOrderTraverse_Thr(ThrBiTree Thrt,void(Visit)(TElemType_Thr))
149:{
150:  ThrBiTree p = Thrt;                       //p指向二叉树线索结点
151:  while(p - >rchild! = Thrt)
152:  {
153:    while(p - >lchild)
154:    {
155:      p = p - >lchild;
156:      Visit(p - >data);
157:    }
158:    if(p - >rchild! = Thrt)
159:    {
160:      p = p - >rchild;
161:      Visit(p - >data);
162:    }
163:  }
164:  return 1;
165:}
166:
167://后序后继线索化,要先线索化右子树
168:void PosTheading_Thr(ThrBiTree p)
169:{
170:  if(p)
171:  {
172:    if(!p - >rchild)                        //当前结点右子树建立后继线索
173:    {
174:      p - >RTag = Thread;
175:      p - >rchild = pre;
```

```
176:     }
177:     pre = p;                                   //pre在正常顺序中为后一个结点
178:     if(p->RTag! = Thread)
179:       PosTheading_Thr(p->rchild);              //线索化右子树
180:     PosTheading_Thr(p->lchild);                //线索化左子树
181:   }
182:}
183:
184://后序遍历二叉树T,并将其后继线索化
185:int PosOrderThreading_Thr(ThrBiTree *Thrt,ThrBiTree T)
186:{
187:   *Thrt = (ThrBiTree)malloc(sizeof(ThrBiNode));
188:   if(! *Thrt)
189:     exit(-1);
190:   (*Thrt)->data = '\0';
191:   (*Thrt)->LTag = Link;
192:   (*Thrt)->RTag = Thread;
193:   (*Thrt)->rchild = *Thrt;
194:   if(!T)
195:     (*Thrt)->lchild = *Thrt;
196:   else
197:   {
198:     (*Thrt)->lchild = T;
199:     pre = *Thrt;                               //指向头结点
200:     PosTheading_Thr(T);                        //开始线索化
201:     (*Thrt)->rchild = T;                       //从头结点回指
202:   }
203:   return 1;
204:}
205:
206://在后序遍历后序后继线索二叉树时,寻找结点p的后继
207:ThrBiTree Pos_NextPtr_Thr(ThrBiTree Thrt,ThrBiTree p)
208:{
209:   if(p == Thrt->lchild)                       //根结点是最后一个结点
210:     return NULL;
211:   else
212:   {
213:     if(p->RTag == Thread)                     //右孩子为线索
214:       return p->rchild;
215:     else
216:     {
217:       if(p == p->parent->rchild)              //当前结点是左孩子
218:         return p->parent;
```

```
219:        else
220:        {
221:          if(p->parent->RTag!=Link)                    //双亲结点没有右孩子
222:            p=p->parent;
223:          else
224:          {
225:            p=p->parent->rchild;
226:            while(1)                                   //寻找右兄弟遍历起点
227:            {
228:              while(p->lchild)
229:                p=p->lchild;
230:              if(p->rchild && p->RTag!=Thread)
231:                p=p->rchild;
232:              else
233:                break;
234:            }
235:          }
236:          return p;
237:        }
238:      }
239:    }
240:}
241:
242://后序遍历后序后继线索二叉树
243:int PosOrderTraverse_Thr(ThrBiTree Thrt,void(Visit)(TElemType_Thr))
244:{
245:   ThrBiTree p=Thrt->lchild;                          //p指向二叉树根结点
246:   if(p!=Thrt)                                        //树不为空
247:   {
248:     while(1)                                         //寻找遍历起点
249:     {
250:       while(p->lchild)
251:         p=p->lchild;
252:       if(p->rchild && p->RTag!=Thread)
253:         p=p->rchild;
254:       else
255:         break;
256:     }
257:     while(p)
258:     {
259:       Visit(p->data);
260:       p=Pos_NextPtr_Thr(Thrt,p);
261:     }
```

```
262:  }
263:  return 1;
264:}
265:
266://层序遍历二叉树建立各结点的双亲结点指针
267:void ParentPtr_Thr(ThrBiTree T)
268:{
269:  ThrBiTree node[100];
270:  int i,j;
271:  i = j = 0;
272:  if(T)
273:    node[j++] = T;
274:  node[i]->parent = NULL;
275:  while(i<j)
276:  {
277:    if(node[i]->lchild)
278:    {
279:      node[j++] = node[i]->lchild;
280:      node[i]->lchild->parent = node[i];
281:    }
282:    if(node[i]->rchild)
283:    {
284:      node[j++] = node[i]->rchild;
285:      node[i]->rchild->parent = node[i];
286:    }
287:    i++;
288:  }
289:}
290:
291:void PrintElem(TElemType_Thr e)
292:{
293:  printf(" %c ",e);
294:}
295:
296:int main()
297:{
298:  ThrBiTree Thrt1,Thrt2,Thrt3;
299:  ThrBiTree T1,T2,T3;
300:  printf("函数 CreateBiTree_Thr 测试\n");
301:  {
302:    printf("a 按先序序列创建二叉树\n");
303:    printf("作为示例,例如先序序列:ABDG###EH##I##CF#J###\n");
304:    CreateBiTree_Thr(&T1);
```

```
305:    CreateBiTree_Thr(&T2);
306:    CreateBiTree_Thr(&T3);
307:    printf("\n\n");
308:  }
309:  getchar();
310:
311:  printf("测试先序后继线索二叉树\n");
312:  {
313:    printf("函数 PreTheading_Thr、PreOrderThreading_Thr 测试\n");
314:    printf("将 T1 先序后继线索化为 Thrt1\n");
315:    PreOrderThreading_Thr(&Thrt1,T1);
316:    printf("\n\n");
317:  }
318:  getchar();
319:
320:  printf("函数 PreOrderTraverse_Thr 测试\n");
321:  {
322:    printf("先序遍历 Thrt1 = ");
323:    PreOrderTraverse_Thr(Thrt1,PrintElem);
324:    printf("\n\n");
325:  }
326:  getchar();
327:
328:  printf("测试中序全线索二叉树\n");
329:  printf("函数 InTheading_Thr、InOrderThreading_Thr 测试\n");
330:  {
331:    printf("将 T2 中序全线索化为 Thrt2\n");
332:    InOrderThreading_Thr(&Thrt2,T2);
333:    printf("\n\n");
334:  }
335:  getchar();
336:
337:  printf("函数 InOrderTraverse_Thr 测试\n");
338:  {
339:    printf("中序遍历 Thrt2 = ");
340:    InOrderTraverse_Thr(Thrt2,PrintElem);
341:    printf("\n\n");
342:  }
343:  getchar();
344:
345:  printf("测试后序后继线索二叉树\n");
346:  printf("函数 ParentPtr_Thr 等测试\n");
347:  {
```

```
348:    printf("为各结点寻找双亲结点\n");
349:    ParentPtr_Thr(T3);
350:    printf("\n");
351:  }
352:  getchar();
353:
354:  printf("函数 PosTheading_Thr、PosOrderThreading_Thr 测试\n");
355:  {
356:    printf("将 T3 后序后继线索化为 Thrt3\n");
357:    PosOrderThreading_Thr(&Thrt3,T3);
358:    printf("\n\n");
359:  }
360:  getchar();
361:
362:  printf("函数 PosOrderTraverse_Thr 等测试\n");
363:  {
364:    printf("后序遍历 Thrt3 = ");
365:    PosOrderTraverse_Thr(Thrt3,PrintElem);
366:    printf("\n\n");
367:  }
368:  getchar();
369:  return 0;
370:}
```

程序运行结果如下：

```
函数 CreateBiTree_Thr 测试
a 按先序序列创建二叉树
作为示例,例如先序序列:ABDG###EH##I##CF#J###
ABDG###EH##I##CF#J###
ABDG###EH##I##CF#J###
ABDG###EH##I##CF#J###

测试先序后继线索二叉树
函数 PreTheading_Thr、PreOrderThreading_Thr 测试
将 T1 先序后继线索化为 Thrt1

函数 PreOrderTraverse_Thr 测试
先序遍历 Thrt1 = A B D G E H I C F J

测试中序全线索二叉树
函数 InTheading_Thr、InOrderThreading_Thr 测试
将 T2 中序全线索化为 Thrt2
```

```
函数 InOrderTraverse_Thr 测试
中序遍历 Thrt2 = G D B H E I A F J C

测试后序后继线索二叉树
函数 ParentPtr_Thr 等测试
为各结点寻找双亲结点

函数 PosTheading_Thr、PosOrderThreading_Thr 测试
将 T3 后序后继线索化为 Thrt3

函数 PosOrderTraverse_Thr 等测试
后序遍历 Thrt3 = G D H I E B J F C A
```

6.4 树和森林

本节我们将讨论树的表示及其遍历操作,并建立森林和二叉树的对应关系。

6.4.1 树的存储结构

树有许多种存储形式,这里我们介绍三种,即双亲表示法、孩子表示法和孩子兄弟表示法。

1. 双亲表示法

假设以一组连续空间存储树的结点,同时在每个结点中附设一个指示器指示其双亲结点在链表中的位置,其形式说明如下:

```
typedef char ElemType;
typedef struct Snode                          //结点结构
{
  ElemType data;
  int parent;
}PNode;

typedef struct                                //树结构
{
  PNode tnode[MAX_SIZE];
  int n;                                      //结点个数
}Ptree;
```

图 6-11 所示为一棵树及其双亲表示的存储结构。

这种存储结构利用了每个结点(除根结点以外)只有唯一的双亲的性质。求双亲结点操作 Parent(T,x)可以在常量时间内实现。多次调用求双亲结点操作,直到结点无双亲结点时,就找到了根结点,也就是求根结点操作 Root(x)。但是,这种表示方法中,求结点的孩子时需要遍历整个结构。

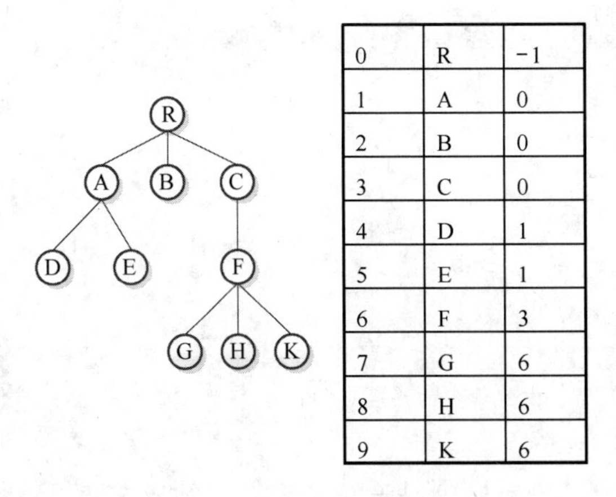

0	R	-1
1	A	0
2	B	0
3	C	0
4	D	1
5	E	1
6	F	3
7	G	6
8	H	6
9	K	6

图 6-11　树的双亲表示法示例

【例 6-3】 树的双亲表示法示例。

```
01:#include<stdio.h>
02:#include<stdlib.h>
03:#define MAX_SIZE 20
04:typedef char ElemType;
05:typedef struct Snode                          //结点结构
06:{
07:  ElemType data;
08:  int parent;
09:}PNode;
10:
11:typedef struct                                //树结构
12:{
13:  PNode tnode[MAX_SIZE];
14:  int n;                                      //结点个数
15:}Ptree;
16:
17:void InitPNode(Ptree *tree)
18:{
19:  int i,j;
20:  char ch;
21:  printf("请输入结点个数:\n");
22:  scanf("%d",&(tree->n));
23:  printf("请输入结点的值及其双亲序号:\n");
24:  for(i=0; i<tree->n; i++)
25:  {
26:    fflush(stdin);
27:    scanf("%c,%d",&ch,&j);
28:    tree->tnode[i].data = ch;
```

```
29:     tree->tnode[i].parent = j;
30:   }
31:   tree->tnode[0].parent = -1;
32:}
33:
34:void FindParent(Ptree * tree)
35:{
36:   int i;
37:   printf("请输入要查询的结点的序号\n");
38:   scanf("%d",&i);
39:   printf("%c 的父亲结点 %d\n",tree->tnode[i].data,tree->tnode[i].parent);
40:}
41:
42:int main()
43:{
44:   Ptree tree;
45:   int i,n;
46:   InitPNode(&tree);
47:   printf("请输入要查询的次数\n");
48:   scanf("%d",&n);
49:   for(i=0;i<n;i++)                          //测试
50:     FindParent(&tree);
51:   return 0;
52:}
```

2. 孩子表示法

由于树中每个结点可能有多棵子树，则可用多重链表，即每个结点有多个指针域，其中，每个指针指向一棵子树的根结点。

把每个结点的孩子结点排列起来，以单链表作存储结构，则 n 个结点有 n 个孩子链表，如果是叶子结点则此单链表为空。然后 n 个头指针又组成一个线性表，采用顺序存储结构，存放进一个一维数组中，如图 6-12 所示。为此，设计两种结点结构，一种是孩子链表的孩子结点，另一种是表头数组的表头结点。

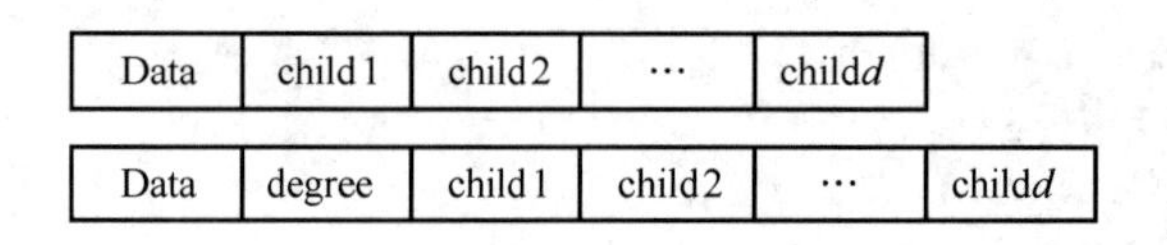

图 6-12　孩子表示法多重链表结点示意

另一种表示方法是把每个结点的孩子结点排列起来，看成一个线性表，且以单链表作为存储结构，则 n 个结点有 n 个孩子链表（叶结点的孩子链表为空表）。而 n 个头指针又组成一个线性表。若采用顺序存储，则其数据结构如下：

```
typedef struct C TNode                    //孩子结点
{
  int child;
  struct C TNode *next;
}ChildPtr;
typedef struct                            //表头结构
{
  int data;
  ChildPtr firstchild;                    //孩子链表头指针
}CTBox;
typedef struct                            //树结构
{
  CTBox nodes[MAXSIZE];
  int r,n;                                //结点数和根的位置
}CTree;
```

这样的结构中要查找某个结点的某个孩子,或者找某个结点的兄弟,只需要查找这个结点的孩子单链表即可。对于遍历整棵树也很方便,对头结点的数组循环即可。但查找某一个结点的双亲有点麻烦,因此可以在表头结构里面增加一个双亲域,表头结点调整为如下形式:

```
typedef struct                            /*表头结构*/
{
  int data;
  int parent;
  ChildPtr firstchild;
}CTBox;
```

两种孩子链表表示的对比情况如图 6-13 所示。

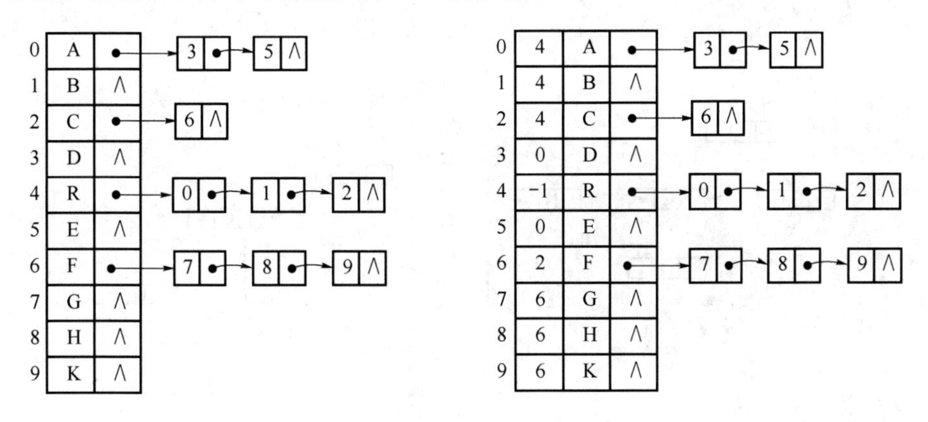

图 6-13　孩子链表表示示意图

3. 孩子兄弟表示法

树的孩子兄弟表示法又称二叉树表示法,即以二叉链表作为树的存储结构。任意一棵树,它的结点的第一个孩子如果存在就是唯一的,它的右兄弟如果存在也是唯一的。因此,我们设置两个指针,分别指向该结点的第一个孩子和此结点的右兄弟:

```
typedef struct CSNode
{
  int data;
  struct CSNode * firstchild, * rightbro;
}CSNode;
```

这样的表示方法最大的好处是它把一棵复杂的树变成了一棵二叉树。利用这种存储结构便于实现各种树的操作，如图 6-14 所示。

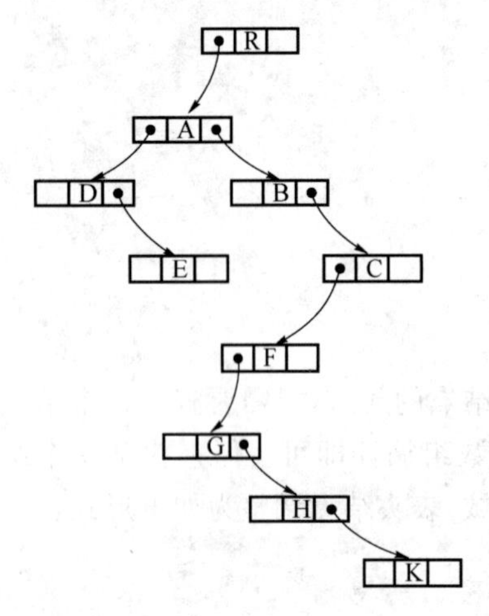

图 6-14　图 6-11 的孩子兄弟表示法

6.4.2　森林与二叉树的转换

由于二叉树和树都可以用二叉链表作为存储结构，则以二叉链表作为媒介可以导出树与二叉树之间的一个对应关系。换句话说，对于任意一棵树，可以找到唯一的一棵二叉树与之对应。从物理结构来看，它们的二叉链表是相同的，只是解释不同而已。图 6-15 直观地展示了树与二叉树的对应关系。

对于任何一棵树，其对应的二叉树，右子树必为空。若把森林中的第二棵树的根看成是第一棵树的根结点的兄弟，则同样可导出森林和二叉树的对应关系，如图 6-16 所示。

这个一一对应的关系导致森林或树与二叉树可以相互转换，其形式定义如下。

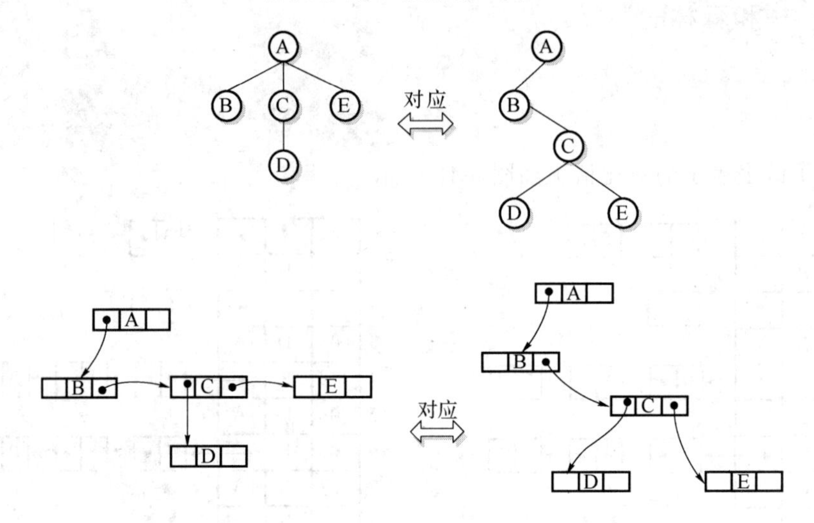

图 6-15　树与二叉树的对应关系

1. 森林转换成二叉树

如果 $F=\{T_1,T_2,\cdots,T_m\}$是森林，则可按如下规定转换成一棵二叉树 $B=(\text{root},\text{LB},\text{RB})$。

(1) 若 F 为空，即 $m=0$，则 B 为空树。

(2) 若 F 非空，即 $m\neq0$，则 B 的根 root 即为森林中第一棵树的根 $\text{Root}(T_1)$；B 的左子树 LB 是从 T_1 中根结点的子树森林 $F'=\{T_{11},T_{12},\cdots,T_{1m}\}$转换而成的二叉树；其右子树 RB 是从森林 $F'=\{T_2,T_3,\cdots,T_m\}$转换而成的二叉树。

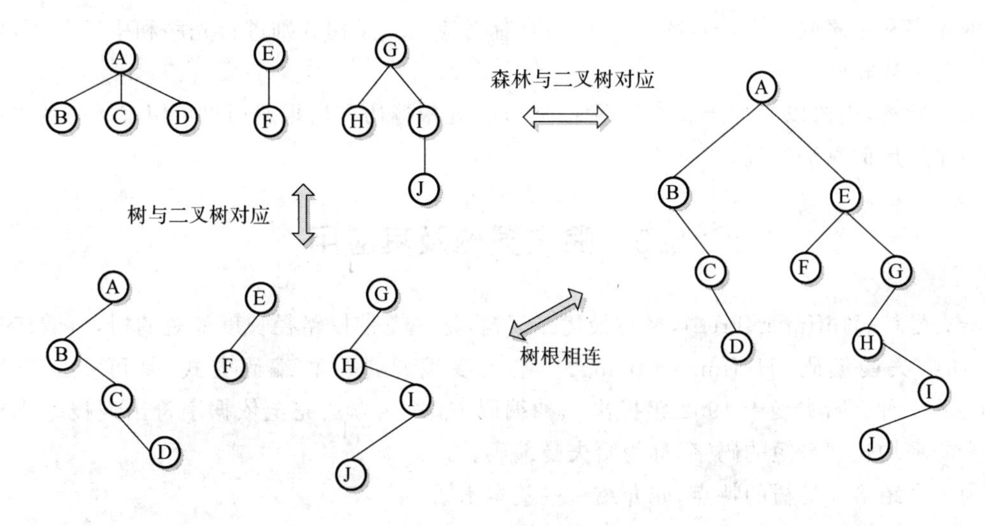

图 6-16 森林与二叉树的对应关系示例

2. 二叉树转换成森林

如果 $B=(\text{root},\text{LB},\text{RB})$ 是一棵二叉树，则可按如下规定转换成森林 $F=\{T_1,T_2,\cdots,T_m\}$。

(1) 若 B 为空，则 F 为空。

(2) 若 B 非空，则 F 中第一棵树 T_1 的根 $\text{Root}(T_1)$ 即为二叉树 B 的根 root；T_1 中根结点的子树森林 F_1 是由 B 的左子树 LB 转换而成的森林；F 中除 T_1 之外其余树组成的森林 $F'=\{T_2,T_3,\cdots,T_m\}$ 是由 B 的右子树 RB 转换而成的森林。

6.4.3 树和森林的遍历

对于树结构的次序遍历有两种方法：一种是先根遍历树，即先访问树的根结点，然后依次先根遍历根的每棵子树；另一种是后根遍历，即先依次后根遍历每棵子树，然后访问根结点。例如，对图 6-15 所示的树进行先根遍历和后根遍历所得序列依次为 ABCDE 和 BDCEA。

按照森林和树的相互递归定义，可以推出森林的两种遍历方法。

1. 先序遍历森林

对于非空森林，可按下述规则遍历：

(1) 访问森林中第一棵树的根结点；

(2) 先序遍历第一棵树中根结点的子树森林；

(3) 先序遍历除第一棵树之外剩余的树构成的森林。

2. 中序遍历森林

对于非空森林，可按下述规则遍历：

(1) 中序遍历森林中第一棵树的根结点的子树森林；

(2) 访问第一棵树的根结点；

(3) 中序遍历除第一棵树之外剩余的树构成的森林。

对于图 6-16 中的森林进行先序遍历和中序遍历，则分别得到森林的先序序列为 ABCDEFGHIJ，中序序列为 BCDAFEHJIG。

由森林与二叉树之间转换的规则可以推出，当森林转换为二叉树时，其第一棵树的子树森林转换成左子树，剩余树的森林转换成右子树，则上述森林的先序和中序遍历即为其对应的二叉树的先序和中序遍历。若对图 6-16 中与森林对应的二叉树分别进行先序和中序遍历，所得的序列与上述相同。

综上所述，当树以二叉链表作为存储结构时，先根遍历和后根遍历可借用二叉树的先序遍历和中序遍历的算法实现。

6.5 哈夫曼树及其应用

哈夫曼树(Huffman Tree)，又称最优二叉树，是一类带权路径长度最短的树，有着广泛的应用，如哈夫曼编码(Huffman Coding)。哈夫曼编码是一种编码方式，是可变字长编码(VLC)的一种。哈夫曼于 1952 年提出一种编码方法，该方法完全依据字符出现概率来构造异字头的平均长度最短的码字，称为哈夫曼编码。

为了介绍哈夫曼树的特点，先介绍一些基本术语。

1. 路径和路径长度

在一棵树中，从一个结点往下可以达到的孩子或子孙结点之间的通路，称为路径。通路中分支的数目称为路径长度。若规定根结点的层数为 1，则从根结点到第 L 层结点的路径长度为 $L-1$。

2. 结点的权及带权路径长度

若将树中结点赋给一个有着某种含义的数值，则这个数值称为该结点的权。结点的带权路径长度为：从根结点到该结点之间的路径长度与该结点的权的乘积。

3. 树的带权路径长度

树的带权路径长度规定为所有叶子结点的带权路径长度之和，记为 WPL。

$$\mathrm{WPL}=\sum_{k=1}^{n} w_k l_k$$

假设有 n 个权值 $\{w_1, w_2, \cdots, w_n\}$，试构造一棵有 n 个叶子结点的二叉树，若带权路径长度 WPL 达到最小，称这样的二叉树为哈夫曼树。哈夫曼树是带权路径长度最短的树，权值较大的结点离根较近。

图 6-17 中的 3 棵二叉树都有 4 个叶子结点 a、b、c、d，分别带权 7、5、2、4，它们的带权路径长度分别为：

(a) WPL$=7\times2+5\times2+2\times2+4\times2=36$；

(b) WPL$=7\times3+5\times3+2\times1+4\times2=46$；

(c) WPL$=7\times1+5\times2+2\times3+4\times3=35$。

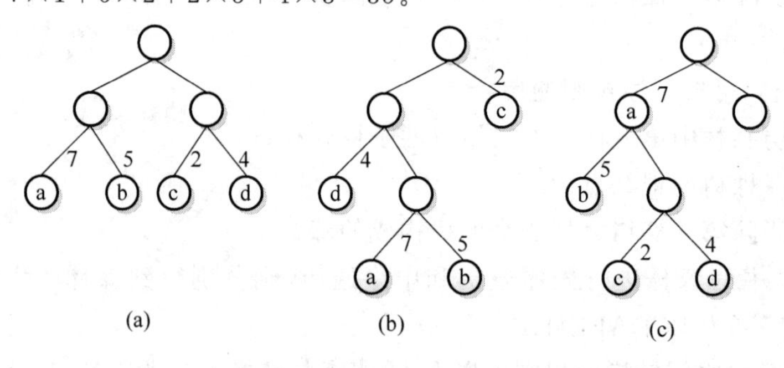

图 6-17 具有不同带权路径长度的二叉树

其中,以 6-17(c)所示树最小。可以验证,它恰好为哈夫曼树,即其带权路径长度在所有带权为 7、5、2、4 的 4 个叶子结点的二叉树中最小。

在解决某些判定问题时,利用哈夫曼树可以得到最佳判定算法。例如,要编制一个将百分制转换成五级分制的程序。显然,此程序很简单,只要利用条件语句便可完成。

```
if(a<60) b = "bad";
else if(a<70) b = "pass";
  else if(a<80) b = "general";
    else if(a<90) b = "good";
      else b = "execellent";
```

这个判定过程可用图 6-18(a)所示的判定树来表示。如果上述程序反复使用,并且每次的输入量很大,就应该考虑上述程序的质量问题,即其操作所需时间。通常,在实际生活中,学生的成绩在 5 个等级上的分布是不均匀的。假设其分布规律如表 6-1 所示。

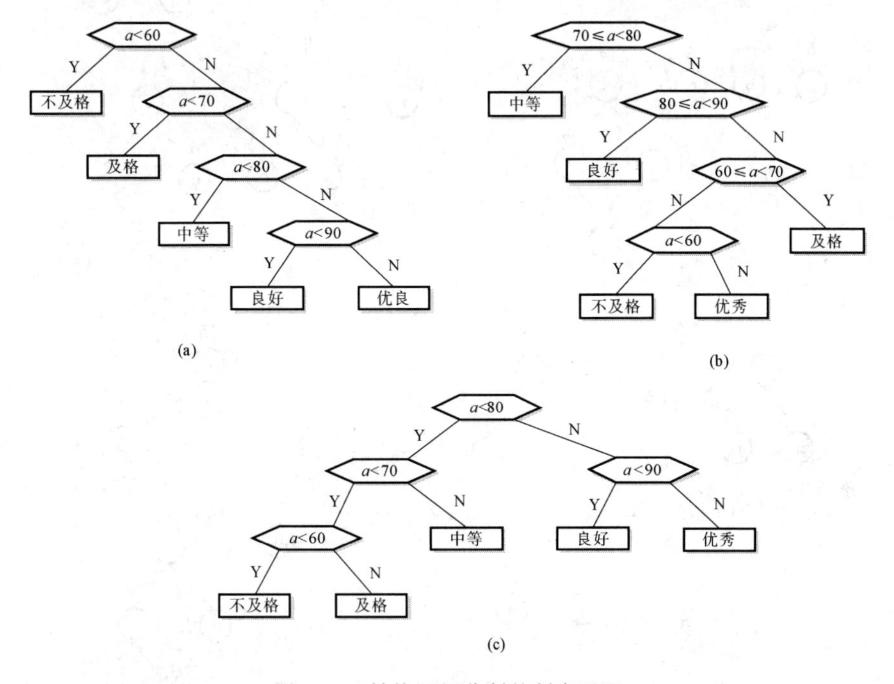

图 6-18 转换五级分制的判定过程

表 6-1 学生成绩分布

分数	0～59	60～69	70～79	80～89	90～100
比例数	0.05	0.15	0.40	0.30	0.10

那么 80%以上的数据需进行 3 次或 3 次以上的比较才能得出结果。假定以 5、15、40、30 和 10 为权构造一棵有 5 个叶子结点的哈夫曼树,则可以得到如图 6-18(b)所示的判定过程,它可使大部分的数据经过较少的比较数得出结果。但由于每个判定框都有两次比较,将这两次比较分开,得到如图 6-18(c)所示的判定树。假设总共有 10 000 个输入数据,若按图 6-18(a)的判定过程进行操作,则总共需要进行 31 500 次比较,而若按图 6-18(c)的判定过程进行操作,则总共仅需进行 22 000 次比较。

下面来介绍如何构造哈夫曼树。

假设有 n 个权值,则构造出的哈夫曼树有 n 个叶子结点。n 个权值分别设为 $w_1, w_2, \cdots, w_n$,则哈夫曼树的构造规则为:

(1) 将 $w_1, w_2, \cdots, w_n$ 看成是有 n 棵树的森林(每棵树仅有一个结点);

(2) 在森林中选出两个根结点的权值最小的树合并,作为一棵新树的左、右子树,且新树的根结点权值为其左、右子树根结点权值之和;

(3) 从森林中删除选取的两棵树,并将新树加入森林;

(4) 重复(2)和(3),直到森林中只剩一棵树为止,该树即为所求的哈夫曼树。操作过程如图 6-19 所示。

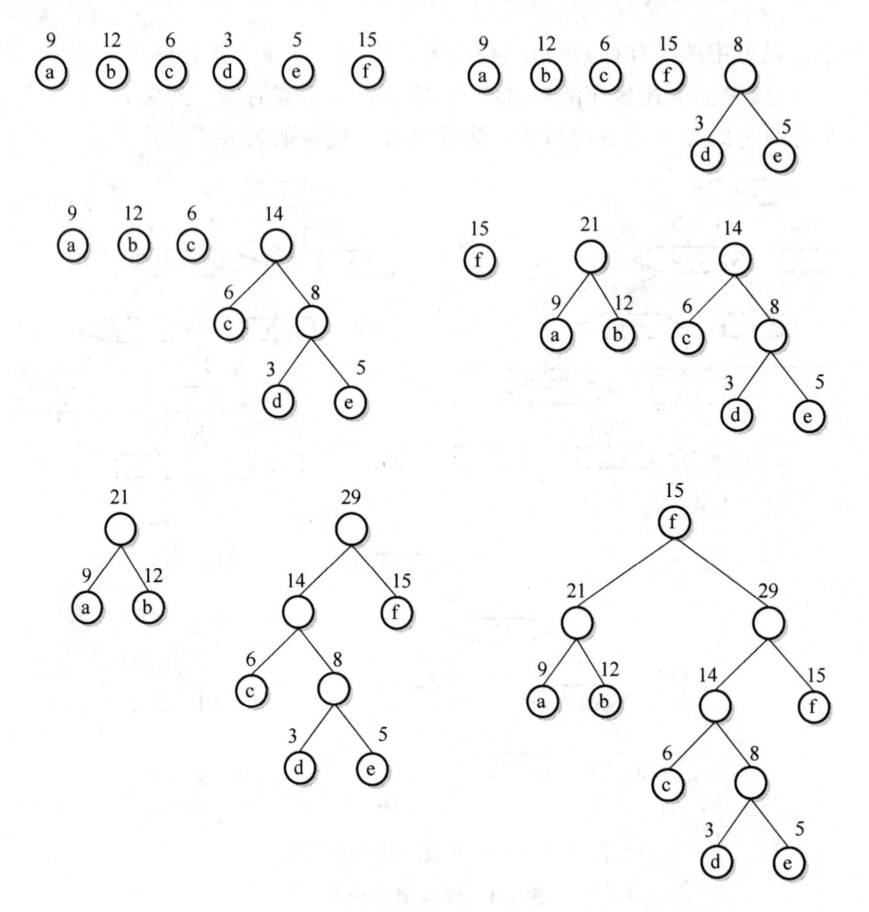

图 6-19 哈夫曼树的建立过程图解

第7章　图

图是一种较线性表和树更为复杂的数据结构。在线性表中,数据元素之间仅有线性关系,每个数据元素只有一个直接前驱和一个直接后继;在树形结构中,数据元素之间有着明显的层次关系,并且每一层上的数据元素可能和下一层中多个元素(即孩子结点)相关,但只能和上一层中一个元素(即双亲结点)相关;而在图形结构中,结点之间的关系可以是任意的,图中任意两个数据元素之间都可能相关。因此,图的应用极为广泛。

7.1　图的定义和术语

7.1.1　图的抽象数据类型定义

图的抽象数据类型定义如下:

```
ADT Graph{
数据对象:顶点的有穷非空集合和边的集合。
基本操作:
LocateVex(G,u)
初始条件:图G存在,u和G中顶点有相同特征。
操作结果:若G中存在顶点u,则返回该顶点在图中的位置;否则返回-1。
CreateGraph(&G,V,VR)
初始条件:V是图的顶点集,VR是图中弧(边)的集合。
操作结果:按V和VR的定义构造图G。
GetVex(G,v)
初始条件:图G存在,v是G中某个顶点。
操作结果:返回v的值。
PutVex(&G,v,value)
初始条件:图G存在,v是G中某个顶点。
操作结果:对v赋值value。
FirstAdjVex(G,v)
初始条件:图G存在,v是G中某个顶点。
操作结果:返回v的第一个邻接点。若该顶点在G中没有邻接点,则返回"空"。
NextAdjVex(G,v,w)
初始条件:图G存在,v是G中某个顶点,w是v的邻接点。
操作结果:返回v的(相对于w的)下一个邻接点。若w是v的最后一个邻接点,则返回"空"。
InsertVex(&G,v)
初始条件:图G存在,v和图中顶点有相同特征。
```

操作结果：在图G中增添新顶点v。

InsertArc(&G,v,w)

初始条件：图G存在，v和w是G中两个顶点。

操作结果：在G中增添弧<v,w>，若G是无向的，则还增添对称弧<w,v>。

DeleteArc(&G,v,w)

初始条件：图G存在，v和w是G中两个顶点。

操作结果：在G中删除弧<v,w>，若G是无向的，则还删除对称弧<w,v>。

DeleteVex(&G,v)

初始条件：图G存在，v是G中某个顶点。

操作结果：删除G中顶点v及其相关的弧。

DFSTraverse(G,v,visit())

初始条件：图G存在，v是G中某个顶点，visit()是针对顶点的应用函数。

操作结果：从顶点v起深度优先遍历图G，并对每个顶点调用函数visit一次且仅一次。一旦visit()失败，则操作失败。

BFSTraverse(G,v,visit())

初始条件：图G存在，v是G中某个顶点，visit是针对顶点的应用函数。

操作结果：从顶点v起广度优先遍历图G，并对每个顶点调用函数visit一次且仅一次。一旦visit()失败，则操作失败。

PrintGraph(G)

初始条件：图G存在。

操作结果：按照某种方式输出图G中的顶点和边的信息。

DestroyGraph(&G)

初始条件：图G存在。

操作结果：销毁图G。

} ADT Graph

7.1.2 图的定义

图是由顶点的有穷非空集合 $V(G)$ 及描述顶点之间的关系即边(或弧)的集合 $E(G)$ 组成的，通常记作 $G=(V,E)$。其中，G 表示一个图，V 是图 G 中顶点的集合，E 是图 G 中边的集合，即

$$V=\{v_i \mid v_i \in \text{VertexType}\}$$

$$E=\{(v_i, v_j) \mid v_i, v_j \in V\} \text{ 或 } E=\{< v_i, v_j > \mid v_i, v_j \in V\}$$

其中，VertexType 为顶点值的类型，代表任意类型。(v_i, v_j) 表示从顶点 v_i 到 v_j 的一条双向通路，即 (v_i, v_j) 没有方向，通常称之为无向边；$<v_i, v_j>$ 表示从顶点 v_i 到 v_j 的一条单向通路，即 $<v_i, v_j>$ 是有方向的，v_i 称为弧尾，v_j 称为弧头。

注意：边集 $E(G)$ 可以为空，当边集为空时，图 G 中的顶点均为孤立顶点。

对于一个图 G，若边集 $E(G)$ 中为有向边，则称此图为有向图；若边集 $E(G)$ 中为无向边，则称此图为无向图。如图 7-1 所示，G_1 和 G_2 分别为一个无向图和一个有向图，其对应的顶点集和边集分别如下所示：

$V(G_1)=\{0,1,2,3,4,5\}$

$E(G_1)=\{(0,1),(0,2),(0,3),(0,4),(1,4),(2,4),(2,5),(3,5),(4,5)\}$

$V(G_2)=\{0,1,2,3,4\}$

$E(G_2)=\{<0,1>,<0,2>,<1,2>,<1,4>,<2,1>,<2,3>,<4,3>\}$

若用 G_2 顶点的值表示其顶点集和边集，则如下所示：

$V(G_2)=\{v_0,v_1,v_2,v_3,v_4\}$

$E(G_2)=\{<v_0,v_1>,<v_0,v_2>,<v_1,v_2>,<v_1,v_4>,<v_2,v_1>,<v_2,v_3>,<v_4,v_3>\}$

7.1.3　图的基本术语

1. 简单图

在图中，若不存在顶点到其自身的边，且同一条边不重复出现，则称这样的图为简单图。图 7-2 所示的两个图都不是简单图。本章讨论的图均为简单图。

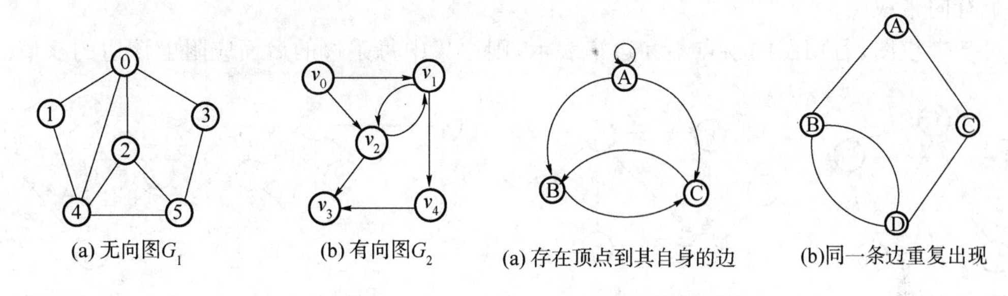

图 7-1　有向图和无向图

图 7-2　非简单图

2. 端点和邻接点

在一个无向图中，若存在一条边(v_i,v_j)，则称 v_i 和 v_j 为此边的两个端点，并称它们互为邻接点，即 v_i 是 v_j 的一个邻接点，v_j 也是 v_i 的一个邻接点，同时称边(v_i,v_j)依附于顶点 v_i 和 v_j。例如，图 7-1(a)中，顶点 0 和顶点 1 是两个端点，它们互为邻接点。

3. 起点和终点

在一个有向图中，若存在一条边$<v_i,v_j>$，则称此边是顶点 v_i 的一条出边，顶点 v_j 的一条入边；称 v_i 为此边的起始端点，简称起点或始点，v_j 为此边的终止端点，简称终点；称 v_i 和 v_j 互为邻接点，并称 v_j 是 v_i 的出边邻接点，v_i 是 v_j 的入边邻接点。

4. 顶点的度

无向图中顶点 v 的度为以该顶点为一个端点的边的数目，简单地说，就是该顶点的边的数目，记为 $D(v)$。有向图中顶点 v 的度有入度和出度之分，入度是该顶点的入边的数目，记为 $\mathrm{ID}(v)$；出度是该顶点的出边的数目，记为 $\mathrm{OD}(v)$；顶点 v 的度等于它的入度和出度之和，即 $D(v)=\mathrm{ID}(v)+\mathrm{OD}(v)$。

若一个图中有 n 个顶点和 e 条边，则该图所有顶点的度数之和与边数 e 满足下面的关系：

$$e=\frac{1}{2}\sum_{i=0}^{n-1}D(v_i)$$

因为每条边各为两个端点增加度数 1，合起来为图中增加度数 2，所以全部顶点的度数之和为所有边数的 2 倍，或者说，边数为全部顶点的度数之和的一半。

5. 完全图、稠密图、稀疏图

若无向图中的每两个顶点之间都存在一条边，有向图中的每两个顶点之间都存在方向相反的两条边，则称此图为完全图。显然，若完全图是无向的，则图中包含 $n(n-1)/2$ 条边，它等

于从 n 个元素中每次取出 2 个元素的所有组合数；若完全图是有向的，则图中包含 $n(n-1)$ 条边，即每个顶点到其余 $n-1$ 个顶点之间都有一条出边。当一个图接近完全图时，则称它为稠密图；反之，当一个图含有较少的边数（即 $e \ll n(n-1)$，此边数通常与顶点数 n 同数量级）时，则称它为稀疏图。图 7-3 所示 G_3 就是一个含有 5 个顶点的无向完全图，G_4 就是一个含有 6 个顶点的有向稀疏图。当然，稀疏图和稠密图都是模糊的概念，因为稀疏和稠密常常是相对而言的。

6. 权和网

在一个图中，每条边可以标上具有某种含义的数值，通常为非负实数，此数值称为该边的权。权可以表示实际问题中从一个结点到另一个结点的距离、花费的代价、所需的时间等。边上带有权的图称作带权图，也常常称作网。图 7-4 所示的 G_5 和 G_6 就分别是一个无向带权图和一个有向带权图。

对于带权图，若用图的顶点集和边集表示，则边集中每条边的后面应附上该边的权值。

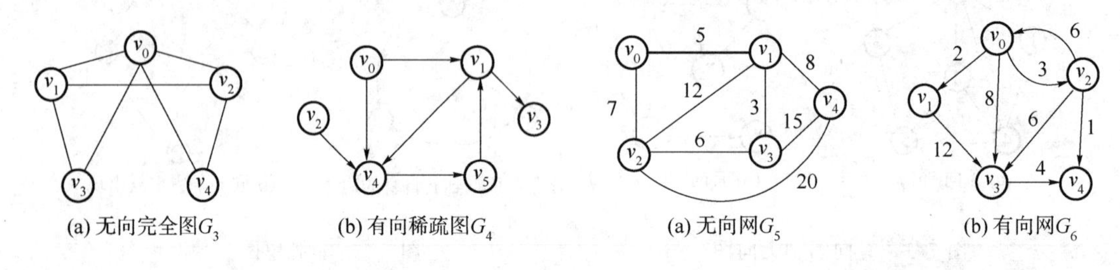

(a) 无向完全图G_3
(b) 有向稀疏图G_4
(a) 无向网G_5
(b) 有向网G_6

图 7-3　完全图和稀疏图　　　　图 7-4　无向网和有向网

7. 子图

设有两个图 $G=(V,E)$ 和 $G'=(V',E')$，若 V' 是 V 的子集，即 $V' \subset V$，且 E' 是 E 的子集，即 $E' \subset E$，并且 E' 中所涉及的顶点全部包含在 V' 中，则称 G' 是 G 的子图。例如，由 G_3 中的全部顶点和与 v_0 相连的所有边可构成 G_3 的一个子图，由 G_3 中的顶点 v_0、v_1、v_2 和它们之间的所有边可构成 G_3 的另一个子图。

8. 路径和回路

在一个图 G 中，从顶点 v_p 到顶点 v_q 的一条路径是一个顶点序列 $v_{i0}, v_{i1}, \cdots, v_{im}$，其中 $v_p = v_{i0}$，$v_q = v_{im}$，若此图是无向图，则 $(v_{i(j-1)}, v_{ij}) \in E(G)(1 \leqslant j \leqslant m)$；若此图是有向图，则 $< v_{i(j-1)}, v_{ij} > \in E(G)(1 \leqslant j \leqslant m)$。从顶点 v_p 到顶点 v_q 的路径长度是指该路径上经过的边的数目。在图中路径可能不唯一，回路也可能不唯一，因为某个顶点可能有多个邻接点。

若在一条路径上的所有顶点均不同，则称为简单路径；若一条路径上的前后两个端点相同，则称为回路或环；若回路中除前后两个端点相同外，其余顶点均不同，则称为简单回路或简单环。

9. 连通和连通分量

在无向图 G 中，若从顶点 v_i 到顶点 v_j 有路径，则称 v_i 到 v_j 是连通的。若图 G 中任两个顶点都连通，则称 G 为连通图，否则若存在顶点之间不连通的情况则称为非连通图。无向图 G 的极大连通子图称为 G 的连通分量。显然，任何连通图都可以通过一个连通分量把所有顶点连通起来，而非连通图则有多个连通分量。图 7-5(a)所示为一个非连通图，它包含两个连通分量（如图 7-5(b)所示），图 7-5(c)是它的非连通分量。

注意：①连通分量是子图；②子图是连通的；③连通子图含有极大顶点数；④具有极大顶点数的连通子图包含依附于这些顶点的所有边。

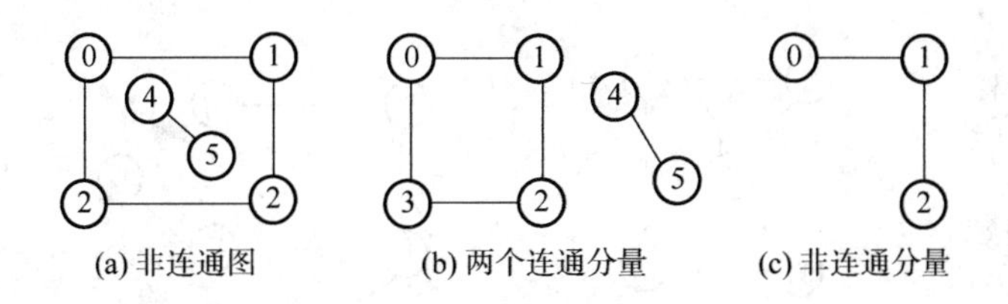

图 7-5 无向图和连通分量

因此，连通分量中极大的含义是指包括所有连通的顶点以及和这些顶点相关联的所有边。

10. 强连通图和强连通分量

在有向图 G 中，从顶点 v_i 到顶点 v_j 有路径，称从 v_i 到 v_j 是连通的。若图 G 中的任意两个顶点 v_i 和 v_j 都连通，即从 v_i 到 v_j 和从 v_j 到 v_i 都存在路径，则称 G 是强连通图。有向图 G 的极大强连通子图称为 G 的强连通分量。显然，强连通图可以通过一个强连通分量把所有顶点连通起来，非强连通图有多个强连通分量。图 7-6 给出了强连通分量的例子。

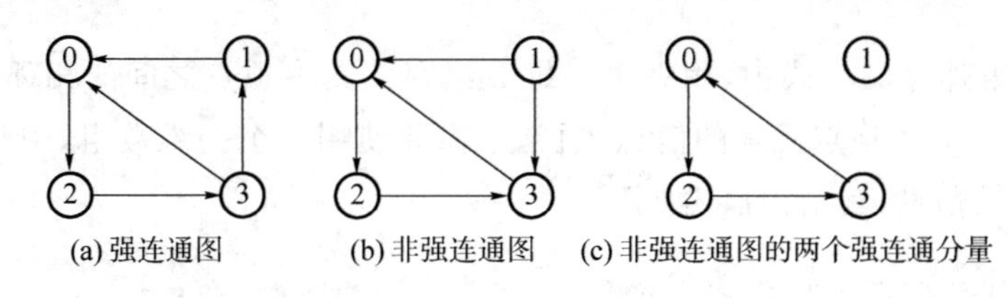

图 7-6 有向图和强连通分量

7.2 图的存储结构

图的存储结构比较复杂，其复杂性主要表现在：①任意顶点之间可能存在联系，无法以数据元素在存储区中的物理位置来表示元素之间的关系；②图中顶点的度不一样，有的可能相差很大，若按度数最大的顶点设计结构，则会浪费很多存储单元，反之按每个顶点自己的度设计不同的结构，又会影响操作。

图常用的存储结构有邻接矩阵、邻接表、十字邻接表和邻接多重表。

7.2.1 邻接矩阵

邻接矩阵是表示图中结点间关系的矩阵。设图 G 中有 n 个结点，顶点序号依次为 0，1，2，…，$n-1$，若 G 是图，则其邻接矩阵是具有如下定义的 n 阶方阵：

$$A[i,j]=\begin{cases}1 & 若(v_i,v_j)或<v_i,v_j>\in E(G)\\0 & 其他情况\end{cases}$$

若 G 是网，则其邻接矩阵可定义为：

$$A[i,j]=\begin{cases}w_{ij} & 若(v_i,v_j)或<v_i,v_j>\in E(G)\\\infty & 其他情况\end{cases}$$

其中，w_{ij} 表示边 (v_i,v_j) 或弧 $<v_i,v_j>$ 上的权值；∞ 表示每个计算机允许的、大于所有边上权值的数。对于图 7-1 和图 7-4 中给出的 G_1、G_2、G_5 和 G_6，它们的邻接矩阵分别如图 7-7 和图 7-8所示。

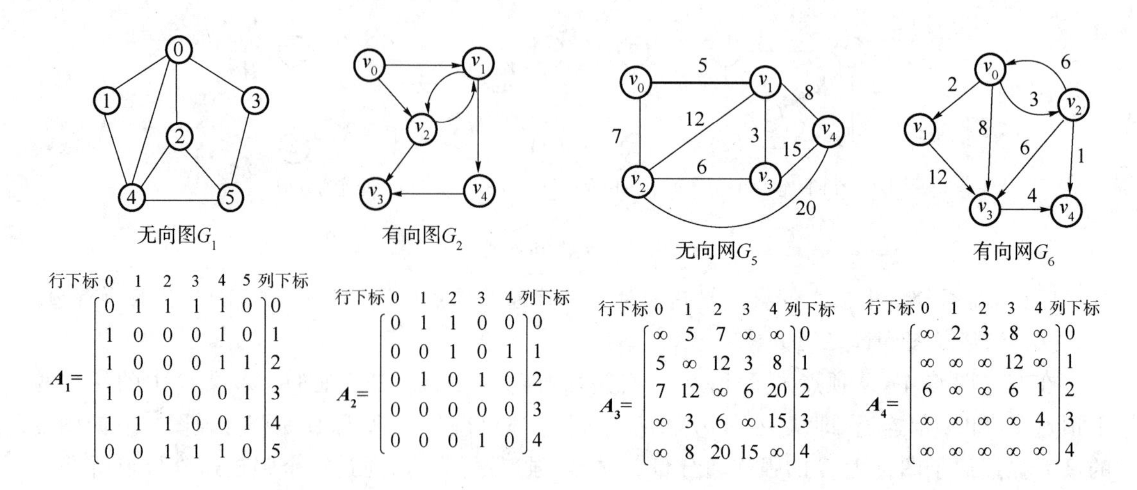

$$A_1=\begin{bmatrix}0&1&1&1&1&0\\1&0&0&0&1&0\\1&0&0&0&1&1\\1&0&0&0&0&1\\1&1&1&0&0&1\\0&0&1&1&1&0\end{bmatrix}\begin{matrix}0\\1\\2\\3\\4\\5\end{matrix}\qquad A_2=\begin{bmatrix}0&1&1&0&0\\0&0&1&0&1\\0&1&0&1&0\\0&0&0&0&0\\0&0&0&1&0\end{bmatrix}\begin{matrix}0\\1\\2\\3\\4\end{matrix}$$

图 7-7　无向图 G_1 和有向图 G_2 的邻接矩阵

$$A_3=\begin{bmatrix}\infty&5&7&\infty&\infty\\5&\infty&12&3&8\\7&12&\infty&6&20\\\infty&3&6&\infty&15\\\infty&8&20&15&\infty\end{bmatrix}\begin{matrix}0\\1\\2\\3\\4\end{matrix}\qquad A_4=\begin{bmatrix}\infty&2&3&8&\infty\\\infty&\infty&\infty&12&\infty\\6&\infty&\infty&6&1\\\infty&\infty&\infty&\infty&4\\\infty&\infty&\infty&\infty&\infty\end{bmatrix}\begin{matrix}0\\1\\2\\3\\4\end{matrix}$$

图 7-8　无向网 G_5 和有向网 G_6 的邻接矩阵

在图的邻接矩阵存储方式中，用一个二维数组存储图中顶点之间的相邻关系（即边的信息）。为了存储图中 n 个顶点元素的信息，通常还需要使用一个一维数组，用数组下标为 i 的元素存储顶点 v_i 的信息，其结构描述如下：

```
01:#define MAX_VALUE -1                              //代替∞的权值最大值
02:#define MAX_VERTEX_NUM 100                        //最大顶点个数
03:#define MAX_NAME 9                                //顶点名称的字符串的最大长度+1
04:#define MAX_INFO 20                               //弧(边)相关信息字符串最大长度+1
05:typedef char * InfoType;                          //弧(边)的相关信息类型
06:typedef int VRType;                               //定义顶点关系类型为整型
07:typedef struct
08:{
09:   char name[MAX_NAME];
10:}VertexType;                                      //顶点信息类型
11:typedef struct
12:{                                                 //边(弧)信息结构
13:   VRType adj;                                    //顶点间关系
14:   InfoType info;                                 // 该弧(边)相关信息的指针
15:}ArcCell,AdjMatrix[MAX_VERTEX_NUM][MAX_VERTEX_NUM];
16:typedef struct
17:{
18:   VertexType vexs[MAX_VERTEX_NUM];               //顶点向量
19:   AdjMatrix arcs;                                //邻接矩阵(二维数组)
20:   int vexnum,arcnum;                             //图的当前顶点数和弧(边)数
21:   int kind;                                      //图的种类标志
22:}MGraph;                                          //图的结构
```

【说明】在上述图的结构描述中，顶点间关系类型 VRType 具体取值为：对无权图，用 1（是）或 0（否）表示相邻与否；对带权图，则为其边上的权值。弧（边）的相关信息类型 InfoType

和顶点信息类型 VertexType 在具体实现中可以根据需要修改或添加其他有关的信息。图的种类标志为:0 表示有向图,1 表示有向网,2 表示无向图,3 表示无向网。

邻接矩阵的操作特点如下。

第一,便于查找图中任一条边或边上的权。如要查找边(v_i,v_j)或$<v_i,v_j>$,则只要查找邻接矩阵中第 i 行第 j 列的元素 $A[i,j]$并判断其是否为一个有效值(即非零值和非 MAX_VALUE 值)。邻接矩阵中的元素可以随机存取,所以查找一条边的时间复杂度为 $O(1)$。

第二,便于查找图中任一顶点的度。对于无向图,顶点 v_i 的度就是对应第 i 行或第 i 列上有效元素的个数;对于有向图,顶点 v_i 的出度就是对应第 i 行上有效元素的个数,顶点 v_i 的入度就是对应第 i 列上有效元素的个数。由于求任一顶点的度需访问对应一行或一列中的所有元素,所以其时间复杂度为 $O(n)$,n 表示图中的顶点数。

第三,便于查找图中任一顶点的一个邻接点或所有邻接点。如查找 v_i 的一个邻接点(对于无向图)或出边邻接点(对于有向图),则只要在第 i 行上查找出一个有效元素,以该元素所在的列号 j 为序号的顶点 v_j 就是所求的一个邻接点或出边邻接点。一般算法要求是依次查找出一个顶点 v_i 的所有邻接点,此时需访问对应第 i 行或第 i 列上的所有元素,所以其时间复杂度为 $O(n)$。

一般来说,图的邻接矩阵所占的空间与边数无关(不考虑压缩存储),但与顶点有关。n 个顶点的图,其邻接矩阵的存储需要占用 $n\times n$ 个整数存储位置(因顶点的序号为整数),所以其空间复杂度为 $O(n^2)$。这种存储结构用于表示稠密图能够充分利用存储空间,但若用于表示稀疏图,则将使邻接矩阵变为稀疏矩阵,从而造成存储空间的很大浪费。邻接矩阵存储结构下图的基本操作如下。

(1) 查找顶点

```
01:int LocateVex_M(MGraph * G,VertexType u)
02:{
03:    int i;
04:    for(i = 0;i<G->vexnum; ++i)
05:       if(strcmp(u.name,G->vexs[i].name) == 0)
06:          return i;
07:    return -1;
08:}// LocateVex_M
```

(2) 创建图

```
01:int IncInfo;                        //IncInfo 为 0,则弧不含相关信息
02:int CreateGraph_M(MGraph * G)
03:{
04:    int i,j,k,kind;
05:    VertexType v1,v2;
06:    VRType  w;
07:    printf("请输入图 G 的类型(有向图:0,有向网:1,无向图:2,无向网:3):");
08:    scanf("%d",&kind);
09:    G->kind = kind;
```

```
10:     printf("请输入图G的顶点数,弧(边)数,弧(边)是否含相关信息(是:1 否:0)");
11:     scanf("%d%d%d",&(G->vexnum) ,&(G->arcnum),& IncInfo);
12:     printf("请输入%d个顶点的值\n", G->vexnum);
13:     for(i=0;i<G->vexnum; ++i)
14:       scanf("%s",G->vexs[i].name);
15:     for(i=0;i<G->vexnum; ++i)
16:       for(j=0;j<G->vexnum; ++j)
17:       {
18:         if(!(G->kind%2))
19:             G->arcs[i][j].adj=0;
20:         else
21:             G->arcs[i][j].adj=MAX_VALUE;
22:         G->arcs[i][j].info=NULL;
23:     }
24:   for(k=0;k<G->arcnum; ++k)
25:   {
26:       printf("请输入第%d条弧(边)的弧尾(顶点1)和弧头(顶点2):", k+1);
27:       scanf("%s%s",v1.name,v2.name);
28:       i=LocateVex_M(G,v1);
29:       j=LocateVex_M(G,v2);
30:       if(i<0 || j<0)
31:       {
32:           printf("输入的顶点1或顶点2不存在! \n");
33:           return  -1;
34:       }
35:       if(!(G->kind%2))  G->arcs[i][j].adj=1;
36:       else
37:       {
38:           printf("请输入权值:");
39:           scanf("%d",&w); G->arcs[i][j].adj=w;
40:       }
41:       if(IncInfo)
42:       {
43:           printf("请输入该弧(边)的相关信息");
44:         G->arcs[i][j].info=(char*)malloc((MAX_INFO)*sizeof(char));
45:           scanf("%s",G->arcs[i][j].info);
46:       }
47:       if(G->kind>1)
48:           G->arcs[j][i]=G->arcs[i][j];
49:   }
50:}// CreateGraph_M
```

(3) 取顶点值

```
01:VertexType GetVex_M(MGraph G,int v)
02:{
03:    if(v> = G.vexnum || v<0)
04:      exit(1);
05:    return G.vexs[v];
06:}// GetVex_M
```

(4) 存顶点值

```
01:int PutVex_M(MGraph *G,VertexType v,VertexType value)
02:{
03:  int k = LocateVex_M(G,v);
04:  if(k == -1)
05:  {
06:       printf("不存在顶点 %s! \n", v.name );
07:       return -1;
08:  }
09:  G->vexs[k] = value;
10:  return 1;
11:}// PutVex_M
```

(5) 取第一个邻接点

```
01:int FirstAdjVex_M(MGraph G,int v)
02:{
03:  int i;
04:  VRType j = 0;
05:  if(G.kind % 2)
06:    j = MAX_VALUE;
07:  for(i = 0;i<G.vexnum;i++)
08:    if(G.arcs[v][i].adj! = j)
09:    {
10:        printf("第一个邻接点为:%s",G.vexs[i].name);
11:        return 1;
12:    }
13:  return -1;
14:}// FirstAdjVex_M
```

(6) 取下一个邻接点

```
01:int NextAdjVex_M(MGraph G,int v,int w)
02:{
03:  int i;
04:  VRType j = 0;
```

```
05:   if(G.kind % 2)   j = MAX_VALUE;
06:   for(i = w + 1;i<G.vexnum;i ++ )
07:     if(G.arcs[v][i].adj! = j)
08:     {
09:        printf("邻接点为:%s",G.vexs[i].name);
10:        return 1;
11:     }
12:   return - 1;
13:}// NextAdjVex_M
```

(7) 插入顶点

```
01:void InsertVex_M(MGraph * G,VertexType v)
02:{   int i;
03:   VRType j = 0;
04:   if(G->kind % 2)   j = MAX_VALUE;
05:   G->vexs[G->vexnum] = v;
06:   for(i = 0;i<= G->vexnum;i ++ )
07:   {  G->arcs[G->vexnum][i].adj = G->arcs[i][G->vexnum].adj = j;
08:      G->arcs[G->vexnum][i].info = G->arcs[i][G->vexnum].info = NULL;
09:   }
10:   G->vexnum ++ ;
11:}// InsertVex_M
```

(8) 插入边

```
01:int InsertArc_M(MGraph * G,VertexType v,VertexType w)
02:{
03:   int i,v1,w1;
04:   v1 = LocateVex_M(G,v);   w1 = LocateVex_M(G,w);
05:   if(v1<0 || w1<0)   return - 1;
06:   G->arcnum ++ ;
07:   if(G->kind % 2)
08:   {
09:      printf("请输入此弧或边的权值:");
10:      scanf(" % d",&G->arcs[v1][w1].adj);
11:   }
12:   else
13:      G->arcs[v1][w1].adj = 1;
14:   printf("是否有该弧或边的相关信息(0:无 1:有):");
15:   scanf(" % d",&i);
16:   if(i)
17:   {
18:      printf("请输入该弧(边)的相关信息");
```

```
19:       G->arcs[v1][w1].info=(char *)malloc((MAX_INFO)*sizeof(char));
20:       scanf("%s",G->arcs[v1][w1].info);
21:    }
22:    if(G->kind>1) G->arcs[w1][v1]=G->arcs[v1][w1];
23:    return 1;
24:}// InsertArc_M
```

(9) 删除边

```
01:int DeleteArc_M(MGraph *G,VertexType v,VertexType w)
02:{  int v1,w1;
03:   VRType j=0;
04:   if(G->kind%2)  j=MAX_VALUE;
05:   v1=LocateVex_M(G,v);  w1=LocateVex_M(G,w);
06:   if(v1<0||w1<0) return -1;
07:   if(G->arcs[v1][w1].adj!=j)
08:   {
09:      G->arcs[v1][w1].adj=j;
10:      if(G->arcs[v1][w1].info)
11:      {
12:          free(G->arcs[v1][w1].info);
13:          G->arcs[v1][w1].info=NULL;
14:      }
15:      if(G->kind>=2)
16:        G->arcs[w1][v1]=G->arcs[v1][w1];
17:      G->arcnum--;
18:   }
19:   return 1;
20:}// DeleteArc_M
```

(10) 删除顶点

```
01:int DeleteVex_M(MGraph *G,VertexType v)
02:{  int i,j,k;
03:   k=LocateVex_M(G,v);
04:   if(k<0) return -1;
05:   for(i=0;i<G->vexnum;i++)
06:   DeleteArc_M(G,v,G->vexs[i]);
07:   if(G->kind<2)
08:     for(i=0;i<G->vexnum;i++)
09:       DeleteArc_M(G,G->vexs[i],v);
10:   for(j=k+1;j<G->vexnum;j++)
11:     G->vexs[j-1]=G->vexs[j];
12:   for(i=0;i<G->vexnum;i++)
```

```
13:      for(j = k + 1;j<G - >vexnum;j ++ )
14:          G - >arcs[i][j - 1] = G - >arcs[i][j];
15:    for(i = 0;i<G - >vexnum;i ++ )
16:      for(j = k + 1;j<G - >vexnum;j ++ )
17:          G - >arcs[j - 1][i] = G - >arcs[j][i];
18:    G - >vexnum -- ;
19:    return 1;
20:}// DeleteVex_M
```

(11) 输出图

```
01:void  PrintGraph_M(MGraph G) // 输出邻接矩阵存储结构的图 G
02:{    int i,j;
03:    VertexType v;
04:    char s[7] = "无向网",s1[3] = "边";
05:    switch(G.kind)
06:    {
07:       case  0:strcpy(s,"有向图"); strcpy(s1,"弧"); break;
08:       case  1:strcpy(s,"有向网"); strcpy(s1,"弧"); break;
09:       case  2:strcpy(s,"无向图");
10:       case  3:;
11:    }
12:    printf("%d个顶点%d条%s的顶点依次是:",G.vexnum, G.arcnum, s1);
13:    for(i = 0;i<G.vexnum;i ++ )
14:    {
15:       v = GetVex_M(G,i);
16:       printf("%s ",v.name);
17:    }
18:    printf("\n邻接矩阵为:\n");
19:    for(i = 0;i<G.vexnum;i ++ )
20:    {
21:       for(j = 0;j<G.vexnum;j ++ )
22:          printf("%d  ",G.arcs[i][j].adj);
23:       printf("\n");
24:    }
25:    if(IncInfo)
26:    {
27:        printf("弧的相关信息:\n");
28:        if(G.kind<2)
29:          printf("弧尾\t弧头\t该%s的信息\n", s1);
30:        else
31:          printf("顶点1\t顶点2\t该%s的信息\n",s1);
32:        for(i = 0;i<G.vexnum;i ++ )
```

```
33:          if(G.kind<2)
34:          {
35:              for(j = 0;j<G.vexnum;j++)
36:              if(G.arcs[i][j].info)
37:                printf("%s\t%s\t%s\n",G.vexs[i].name,G.vexs[j].name, G.arcs[i][j].info);
38:          }
39:          else
40:              for(j = i + 1;j<G.vexnum;j++)
41:                 if(G.arcs[i][j].info)
42:                     printf("%s\t%s\t%s\n",G.vexs[i].name,
    G.vexs[j].name,G.arcs[i][j].info);
43:   }
44:}// PrintGraph_M
```

(12) 撤销图

```
01:void DestroyGraph_M(MGraph *G)
02:{   int i;
03:   for(i = G->vexnum - 1;i>= 0;i--)
04:     DeleteVex_M(G,G->vexs[i]);
05:}// DestroyGraph_M
```

(13) 主函数

```
01:#include<stdio.h>
02:#include<stdlib.h>
03:#include<string.h>
04:int main()
05:{   MGraph G;
06:   int t,a,b,c;
07:   VertexType v,s;
08:   printf("创建图:\n");
09:   CreateGraph_M(&G);
10:   printf("输出图:\n");
11:   PrintGraph_M(G);
12:   printf("修改图:\n");
13:   printf("请输入要修改的顶点:");
14:   scanf("%s",v.name);
15:   printf("请输入修改后的值:");
16:   scanf("%s",s.name);
17:   PutVex_M(&G,v,s);
18:   printf("输出图:\n");
19:   PrintGraph_M(G);
20:   printf("取第一个邻接点:\n");
```

```
21:   printf("请任意输入一个顶点号:");
22:   scanf("%d",&t);
23:   FirstAdjVex_M(G,t);
24:   printf("\n取下一个邻接点:\n");
25:   printf("请任意输入一个顶点号:");
26:   scanf("%d",&a);
27:   printf("请输入开始查找的顶点号:");
28:   scanf("%d",&b);
29:   NextAdjVex_M(G,a,b);
30:   printf("\n插入顶点:\n");
31:   printf("请输入插入的顶点:");
32:   scanf("%s",v.name);
33:   InsertVex_M(&G,v);
34:   printf("输出图:\n");
35:   PrintGraph_M(G);
36:   printf("插入边:\n");
37:   printf("请输入插入边两端的端点:");
38:   scanf("%s%s",v.name,s.name);
39:   InsertArc_M(&G,v,s);
40:   printf("输出图:\n");
41:   PrintGraph_M(G);
42:   printf("删除边:\n");
43:   printf("请输入要删除边两端的顶点:");
44:   scanf("%s%s",v.name,s.name);
45:   DeleteArc_M(&G,v,s);
46:   printf("输出图:\n");
47:   PrintGraph_M(G);
48:   printf("删除顶点:\n");
49:   printf("请输入要删除的顶点:");
50:   scanf("%s",v.name);
51:   DeleteVex_M(&G,v);
52:   printf("输出图:\n");
53:   PrintGraph_M(G);
54:   printf("撤销图:\n");
55:   DestroyGraph_M(&G);
56:   printf("撤销图成功!");
57:   return 0;
58:}
```

程序运行结果如下：

```
创建图:
请输入图G的类型(有向图:0,有向网:1,无向图:2,无向网:3):3
请输入图G的顶点数,弧(边)数,弧(边)是否含相关信息(是:1 否:0)5 3 1
```

```
请输入5个顶点的值
abcde
请输入第1条弧(边)的弧尾(顶点1)和弧头(顶点2):a b
请输入权值:1
请输入该弧(边)的相关信息A
请输入第2条弧(边)的弧尾(顶点1)和弧头(顶点2):a c
请输入权值:2
请输入该弧(边)的相关信息B
请输入第3条弧(边)的弧尾(顶点1)和弧头(顶点2):d e
请输入权值:3
请输入该弧(边)的相关信息C
输出图:
5个顶点3条边的顶点依次是:a b c d e
邻接矩阵为:
-1   1   2  -1  -1
 1  -1  -1  -1  -1
 2  -1  -1  -1  -1
-1  -1  -1  -1   3
-1  -1  -1   3  -1
弧的相关信息:
顶点1  顶点2  该边的信息
a      b      A
a      c      B
d      e      C
修改图:
请输入要修改的顶点:a
请输入修改后的值:f
输出图:
5个顶点3条边的顶点依次是:f b c d e
邻接矩阵为:
-1   1   2  -1  -1
 1  -1  -1  -1  -1
 2  -1  -1  -1  -1
-1  -1  -1  -1   3
-1  -1  -1   3  -1
弧的相关信息:
顶点1  顶点2  该边的信息
f      b      A
f      c      B
d      e      C
取第一个邻接点:
请任意输入一个顶点号:0
第一个邻接点为:b
```

```
取下一个邻接点：
请任意输入一个顶点号:0
请输入开始查找的顶点号:1
邻接点为:c
插入顶点：
请输入插入的顶点:9
输出图：
6个顶点3条边的顶点依次是:f b c d e 9
邻接矩阵为：
-1   1   2  -1  -1  -1
 1  -1  -1  -1  -1  -1
 2  -1  -1  -1  -1  -1
-1  -1  -1  -1   3  -1
-1  -1  -1   3  -1  -1
-1  -1  -1  -1  -1  -1
弧的相关信息：
顶点1  顶点2  该边的信息
f       b       A
f       c       B
d       e       C
插入边：
请输入插入边两端的端点:b d
请输入此弧或边的权值:5
是否有该弧或边的相关信息(0:无 1:有):1
请输入该弧(边)的相关信息 G
输出图：
6个顶点4条边的顶点依次是:f b c d e 9
邻接矩阵为：
-1   1   2  -1  -1  -1
 1  -1  -1   5  -1  -1
 2  -1  -1  -1  -1  -1
-1   5  -1  -1   3  -1
-1  -1  -1   3  -1  -1
-1  -1  -1  -1  -1  -1
弧的相关信息：
顶点1  顶点2  该边的信息
f       b       A
f       c       B
b       d       G
d       e       C
删除边：
请输入要删除边两端的顶点:f b
输出图：
```

```
6个顶点3条边的顶点依次是:f b c d e 9
邻接矩阵为:
-1  -1   2  -1  -1  -1
-1  -1  -1   5  -1  -1
 2  -1  -1  -1  -1  -1
-1   5  -1  -1   3  -1
-1  -1  -1   3  -1  -1
-1  -1  -1  -1  -1  -1
弧的相关信息:
顶点1  顶点2  该边的信息
f       c       B
b       d       G
d       e       C
删除顶点:
请输入要删除的顶点:9
输出图:
5个顶点3条边的顶点依次是:f b c d e
邻接矩阵为:
-1  -1   2  -1  -1
-1  -1  -1   5  -1
 2  -1  -1  -1  -1
-1   5  -1  -1   3
-1  -1  -1   3  -1
弧的相关信息:
顶点1   顶点2   该边的信息
f       c       B
b       d       G
d       e       C
撤销图:
撤销图成功!
```

7.2.2 邻接表

邻接表是数组和链表相结合的存储方法。在邻接表中,为图中每个顶点建立一个邻接关系的单链表,第 i 个单链表是为顶点 v_i 建立的邻接关系,称作 v_i 的边表(对于有向图则称为出边表)。v_i 的边表中的每个结点用来存储以该顶点为端点或起点的一条边的信息,因而被称为边结点,其边结点数,对于无向图来说,等于 v_i 的边数、邻接点数或度数;对于有向图来说,等于 v_i 的出边数、出边邻接点数或出度数。边结点的类型通常由3个域组成,其中邻接点域(adjvex)指示与顶点 v_i 邻接的点在图中的位置(一般是顶点的序号);链域(next)指示下一条边或弧的结点;数据域(info)存储与边或弧相关的信息,如权值等。每个链表上附设一个表头结点,在表头结点中,除了设有链域(firstarc)指向链表中第一个结点外,还设有存储顶点 v_i 的名称或其他相关信息的数据域(data)。若图 G 中有 n 个顶点,则有 n 个表头结点。为了便于随机访问任一顶点的边表,一般把这 n 个表头结点用一个一维向量(数组)存储起来,其中第 i 个分量中的 firstarc 域存储 v_i 的边表的表头指针。

图 7-1 中的 G_1 和图 7-4 中的 G_6 对应的邻接表如图 7-9 所示。邻接表的结构描述如下：

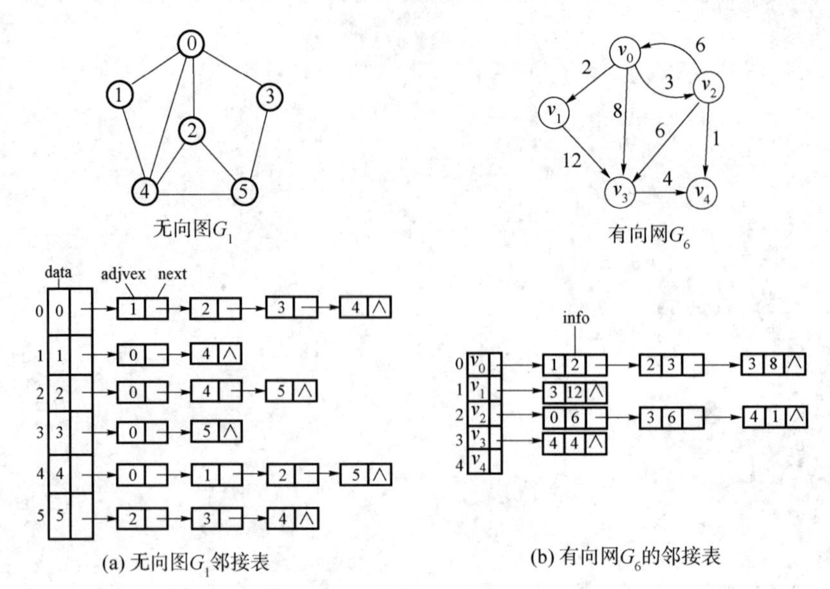

图 7-9　G_1 和 G_6 的邻接表

```
01：# define MAX_VERTEX_NUM 100            //最大顶点数
02：# define MAX_NAME 9                    //顶点名称的字符串的最大长度 + 1
03：typedef int VRType;                   //定义权值类型为整型
04：typedef struct {
05：   VRType weight;                      //权值
06：}InfoType;                             //最简单的弧(边)的相关信息类型
07：typedef struct {
08：   char name[MAX_NAME];
09：}VertexType;                           //顶点类型
10：typedef struct ArcNode {
11：   int adjvex;                         //该弧(边)所指向的顶点的位置(序号)
12：   InfoType * info;                    //该弧(边)相关信息(包括网的权值)的指针
13：   ArcNode * next;                     //指向下一条弧(边)的指针
14：}ArcNode;                              //边结点，存弧(边)的信息
15：typedef struct {                       //头结点，存顶点的信息
16：   VertexType data;                    //顶点信息
17：   ArcNode   * firstarc;               //表头结点指针，指向第 1 条
18：                                       //依附该顶点的弧(边)的指针
19：}VNode,AdjList[MAX_VERTEX_NUM];
20：typedef struct {
21：    AdjList vertices;                  //头结点(顶点)数组
22：    int vexnum,arcnum;                 //图的当前顶点数和弧(边)数
23：    int kind;                          //图的种类标志
24：}ALGraph;                              //邻接表结构
```

【说明】图的邻接表不是唯一的，因为在每个顶点的邻接表中，各边结点的链接次序可以任意安排，其具体链接次序与边的输入次序和生成算法有关。

邻接表的操作特点如下。

第一，与邻接矩阵一样，便于查找任一顶点的出度、邻接点（出边邻接点）、边（出边）以及边上的权值。执行这些操作只需要从表头向量中取出对应的表头指针，然后从表头指针出发在该顶点的单链表中进行查找即可。由于每个顶点单链表平均长度为 e/n（对于有向图）或 $2e/n$（对于无向图），其中 n 为图顶点的个数，e 为图中边的条数。所以此查找运算的时间复杂度为 $O(e/n)$。

第二，不便于查找一个顶点的入边或入边邻接点。因为它需扫描所有顶点邻接表中的边结点，因此其时间复杂度为 $O(n+e)$。对于那些需要经常查找顶点入边或入边邻接点的运算，可以为此专门建立一个逆邻接表，该表中每个顶点的单链表不是存储该顶点的所有出边的信息，而是存储所有入边的信息，邻接点域存储的是入边邻接点的序号。图 7-10 所示是为图 7-4 中的 G_6 建立的逆邻接表，从此表中很容易求出每个顶点的入边、入边上的权、入边邻接点和入度。

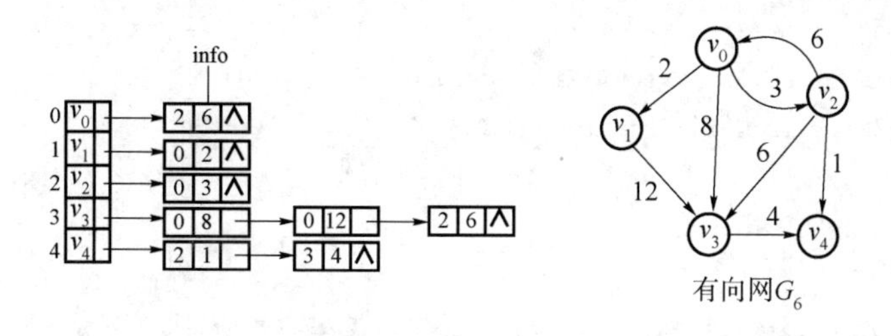

图 7-10　有向网 G_6 的逆邻接表

第三，不便于判定任意两个顶点（v_i 和 v_j）之间是否有边或弧相连。因为执行此操作需要搜索第 i 个或第 j 个链表，因此不及邻接矩阵方便。

在图的邻接表和逆邻接表表示中，表头向量需要占用 n 个头结点的存储空间，所有边结点需要占用 $2e$（对于无向图）或 e（对于有向图）个边结点空间，所以其空间复杂度为 $O(n+e)$。这种存储结构用于表示稀疏图比较节省存储空间，因为只需要很少的边结点；若用于表示稠密图，则将占用较多的存储空间，同时也将增加在每个顶点邻接表中查找结点的时间。

邻接表与邻接矩阵的关系如下：图的邻接表表示和图的邻接矩阵表示，虽然方法不同，但也存在着对应的关系。邻接表中每个顶点 v_i 的单链表对应邻接矩阵中的第 i 行，整个邻接表可看作是邻接矩阵的带行指针向量的链接存储；整个逆邻接表可看成邻接矩阵的带列指针向量的链接存储。对于稀疏矩阵，若采用链接存储是比较节省存储空间的，所以稀疏图的邻接表表示比邻接矩阵表示要节省存储空间。

邻接表存储结构下图的基本操作如下。

(1) 查找顶点

```
01. int LocateVex_AL(ALGraph * G,VertexType u)
02. {
03.    int i;
04.    for(i = 0;i<G->vexnum; ++ i)
05.       if(strcmp(u.name,G->vertices[i].data.name) == 0)
```

```
06.         return i;
07.     return -1;
08.}// LocateVex_AL
```

(2) 创建图

```
01:void CreateGraph_AL(ALGraph *G)
02:{   //采用邻接表存储结构,构造图或网G
03:     int i,j,k,kind;
04:     VertexType v1,v2; ArcNode   *p, *q;
05:     printf("请输入图G的类型(有向图:0,有向网:1,无向图:2,无向网:3):");
06:     scanf("%d",&kind);  G->kind=kind;
07:     printf("请输入图的顶点数,边(弧)数:");
08:     scanf("%d%d",&G->vexnum,&G->arcnum);
09:     printf("请输入%d个顶点的值\n",G->vexnum);
10:     for(i=0;i<G->vexnum; ++i)
11:     {
12:         scanf("%s",G->vertices[i].data.name);
13:         G->vertices[i].firstarc=NULL;
14:     }
15:     for(k=0;k<G->arcnum; ++k)
16:     {
17:         printf("请输入第%d条弧(边)的弧尾(顶点1)  弧头(顶点2):", k+1);
18:         scanf("%s%s",v1.name,v2.name);
19:         i=LocateVex_AL(G,v1);j=LocateVex_AL(G,v2);
20:         p=(ArcNode *)malloc(sizeof(ArcNode)); p->info=NULL;
21:         if(G->kind%2)
22:         {
23:             p->info=(InfoType *)malloc(sizeof(InfoType));
24:             printf("请输入弧(边)的相关信息:");
25:             scanf("%d",&p->info->weight);
26:         }
27:         p->adjvex=j; p->next=G->vertices[i].firstarc;
28:         G->vertices[i].firstarc=p;
29:         if(G->kind>=2)
30:         {
31:             q=(ArcNode *)malloc(sizeof(ArcNode));
32:             q->info=(InfoType *)malloc(sizeof(InfoType));
33:             q->info=p->info;q->adjvex=i;
34:             q->next=G->vertices[j].firstarc;
35:             G->vertices[j].firstarc=q;
36:         }
37:     }
38:}// CreateGraph_AL
```

(3) 取顶点值

```
01:VertexType GetVex_AL(ALGraph G,int v)
02:{
03:    if(v> = G.vexnum || v<0)
04:      exit(1);
05:    return G.vertices[v].data;
06:}// GetVex_AL
```

(4) 存顶点值

```
01:int PutVex_AL(ALGraph *G,VertexType v,VertexType value)
02:{   int k = LocateVex_AL(G,v);
03:    if(k == -1)
04:    {
05:        printf("不存在顶点%s! \n", v.name);
06:        return -1;
07:    }
08:    G->vertices[k].data = value;
09:    return 1;
10:}// PutVex_AL
```

(5) 取第一个邻接点

```
01:int FirstAdjVex_AL(ALGraph G,int v)
02:{   ArcNode *p = G.vertices[v].firstarc;
03:    if(p)
04:    {
05:        printf("第一个邻接点为:%s",G.vertices[p->adjvex].data.name);
06:        return 1;
07:    }
08:    else
09:        return -1;
10:}// FirstAdjVex_AL
```

(6) 取下一个邻接点

```
01:int NextAdjVex_AL(ALGraph G,int v,int w)
02:{   ArcNode   *p;
03:    p = G.vertices[v].firstarc;
04:    while(p&&p->adjvex! = w)  p = p->next;
05:    if(!p || !p->next)  return -1;
06:    else
07:    {
08:        printf("邻接点为:%s",G.vertices[p->next->adjvex].data.name);
```

```
09:        return 1;
10:    }
11:}// NextAdjVex_AL
```

(7) 插入顶点

```
01:void InsertVex_AL(ALGraph *G,VertexType v)
02:{   G->vertices[G->vexnum].data = v;
03:    G->vertices[G->vexnum].firstarc = NULL;
04:    G->vexnum++;
05:}// InsertVex_AL
```

(8) 插入边

```
01:int InsertArc_AL(ALGraph *G,VertexType v,VertexType w)
02:{   ArcNode   *p, *q; int i,j;
03:    i = LocateVex_AL(G,v);j = LocateVex_AL(G,w);
04:    if(i<0 || j<0)  return -1;
05:    G->arcnum++;
06:    p = (ArcNode *)malloc(sizeof(ArcNode));
07:    p->adjvex = j;  p->info = NULL;
08:    if(G->kind % 2)
09:    {
10:        printf("请输入此弧(边)的相关信息:");
11:        p->info = (InfoType *)malloc(sizeof(InfoType));
12:        scanf("%d",&p->info->weight);
13:    }
14:    p->next = G->vertices[i].firstarc;
15:    G->vertices[i].firstarc = p;
16:    if(G->kind>= 2)
17:    {   q = (ArcNode *)malloc(sizeof(ArcNode));
18:        q->info = p->info;  q->adjvex = i;
19:        q->next = G->vertices[j].firstarc;
20:        G->vertices[j].firstarc = q;   }
21:    return 1;
22:}// InsertArc_AL
```

(9) 删除边

```
01:int DeleteArc_AL(ALGraph *G,VertexType v,VertexType w)
02:{   int i,j; ArcNode   *p, *q;
03:    i = LocateVex_AL(G,v); j = LocateVex_AL(G,w);
04:    if(i<0 || j<0 || i == j)  return -1;
05:    p = G->vertices[i].firstarc;q = NULL;
06:    while(p&&p->adjvex!= j)
```

```
07:    {   q = p; p = p->next; }
08:    if(p)
09:    {   if(q) q->next = p->next;
10:        else G->vertices[i].firstarc = p->next;
11:        G->arcnum--;
12:        if(G->kind%2) free(p->info);
13:        free(p);
14:        if(G->kind>=2)
15:        {   p = G->vertices[j].firstarc;
16:            q = NULL;
17:            while(p&&p->adjvex!=i)
18:            {   q = p; p = p->next; }
19:            if(p)
20:            {   if(q) q->next = p->next;
21:                else G->vertices[j].firstarc = p->next;
22:                free(p);
23:            }
24:        }
25:        return 1;
26:    }
27:    else
28:        return -1;
29:}// DeleteArc_AL
```

(10) 删除顶点

```
01:int DeleteVex_AL(ALGraph *G,VertexType v)
02:{   int i,k = LocateVex_AL(G,v); ArcNode *p;
03:    if(k<0)  return -1;
04:    for(i=0;i<G->vexnum;i++)
05:        DeleteArc_AL(G,v,G->vertices[i].data);
06:    if(G->kind<2)
07:        for(i=0;i<G->vexnum;i++)
08:            DeleteArc_AL(G,G->vertices[i].data,v);
09:    for(i=0;i<G->vexnum;i++)
10:    {  p = G->vertices[i].firstarc;
11:        while(p)
12:        { if(p->adjvex>k) p->adjvex--;
13:        p = p->next;  }
14:    }
15:    for(i=k+1;i<G->vexnum;i++)
16:        G->vertices[i-1] = G->vertices[i];
```

```
17:    G->vexnum--;
18:    return 1;
19:} // DeleteVex_AL
```

(11) 输出图

```
01:void PrintGraph_AL(ALGraph G)         //输出图的邻接矩阵 G
02:{   int i; ArcNode *p; VertexType v;
03:    char s1[3]="边",s2[3]="—";
04:    if(G.kind<2) { strcpy(s1,"弧"); strcpy(s2,"→");  }
05:    switch(G.kind)
06:    {  case  0:printf("有向图\n");break;
07:       case  1:printf("有向网\n"); break;
08:       case  2:printf("无向图\n"); break;
09:       case  3:printf("无向网\n");
10:    }
11:    printf("%d个顶点,依次是:", G.vexnum);
12:    for(i=0;i<G.vexnum; ++i)
13:    {
14:       v=GetVex_AL(G,i);
15:       printf("%s  ",v.name);
16:    }
17:    printf("\n%d条%s:\n", G.arcnum, s1);
18:    for(i=0;i<G.vexnum;i++)
19:    {
20:       p=G.vertices[i].firstarc;
21:       while(p)
22:       {
23:          if(G.kind<=1 || i<p->adjvex)
24:          {  printf("%s%s",G.vertices[i].data.name,s2);
25:             printf("%s  ",G.vertices[p->adjvex].data.name);
26:             if(G.kind%2)  printf(":%d\n",p->info->weight);
27:          }
28:          p=p->next;
29:       }
30:    }
31:}// PrintGraph_AL
```

(12) 撤销图

```
01:void DestroyGraph_AL(ALGraph *G)
02:{   int i;
03:    for(i=G->vexnum-1;i>=0;i--)
04:       DeleteVex_AL(G,G->vertices[i].data);
05:}// DestroyGraph_AL
```

(13) 主函数

```
01:#include<stdio.h>
02:#include<stdlib.h>
03:#include<string.h>
04:int main()
05:{   ALGraph G;
06:    int t,a,b,c;
07:    VertexType v,s;
08:    printf("创建图:\n");
09:    CreateGraph_AL(&G);
10:    printf("输出图:\n");
11:    PrintGraph_AL(G);
12:    printf("修改图:\n");
13:    printf("请输入要修改的顶点:");
14:    scanf("%s",v.name);
15:    printf("请输入修改后的值:");
16:    scanf("%s",s.name);
17:    PutVex_AL(&G,v,s);
18:    printf("输出图:\n");
19:    PrintGraph_AL(G);
20:    printf("取第一个邻接点:\n");
21:    printf("请任意输入一个顶点号:");
22:    scanf("%d",&t);
23:    FirstAdjVex_AL(G,t);
24:    printf("\n取下一个邻接点:\n");
25:    printf("请任意输入一个顶点号:");
26:    scanf("%d",&a);
27:    printf("请输入开始查找的顶点号:");
28:    scanf("%d",&b);
29:    NextAdjVex_AL(G,a,b);
30:    printf("\n插入顶点:\n");
31:    printf("请输入插入的顶点:");
32:    scanf("%s",v.name);
33:    InsertVex_AL(&G,v);
34:    printf("输出图:\n");
35:    PrintGraph_AL(G);
36:    printf("插入边:\n");
37:    printf("请输入插入边两端的端点:");
38:    scanf("%s%s",v.name,s.name);
39:    InsertArc_AL(&G,v,s);
40:    printf("输出图:\n");
41:    PrintGraph_AL(G);
```

```
42:    printf("删除边:\n");
43:    printf("请输入要删除边两端的顶点:");
44:    scanf("%s%s",v.name,s.name);
45:    DeleteArc_AL(&G,v,s);
46:    printf("输出图:\n");
47:    PrintGraph_AL(G);
48:    printf("删除顶点:\n");
49:    printf("请输入要删除的顶点:");
50:    scanf("%s",v.name);
51:    DeleteVex_AL(&G,v);
52:    printf("输出图:\n");
53:    PrintGraph_AL(G);
54:    printf("撤销图:\n");
55:    DestroyGraph_AL(&G);
56:    printf("撤销图成功!");
57:    return 0;
58:}
```

程序运行结果如下:

```
创建图:
请输入图G的类型(有向图:0,有向网:1,无向图:2,无向网:3):1
请输入图的顶点数,边(弧)数:5 4
请输入5个顶点的值
a b c d e
请输入第1条弧(边)的弧尾(顶点1)  弧头(顶点2):a b
请输入弧(边)的相关信息:1
请输入第2条弧(边)的弧尾(顶点1)  弧头(顶点2):a c
请输入弧(边)的相关信息:2
请输入第3条弧(边)的弧尾(顶点1)  弧头(顶点2):a d
请输入弧(边)的相关信息:3
请输入第4条弧(边)的弧尾(顶点1)  弧头(顶点2):d e
请输入弧(边)的相关信息:4
输出图:
有向网
5个顶点,依次是:a  b  c  d  e
4条弧:
a→d  :3
a→c  :2
a→b  :1
d→e  :4
修改图:
请输入要修改的顶点:e
```

```
请输入修改后的值:f
输出图:
有向网
5个顶点,依次是:a  b  c  d  f
4条弧:
a→d  :3
a→c  :2
a→b  :1
d→f  :4
取第一个邻接点:
请任意输入一个顶点号:0
第一个邻接点为:d
取下一个邻接点:
请任意输入一个顶点号:0
请输入开始查找的顶点号:2
邻接点为:b
插入顶点:
请输入插入的顶点:k
输出图:
有向网
6个顶点,依次是:a  b  c  d  f  k
4条弧:
a→d  :3
a→c  :2
a→b  :1
d→f  :4
插入边:
请输入插入边两端的端点:b c
请输入此弧(边)的相关信息:6
输出图:
有向网
6个顶点,依次是:a  b  c  d  f  k
5条弧:
a→d  :3
a→c  :2
a→b  :1
b→c  :6
d→f  :4
删除边:
请输入要删除边两端的顶点:b c
输出图:
有向网
6个顶点,依次是:a  b  c  d  f  k
```

```
4 条弧:
a→d  :3
a→c  :2
a→b  :1
d→f  :4
删除顶点:
请输入要删除的顶点:k
输出图:
有向网
5 个顶点,依次是:a  b  c  d  f
4 条弧:
a→d  :3
a→c  :2
a→b  :1
d→f  :4
撤销图:
撤销图成功!
```

7.2.3 十字邻接表

十字邻接表是邻接表和逆邻接表的结合，在十字邻接表中，对应有向图中的每一条弧有一个结点，对应每个顶点也有一个结点。这两种结点的结构如图 7-11 所示。

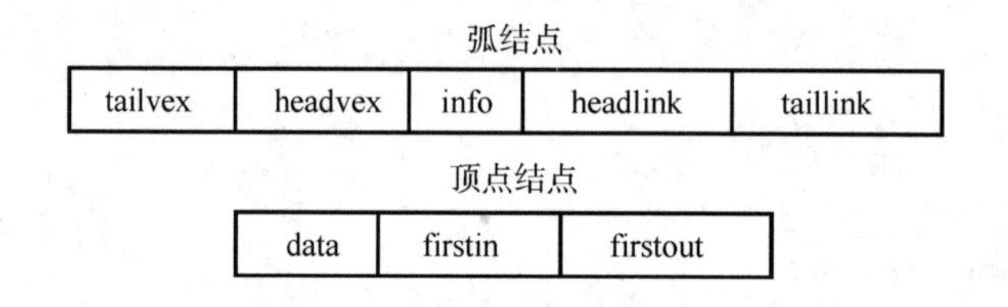

图 7-11　十字链表结点结构

在弧结点中有 5 个域，其中 tailvex 和 headvex 分别指示弧尾和弧头这两个顶点在图中的位置(序号)，info 域指向该弧的相关信息，headlink 和 taillink 为两个链域，分别指向弧头相同的下一条弧和弧尾相同的下一条弧。这样，弧头相同的弧在同一链表上，弧尾相同的弧也在同一链表上。

在顶点结点中有 3 个域，其中 data 域存储和顶点相关的信息，如顶点的名称等；firstin 和 firstout 为两个链域，分别指向以该顶点为弧头和弧尾的第一个弧结点，因而每一个顶点结点既是以该顶点为弧头的所有弧结点所构成的单链的表头结点，也是以该顶点为弧尾的所有弧结点所构成的单链的表头结点，所有的顶点结点存储在一维向量(数组)中。

例如，图 7-12 所示是为图 7-4 中的 G_6 建立的十字邻接表。

显然，在十字邻接表中指针域的个数是邻接表的 2 倍，因而空间开销相对要大一些。但因为存储了每个顶点的出边信息和入边信息，给图的某些操作带来了方便。

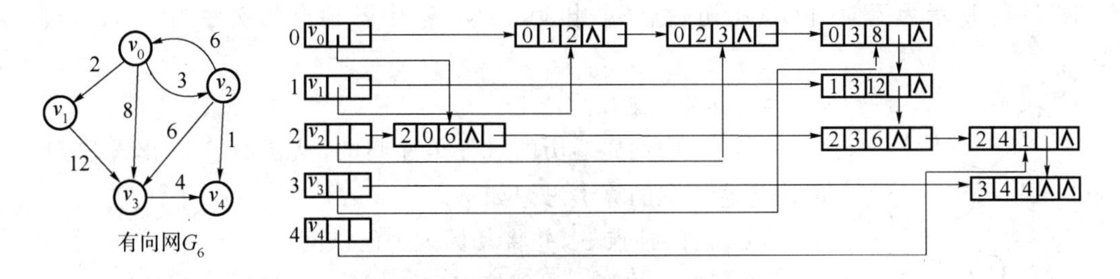

图 7-12 有向网 G_6 的十字邻接表

7.2.4 邻接多重表

邻接多重表的结构和十字邻接表类似。在邻接多重表中，每一个边有一个结点，每一个顶点也有一个结点。这两种结点的结构如图 7-13 所示。

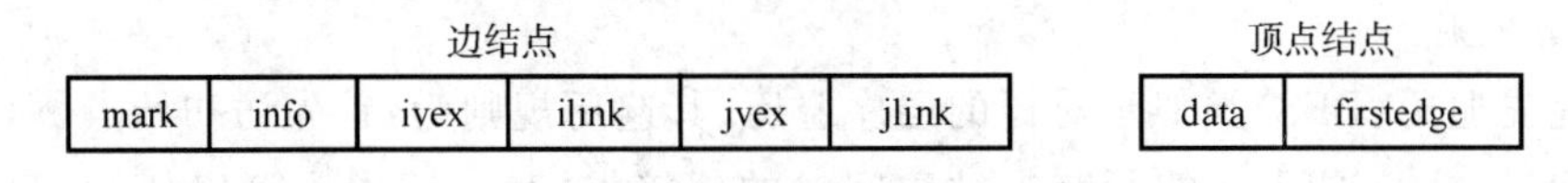

图 7-13 邻接多重表结点结构

在边结点中有 6 个域，其中 mark 为标志域，用以标记该条边是否被搜索过；ivex 和 jvex 为该边依附的两个顶点在图中的位置；ilink 指向下一条依附于顶点 ivex 的边 jlink 指向下一条依附于顶点 jvex 的边；info 指向和边相关的各种信息。在顶点结点中，data 域存储和该顶点相关的信息，firstedge 域指示第一条依附于该顶点的边。

例如，图 7-14 所示是为图 7-4 中的 G_5 建立的邻接多重表。

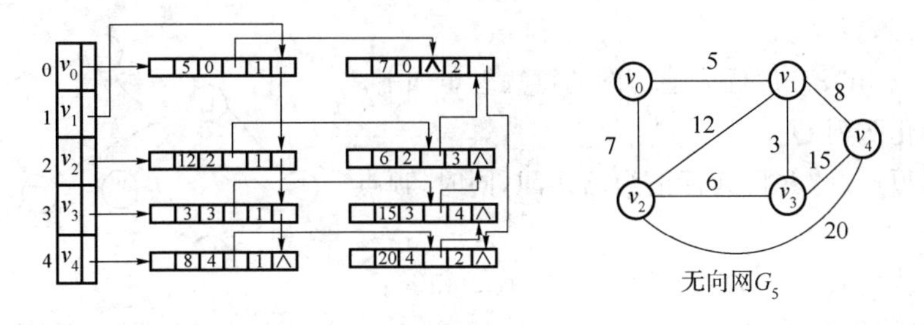

图 7-14 无向网 G_5 的邻接多重表

7.3 图的遍历

7.3.1 深度优先遍历

1. 遍历规则

深度优先遍历(DFS)类似于对树的先序遍历，其遍历规则为：首先访问初始点 v_i，并将其标记为已访问过，然后从 v_i 的任意一个未被访问过的邻接点(有向图的入边邻接点除外，下同) w 出发进行深度优先遍历，当 v_i 的所有邻接点均被访问过时，则回退到已被访问的顶点序列中最后一个拥有未被访问的邻接点的顶点 v_k，从 v_k 的未被访问过的邻接点出发进行深度优先遍历，直到回退到初始点并且没有未被访问的邻接点为止。

图 7-15 所示为无向图 G_7，从初始点 v_0 出发，访问 G_7 中各顶点的次序为：v_0，v_1，v_3，v_2，v_4，v_5。

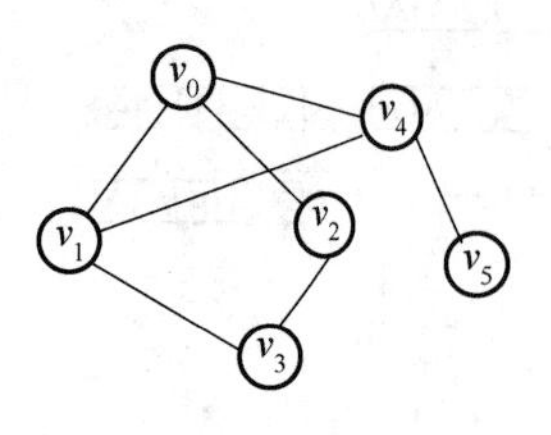

图 7-15　无向图 G_7

2. 算法思想

图的深度优先遍历的过程是递归的，从初始点 v_i 出发递归地深度优先遍历图的算法思想如下。

(1) 访问顶点 v_i，并将其标记为已访问。

(2) 取 v_i 的第一个邻接点并赋值给 w。

(3) 如果 w 存在，重复执行步骤①和②：

① 如果 w 未被访问，则从顶点 w 出发进行深度优先遍历；

② 取 v_i 的下一个邻接点并赋值给 w。

7.3.2　广度优先遍历

1. 遍历规则

广度优先遍历(BFS)类似于对树的层序遍历，其遍历规则为：首先访初始点 v_i，并将其标记为已访问过，接着访问 v_i 的所有未被访问过的邻接点，其访问次序可以任意，假定依次为 v_{i1}，v_{i2}，…，v_{it}，并均标记为已访问过，然后再按照 v_{i1}，v_{i2}，…，v_{it} 的次序，访问每一个顶点的所有未被访问过的邻接点(次序任意)，并均标记为已访问过，依此类推，直到图中所有和初始点 v_i 有路径相通的顶点都被访问过为止。

如图 7-16 所示的无向图 G_8，从初始点 v_0 出发，访问 G_8 中各顶点的次序为：v_0，v_1，v_2，v_3，v_4，v_5，v_6，v_7，v_8。在广度优先遍历中，先被访问的顶点，其邻接点也先被访问，所以在算法的实现中需要使用一个队列，用来依次记住被访问过的顶点。

2. 算法思想

从初始点 v_i 出发广度优先遍历图的算法思想如下。

(1) 初始化队列 Q。

(2) 访问顶点 v_i，并将其标记为已访问，同时，顶点 v_i 入队列 Q。

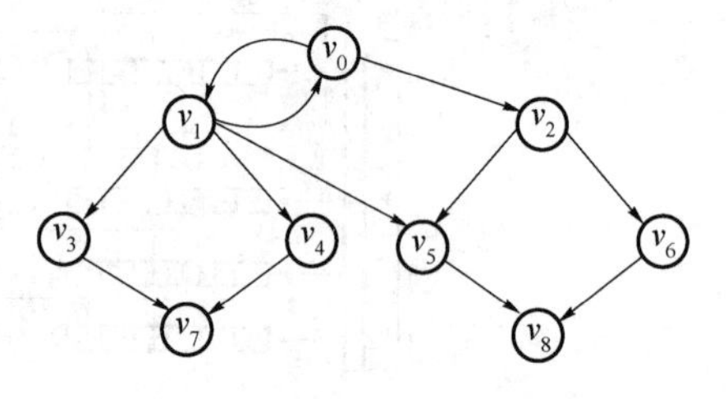

图 7-16　有向图 G_8

(3) 如果队列 Q 非空，重复执行步骤①、②和③：

① 出队列取得队首结点 u；

② 取 u 第一个邻接点并赋值给 w；

③ 如果 w 存在，重复执行步骤 a 和 b：

a. 如果 w 未被访问，则访问 w，并将其标记为已访问，同时，顶点 w 入队列 Q；

b. 取 u 的下一个邻接点并赋值给 w。

算法示例如下：

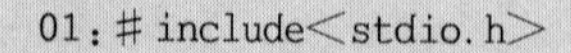

```
01:#include<stdio.h>
02:#include<malloc.h>
03:#define MAXV 100                                /*最大顶点个数*/
04:typedef int InfoType;
05:typedef int Vertex;
06:/*以下定义邻接矩阵类型*/
```

```
07:typedef struct
08:{
09:    int no;                                /*顶点编号*/
10:    InfoType info;                         /*顶点其他信息*/
11:}VertexType;                              /*顶点类型*/
12:typedef struct                           /*图的定义*/
13:{
14:    int edges[MAXV][MAXV];                 /*邻接矩阵*/
15:    int vexnum,arcnum;                     /*顶点数,弧数*/
16:    VertexType vexs[MAXV];                 /*存放顶点信息*/
17:}MGraph;                                  /*图的邻接矩阵类型*/
18:/*以下定义邻接表类型*/
19:typedef struct ANode                      /*弧的结点结构类型*/
20:{
21:    int adjvex;                            /*该弧的终点位置*/
22:    struct ANode *nextarc;                 /*指向下一条弧的指针*/
23:    InfoType info;                         /*该弧的相关信息,这里用于存放权值*/
24:}ArcNode;
25:typedef struct Vnode                      /*邻接表头结点的类型*/
26:{
27:    Vertex data;                           /*顶点信息*/
28:    ArcNode *firstarc;                     /*指向第一条弧*/
29:}VNode;
30:typedef VNode AdjList[MAXV];              /*AdjList是邻接表类型*/
31:typedef struct
32:{
33:    AdjList adjlist;                       /*邻接表*/
34:    int n,e;                               /*图中顶点数n和边数e*/
35:}ALGraph;                                 /*图的邻接表类型*/
36:int visited[MAXV];                        /*全局数组*/
37:void MatToList(MGraph g,ALGraph *G)
38:/*将邻接矩阵g转换成邻接表G*/
39:{
40:    int i,j,n=g.vexnum;                    /*n为顶点数*/
41:    ArcNode *p;
42:    for(i=0;i<n;i++)                       /*给邻接表中所有头结点的指针域置初值*/
43:        G->adjlist[i].firstarc=NULL;
44:    for(i=0;i<n;i++)                       /*检查邻接矩阵中每个元素*/
45:        for(j=n-1;j>=0;j--)
46:            if(g.edges[i][j]!=0)           /*邻接矩阵的当前元素不为0*/
47:            {
48:                p=(ArcNode *)malloc(sizeof(ArcNode));          /*创建一个结点*p*/
49:                p->adjvex=j;
```

```
50:             p->info = g.edges[i][j];
51:             p->nextarc = G->adjlist[i].firstarc;            /*将*p链到链表后*/
52:             G->adjlist[i].firstarc = p;
53:         }
54:     G->n = n;G->e = g.arcnum;
55:}
56:void DispAdj(ALGraph *G)
57:/*输出邻接表G*/
58:{
59:     int i;
60:     ArcNode *p;
61:     for(i = 0;i<G->n;i++)
62:     {
63:         p = G->adjlist[i].firstarc;
64:         if(p! = NULL)
65:             printf("%3d: ",i);
66:         while(p! = NULL)
67:         {
68:             printf("%3d",p->adjvex);
69:             p = p->nextarc;
70:         }
71:         printf("\n");
72:     }
73:}
74:void DFS(ALGraph *G,int v)
75:{
76:     ArcNode *p;
77:     visited[v] = 1;                           /*置已访问标记*/
78:     printf("%3d",v);                          /*输出被访问顶点的编号*/
79:     p = G->adjlist[v].firstarc;               /*p指向顶点v的第一条弧的弧头结点*/
80:     while(p!  = NULL)
81:     {
82:         if(visited[p->adjvex] == 0)           /*若p->adjvex顶点未访问,递归访问它*/
83:             DFS(G,p->adjvex);
84:         p = p->nextarc;                       /*p指向顶点v的下一条弧的弧头结点*/
85:     }
86:}
87:void BFS(ALGraph *G,int v)
88:{
89:     ArcNode *p;
90:     int queue[MAXV],front = 0,rear = 0;       /*定义循环队列并初始化*/
91:     int visited[MAXV];                        /*定义存放结点的访问标志的数组*/
92:     int w,i;
```

```
93:   for(i = 0;i<G->n;i++)
94:     visited[i] = 0;                      /*访问标志数组初始化*/
95:   printf("%3d",v);                       /*输出被访问顶点的编号*/
96:   visited[v] = 1;                        /*置已访问标记*/
97:   rear = (rear + 1) % MAXV;
98:   queue[rear] = v;                       /*v进队*/
99:   while(front! = rear)                   /*若队列不空时循环*/
100:   {
101:       front = (front + 1) % MAXV;
102:       w = queue[front];                  /*出队并赋给w*/
103:       p = G->adjlist[w].firstarc;        /*找与顶点w邻接的第一个顶点*/
104:       while(p! = NULL)
105:       {
106:           if(visited[p->adjvex] == 0)    /*若当前邻接顶点未被访问*/
107:           {
108:               printf("%3d",p->adjvex);   /*访问相邻顶点*/
109:               visited[p->adjvex] = 1;    /*置该顶点已被访问的标志*/
110:               rear = (rear + 1) % MAXV;  /*该顶点进队*/
111:               queue[rear] = p->adjvex;
112:           }
113:           p = p->nextarc;                /*找下一个邻接顶点*/
114:       }
115:   }
116:   printf("\n");
117:}
118:int main()
119:{
120:   int i,j;
121:   MGraph g;
122:   ALGraph G;
123:   int A[MAXV][6] = {{0,5,0,7,0,0},{0,0,4,0,0,0},{8,0,0,0,0,9},
     {0,0,5,0,0,6},{0,0,0,5,0,0},{3,0,0,0,1,0}};
124:   g.vexnum = 6;
125:   g.arcnum = 10;
126:   for(i = 0;i<g.vexnum;i++)               /*建立图的邻接矩阵*/
127:       for(j = 0;j<g.vexnum;j++)
128:           g.edges[i][j] = A[i][j];
129:   MatToList(g,&G);                        /*图G的邻接矩阵转换成邻接表*/
130:   printf("图G的邻接表:\n");
131:   DispAdj(&G);
132:   printf("从顶点0开始的DFS(递归算法):\n");
133:   DFS(&G,0);
134:   printf("\n");
```

```
135:   printf("从顶点 0 开始的 BFS(递归算法):\n");
136:   BFS(&G,0);
137:   printf("\n");
138:   return 0;
139:}
```

程序运行结果如下：

```
图 G 的邻接表：
  0:  1  3
  1:  2
  2:  0  5
  3:  2  5
  4:  3
  5:  0  4
从顶点 0 开始的 DFS(递归算法):
  0  1  2  5  4  3
从顶点 0 开始的 BFS(递归算法):
  0  1  3  2  5  4
```

在遍历图时，对图中每个顶点至多调用一次遍历算法，因为一旦某个顶点被标志成已被访问，就不再从它出发进行遍历。因此，遍历图的过程实质上是对每个顶点查找其邻接点的过程。其耗费的时间则取决于所采用的存储结构。当对邻接矩阵表示的图进行遍历时，查找邻接点需要扫描邻接矩阵中的每一个元素，所需时间为 $O(n^2)$，其中 n 为图中顶点数，所以深度优先遍历和广度优先遍历图的时间复杂度均为 $O(n^2)$；而当对邻接表表示的图进行遍历时，查找每个顶点的所有邻接点所需时间为 $O(n+e)$，其中 e 为无向图中边的个数或有向图中弧的个数，所以深度优先遍历和广度优先遍历图的时间复杂度均为 $O(n+e)$；两者的空间复杂度均为 $O(n)$。

7.4 图的连通性问题

7.4.1 无向图的连通分量和生成树

1. 无向图的连通分量和生成树

对于无向图，对其进行遍历时，若是连通图，仅需从图中任一顶点出发，就能访问图中的所有顶点；若是非连通图，需从图中多个顶点出发。每次从一个新顶点出发所访问的顶点集序列恰好是各个连通分量的顶点集。

图 7-17 所示的无向图是非连通图，按图中给定的邻接表进行深度优先搜索遍历，2 次调用 DFS 所得到的顶点访问序列集是：$\{v_1, v_3, v_2\}$ 和 $\{v_4, v_5\}$。

(1) 若 $G=(V,E)$ 是无向连通图，顶点集和边集分别是 $V(G)$ 和 $E(G)$。若从 G 中任意点出发遍历时，$E(G)$ 被分成以下两个互不相交的集合：

① $T(G)$，遍历过程中所经过的边的集合；

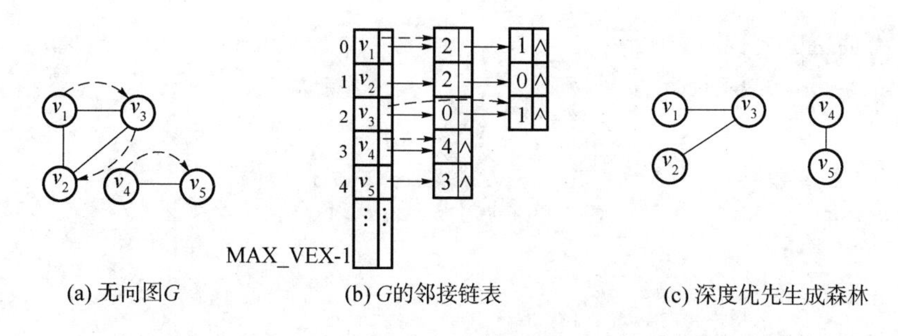

图 7-17 无向图及深度优先生成森林

② $B(G)$，遍历过程中未经过的边的集合；

$$E(G)=T(G)\cup B(G)\ ,T(G)\cap B(G)=\varnothing$$

显然，图 $G'=(V,\ T(G))$ 是 G 的极小连通子图，且 G' 是一棵树。G' 称为图 G 的一棵生成树。

从任意点出发按 DFS 算法得到生成树 G' 称为深度优先生成树；按 BFS 算法得到的 G' 称为广度优先生成树。

(2) 若 $G=(V,E)$ 是无向非连通图，对图进行遍历时得到若干个连通分量的顶点集：$V_1(G),V_2(G),\cdots,V_n(G)$ 和相应所经过的边集：$T_1(G),T_2(G),\cdots,T_n(G)$，则对应的顶点集和边集的二元组：$G_i=(V_i(G),T_i(G))(1\leqslant i\leqslant n)$ 是对应分量的生成树，所有这些生成树构成原来非连通图的生成森林。

【说明】当给定无向图要求画出其对应的生成树或生成森林时，必须先给出相应的邻接表，然后才能根据邻接表画出其对应的生成树或生成森林。

2. 图的生成树和生成森林算法

对图的深度优先搜索遍历 DFS(或 BFS)算法稍作修改，就可得到构造图的 DFS 生成树算法。在算法中，树的存储结构采用孩子—兄弟表示法。首先从某个顶点 V 出发，建立一个树结点，然后再分别以 V 的邻接点为起始点，建立相应的子生成树，并将其作为 V 结点的子树链接到 V 结点上。显然，该算法是一个递归算法。

算法实现如下：

```
01:#include<stdio.h>
02:#include<malloc.h>
03:#define MAXV 100                              /*最大顶点个数*/
04:typedef int InfoType;
05:typedef int Vertex;
06:/*以下定义邻接矩阵类型*/
07:typedef struct
08:{
09:    int no;                                   /*顶点编号*/
10:    InfoType info;                            /*顶点其他信息*/
11:}VertexType;                                  /*顶点类型*/
12:typedef struct                                /*图的定义*/
13:{
14:    int edges[MAXV][MAXV];                    /*邻接矩阵*/
```

```
15:   int vexnum,arcnum;                         /*顶点数,弧数*/
16:   VertexType vexs[MAXV];                     /*存放顶点信息*/
17:}MGraph;                                     /*图的邻接矩阵类型*/
18:/*以下定义邻接表类型*/
19:typedef struct ANode                         /*弧的结点结构类型*/
20:{
21:   int adjvex;                                /*该弧的终点位置*/
22:   struct ANode *nextarc;                     /*指向下一条弧的指针*/
23:   InfoType info;                             /*该弧的相关信息,这里用于存放权值*/
24:}ArcNode;
25:typedef struct Vnode                         /*邻接表头结点的类型*/
26:{
27:   Vertex data;                               /*顶点信息*/
28:   ArcNode *firstarc;                         /*指向第一条弧*/
29:}VNode;
30:typedef VNode AdjList[MAXV];                 /*AdjList是邻接表类型*/
31:typedef struct
32:{
33:   AdjList adjlist;                           /*邻接表*/
34:   int n,e;                                   /*图中顶点数n和边数e*/
35:}ALGraph;                                    /*图的邻接表类型*/
36:int visited[MAXV];                           /*全局数组*/
37:void MatToList(MGraph g,ALGraph *G)
38:/*将邻接矩阵g转换成邻接表G*/
39:{
40:   int i,j,n=g.vexnum;                        /*n为顶点数*/
41:   ArcNode *p;
42:   for(i=0;i<n;i++)                           /*给邻接表中所有头结点的指针域置初值*/
43:       G->adjlist[i].firstarc=NULL;
44:   for(i=0;i<n;i++)                           /*检查邻接矩阵中每个元素*/
45:       for(j=n-1;j>=0;j--)
46:           if(g.edges[i][j]!=0)               /*邻接矩阵的当前元素不为0*/
47:           {
48:               p=(ArcNode *)malloc(sizeof(ArcNode));          /*创建一个结点*p*/
49:               p->adjvex=j;
50:               p->info=g.edges[i][j];
51:               p->nextarc=G->adjlist[i].firstarc;             /*将*p链接到链表后*/
52:               G->adjlist[i].firstarc=p;
53:           }
54:   G->n=n;G->e=g.arcnum;
55:}
56:void DispAdj(ALGraph *G)
57:/*输出邻接表G*/
```

```
58:{
59:    int i;
60:    ArcNode *p;
61:    for(i=0;i<G->n;i++)
62:    {
63:        p=G->adjlist[i].firstarc;
64:        if(p!=NULL)
65:            printf("%3d: ",i);
66:        while(p!=NULL)
67:        {
68:            printf("%3d",p->adjvex);
69:            p=p->nextarc;
70:        }
71:        printf("\n");
72:    }
73:}
74:void DFS(ALGraph *G,int v)
75:{
76:    ArcNode *p;
77:    visited[v]=1;                            /*置已访问标记*/
78:    p=G->adjlist[v].firstarc;                /*p指向顶点v的第一条弧的弧头结点*/
79:    while(p!=NULL)
80:    {
81:        if(visited[p->adjvex]==0)            /*若p->adjvex顶点未访问,递归访问它*/
82:        {
83:            printf("<%d,%d> ",v,p->adjvex);          /*输出生成树的一条边*/
84:            DFS(G,p->adjvex);
85:        }
86:        p=p->nextarc;                        /*p指向顶点v的下一条弧的弧头结点*/
87:    }
88:}
89:void BFS(ALGraph *G,int v)
90:{
91:    ArcNode *p;
92:    int queue[MAXV],front=0,rear=0;          /*定义循环队列并初始化*/
93:    int visited[MAXV];                       /*定义存放结点的访问标志的数组*/
94:    int w,i;
95:    for(i=0;i<G->n;i++)
96:        visited[i]=0;                        /*访问标志数组初始化*/
97:    visited[v]=1;                            /*置已访问标记*/
98:    rear=(rear+1)%MAXV;
99:    queue[rear]=v;                           /*v进队*/
100:   while(front!=rear)                       /*若队列不空时循环*/
```

```
101:    {
102:        front = (front + 1) % MAXV;
103:        w = queue[front];                              /* 出队并赋给 w */
104:        p = G->adjlist[w].firstarc;                    /* 找与顶点 w 邻接的第一个顶点 */
105:        while(p! = NULL)
106:        {
107:            if(visited[p->adjvex] == 0)                /* 若当前邻接顶点未被访问 */
108:            {
109:                printf("<%d,%d> ",w,p->adjvex);        /* 输出生成树的一条边 */
110:                visited[p->adjvex] = 1;                /* 置该顶点已被访问的标志 */
111:                rear = (rear + 1) % MAXV;              /* 该顶点进队 */
112:                queue[rear] = p->adjvex;
113:            }
114:            p = p->nextarc;                            /* 找下一个邻接顶点 */
115:        }
116:    }
117:    printf("\n");
118:}
119:int main()
120:{
121:    int i,j;
122:    MGraph g;
123:    ALGraph G;
124:    int A[MAXV][11];
125:    g.vexnum = 11;
126:    g.arcnum = 13;
127:    for(i = 0;i<g.vexnum;i++)
128:        for(j = 0;j<g.vexnum;j++)
129:            A[i][j] = 0;
130:    A[0][3] = 1;A[0][2] = 1;A[0][1] = 1;
131:    A[1][5] = 1;A[1][4] = 1;
132:    A[2][6] = 1;A[2][5] = 1;A[2][3] = 1;
133:    A[3][7] = 1;
134:    A[6][9] = 1;A[6][8] = 1;A[6][7] = 1;
135:    A[7][10] = 1;
136:    for(i = 0;i<g.vexnum;i++)
137:        for(j = 0;j<g.vexnum;j++)
138:            A[j][i] = A[i][j];
139:    for(i = 0;i<g.vexnum;i++)                          /* 建立图的邻接矩阵 */
140:        for(j = 0;j<g.vexnum;j++)
141:            g.edges[i][j] = A[i][j];
142:    MatToList(g,&G);
143:    printf("\n");
```

```
144:  printf("图 G 的邻接表:\n");
145:  DispAdj(&G);
146:  printf("\n");
147:  for(i=0;i<g.vexnum;i++)
148:      visited[i]=0;
149:  printf("深度优先生成树:");
150:  DFS(&G,3);printf("\n");
151:  for(i=0;i<g.vexnum;i++)
152:      visited[i]=0;
153:  printf("广度优先生成树:");
154:  BFS(&G,3);
155:  return 0;
156:}
```

程序运行结果如下：

```
图 G 的邻接表:
 0:  1  2  3
 1:  0  4  5
 2:  0  3  5  6
 3:  0  2  7
 4:  1
 5:  1  2
 6:  2  7  8  9
 7:  3  6  10
 8:  6
 9:  6
10:  7

深度优先生成树:<3,0> <0,1> <1,4> <1,5> <5,2> <2,6> <6,7> <7,10> <6,8> <6,9>
广度优先生成树:<3,0> <3,2> <3,7> <0,1> <2,5> <2,6> <7,10> <1,4> <6,8> <6,9>
```

7.4.2　最小生成树

在一个连通图 G 中，如果取它的全部顶点和一部分边构成一个子图 G'，即 $V(G')\subseteq V(G)$ 和 $E(G')\subseteq E(G)$；若边集 $E(G')$ 中的边将图中的所有顶点连通又不形成回路，则称子图 G' 是原图 G 的一棵生成树。

生成树的特点如下。

第一，连通图 G 中共有 n 个顶点，则生成树 G' 必含有 $n-1$ 条边。

第二，在图 G 的一棵生成树 G' 中，若再增加一条边，就会出现一条回路。这是因为此边的两个端点已连通，再加入此边后，这两个端点间有两条路径，因此就形成了一条回路，子图 G' 就不再是生成树了。同样，若从生成树 G 中删去一条边，就使得 G 变为非连通图。

第三，同一个连通图的生成树可能有许多。如图 7-18 所示，使用不同的寻找方法可以得到不同的生成树；另外，从不同的初始顶点出发也可以得到不同的生成树。

对于一个连通网(即无向连通带权图,假定每条边上的权均为大于零的实数)来说,其生成树上各边上的权值总和称为该生成树的代价。显然,生成树不同,其代价也可能不同。图 7-19(a)所示是一个连通网,图 7-19(b)、图 7-19(c)、图 7-19(d)所示是它的三棵生成树,每棵生成树的代价分别为 57、53 和 38。在图 G 中代价最小的生成树称为图的最小生成树。

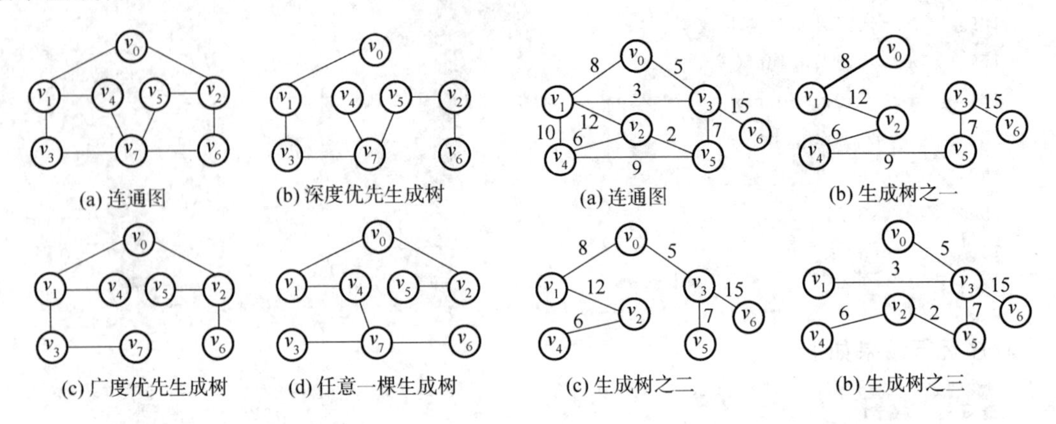

图 7-18 连通图和它的生成树　　　　图 7-19 连通网和它的生成树

1. 普里姆(Prime)算法

假设 $G=(V,E)$ 是一个具有 n 个顶点的连通网,$T=(U,\mathrm{TE})$ 是 G 的最小生成树,其中,U 是 T 的顶点集,TE 是 T 的边集。普里姆算法的基本思想是:令集合 U 的初值为 $U=\{v_0\}$,集合 TE 的初值为 TE=$\{\ \}$。然后只要 U 是 V 的真子集(即 $U\subset V$),就从那些一个端点已在 T 中,另一个端点仍在 T 外的所有边中,找一条最短(即权值最小)边,假定为(v_i,v_j),其中 $v_i\in U$,$v_j\in(V-U)$,并把该边(v_i,v_j)和顶点 v_j 分别并入 T 的边集 TE 和顶点集 U,如此进行下去,每次往生成树里并入一个顶点和一条边,直到 $n-1$ 次后就把所有 n 个顶点都并入生成树 T 的顶点集中,此时 $U=V$,TE 中含有 $n-1$ 条边,T 就是最后得到的最小生成树。

显然,普里姆算法的关键之处是:每次如何从生成树 T 中到 T 外的所有边中,找出一条最短边。

找出一条最短边的方法是:设在进行第 k 次查找前已经保留着从 T 中到 T 外每一顶点(共 $n-k$ 个顶点)的各一条最短边,进行第 k 次查找时,首先从这 $n-k$ 条最短边中找出一条最短的边,它就是从 T 中到 T 外的所有边中的最短边,设为(v_i,v_j),此步需进行 $n-k$ 次比较;然后把边(v_i,v_j)和顶点 v_j 分别并入 T 中的边集 TE 和顶点集 U 中,此时 T 外只有 $n-(k+1)$ 个顶点,对于其中的每个顶点 v_t,若(v_j,v_t)边上的权值小于已保留的从原 T 中到顶点 v_t 的最短边的权值,则用(v_j,v_t)修改之,使从 T 中到 T 外顶点 v_t 的最短边为(v_j,v_t),否则原有最短边保持不变,这样就把第 k 次后从 T 中到 T 外每一顶点 v_t 的各一条最短边都保留下来了,为进行第 $k+1$ 次运算做好了准备,此步需进行 $n-k-1$ 次比较。所以,利用此方法求第 k 次的最短边共需比较 $2(n-k)-1$ 次,即时间复杂度为 $O(n-k)$。

行下标	0	1	2	3	4	5	6	列下标
	∞	8	∞	5	∞	∞	∞	0
	8	∞	12	3	10	∞	∞	1
	∞	12	∞	∞	6	2	∞	2
	5	3	∞	∞	∞	7	15	3
	∞	10	6	∞	∞	9	∞	4
	∞	∞	2	7	9	∞	∞	5
	∞	∞	∞	15	∞	∞	∞	6

图 7-20 图 7-19(a)的带权连通图和邻接矩阵

(1) 算法示例

图 7-19(a)的带权连通图如图 7-20 所示,若从 v_0 出发利用普里姆算法构造最小生成树 T,在其过程中,每次(第 0 次为

初始状态)向 T 中并入一个顶点和一条边后，顶点集 U、边集 TE 以及从 T 中到 T 外每个顶点的各一条最短边所构成的集合的状态如下：

第 0 次　U={0}

TE={ }

LW={(0,1)8,(0,2)∞,(0,3)5,(0,4)∞,(0,5)∞,(0,6)∞}

第 1 次　U={0,3}

TE={(0,3)5 }

LW={(3,1)3,(0,2)∞,(0,4)∞,(3,5)7,(3,6)15}

第 2 次　U={0,3,1}

TE={(0,3)5,(3,1)3}

LW={(1,2)12,(1,4)10,(3,5)7,(3,6)15}

第 3 次　U={0,3,1,5}

TE={(0,3)5,(3,1)3,(3,5)7}

LW={(5,2)2,(5,4)9, (3,6)15}

第 4 次　U={0,3,1,5,2}

TE={(0,3)5,(3,1)3,(3,5)7,(5,2)2}

LW={(2,4)6,(3,6)15}

第 5 次　U={0,3,1,5,2,4}

TE={(0,3)5,(3,1)3,(3,5)7,(5,2)2,(2.4)6}

LW={(3,6)15}

第 6 次　U={0,3,1,5,2,4,6}

TE={(0,3)5,(3,1)3,(3,5)7,(5,2)2,(2.4)6, (3,6)15}

LW={ }

每次对应的图形如图 7-21(b)～图 7-21(h)所示，其中图 7-21(h)就是最后得到的最小生成树，它同图 7-19(d)是完全一样的。

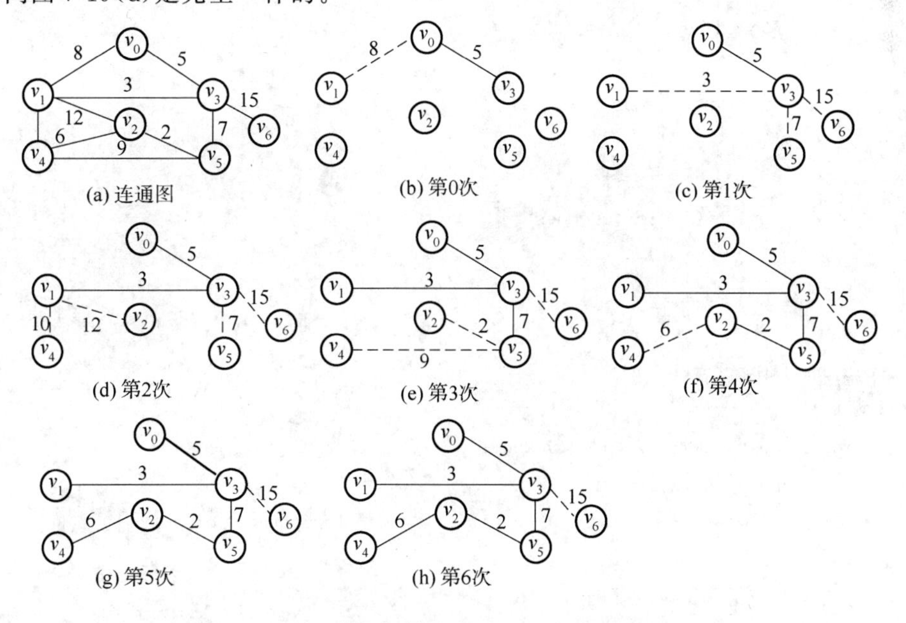

图 7-21　利用普里姆算法求图的最小生成树的过程

由于在算法执行过程中，需要不断读取任意两个顶点之间边的权值，所以图采用邻接矩阵存储。

(2) 算法实现

```
01:#include<stdio.h>
02:#define INF 32767                              /*INF表示∞*/
03:#define MAXV 100                               /*最大顶点个数*/
04:typedef int InfoType;
05:/*以下定义邻接矩阵类型*/
06:typedef struct
07:{
08:    int no;                                    /*顶点编号*/
09:    InfoType info;                             /*顶点其他信息*/
10:}VertexType;                                  /*顶点类型*/
11:typedef struct                                /*图的定义*/
12:{
13:    int edges[MAXV][MAXV];                     /*邻接矩阵*/
14:    int vexnum,arcnum;                         /*顶点数,弧数*/
15:    VertexType vexs[MAXV];                     /*存放顶点信息*/
16:}MGraph;                                      /*图的邻接矩阵类型*/
17:void DispMat(MGraph g)
18:/*输出邻接矩阵g*/
19:{
20:    int i,j;
21:    for(i=0;i<g.vexnum;i++)
22:    {
23:       for(j=0;j<g.vexnum;j++)
24:           if(g.edges[i][j]==INF)
25:           {
26:               printf("%3s","∞");
27:           }
28:           else
29:             printf("%3d",g.edges[i][j]);
30:       printf("\n");
31:    }
32:}
33:void prim(MGraph g,int v)
34:{
35:    int lowcost[MAXV],min,n=g.vexnum;
36:    int closest[MAXV],i,j,k;
37:    for(i=0;i<n;i++)                           /*给lowcost[]和closest[]置初值*/
38:    {
39:       lowcost[i]=g.edges[v][i];
```

```
40:      closest[i] = v;
41:   }
42:   for(i = 1;i<n;i++)                              /*找出n-1个顶点*/
43:   {
44:     min = INF;
45:     for(j = 0;j<n;j++)                            /*在(V-U)中找出离U最近的顶点k*/
46:        if(lowcost[j]! = 0&&lowcost[j]<min)
47:        {
48:            min = lowcost[j];k = j;
49:        }
50:     printf("  边(%d,%d)权为:%d\n",closest[k],k,min);
51:     lowcost[k] = 0;                               /*标记k已经加入U*/
52:     for(j = 0;j<n;j++)                            /*修改数组lowcost和closest*/
53:        if(g.edges[k][j]! = 0&&g.edges[k][j]<lowcost[j])
54:        {
55:            lowcost[j] = g.edges[k][j];
56:            closest[j] = k;
57:        }
58:   }
59:}
60:int main()
61:{
62:   int i,j,u = 3;
63:   MGraph g;
64:   int A[MAXV][11];
65:   g.vexnum = 6;
66:   g.arcnum = 10;
67:   for(i = 0;i<g.vexnum;i++)
68:     for(j = 0;j<g.vexnum;j++)
69:        A[i][j] = INF;
70:   A[0][1] = 5;A[0][2] = 8;A[0][3] = 7;A[0][5] = 3;
71:   A[1][2] = 4;
72:   A[2][3] = 5;A[2][5] = 9;
73:   A[3][4] = 5;
74:   A[4][5] = 1;
75:   for(i = 0;i<g.vexnum;i++)
76:     for(j = 0;j<g.vexnum;j++)
77:        A[j][i] = A[i][j];
78:   for(i = 0;i<g.vexnum;i++)                       /*建立图的邻接矩阵*/
79:     for(j = 0;j<g.vexnum;j++)
80:        g.edges[i][j] = A[i][j];
81:   printf("\n");
82:   printf("图G的邻接矩阵:\n");
```

```
83:   DispMat(g);
84:   printf("\n");
85:   printf("普里姆算法求解结果:\n");
86:   prim(g,0);
87:   return 0;
88:}
```

程序运行结果如下:

```
图G的邻接矩阵:
∞  5  8  7 ∞  3
  5 ∞  4 ∞ ∞ ∞
  8  4 ∞  5 ∞  9
  7 ∞  5 ∞  5 ∞
∞ ∞ ∞  5 ∞  1
  3 ∞  9 ∞  1 ∞

普里姆算法求解结果:
  边(0,5)权为:3
  边(5,4)权为:1
  边(5,0)权为:3
  边(0,1)权为:5
  边(1,2)权为:4
```

(3) 算法分析

假设网中有 n 个顶点,则第一个进行初始化的循环语句需要执行 $n-1$ 次,第二个循环共执行 $n-1$ 次,内嵌的两个循环,其一是在数组 CT[$k-1$]~CT[$n-2$]中求最小值,平均执行次数为$(n-1)/2$,其二是调整数组 LW,平均执行次数为$(n-2)/2$,所以普里姆算法的时间复杂度为 $O(n^2)$,与网中的边数无关,适用于求稠密网的最小生成树。算法的空间复杂度为 $O(1)$。

2. 克鲁斯卡尔(Kruskal)算法

(1) 算法思想

克鲁斯卡尔算法是一种按照连通网中边的权值的递增顺序构造最小生成树的算法。假设 $G=(V,E)$是一个具有 n 个顶点的连通网,$T=(U,\mathrm{TE})$是 G 的最小生成树。克鲁斯卡尔算法的基本思想是:令集合 U 的初值为 $U=V$,即包含 G 中的全部顶点,集合 TE 的初值为 TE={ }。然后,将图 G 中的边按权值从小到大的顺序依次选取,若选取的边使生成树 T 不形成回路,则把它并入 TE 中,保留作为 T 的一条边;若选取的边使生成树 T 形成回路,则将其舍弃,如此进行下去,直到 TE 中包含 $n-1$ 条边为止,此时的 T 即为最小生成树。

设图 7-22(a)是用边集数组表示的,且数组中各边是按权值从小到大的顺序排列的,若没有按序排列,则可通过调用排序算法,使之成为有序,如图 7-22(d)所示,这样按权值从小到大选取各边就转换成按边集数组中下标次序选取各边。其过程如图 7-22 所示,其中图 7-22(c)就是图 7-22(a)的最小生成树。

实现克鲁斯卡尔算法的关键之处是:如何判断欲加入 T 中的一条边是否与生成树中已保留的边形成回路。

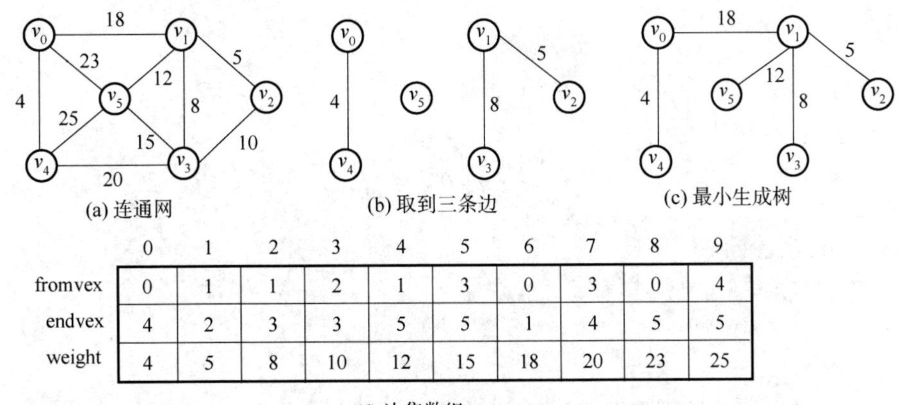

(a) 连通网　(b) 取到三条边　(c) 最小生成树

	0	1	2	3	4	5	6	7	8	9
fromvex	0	1	1	2	1	3	0	3	0	4
endvex	4	2	3	3	5	5	1	4	5	5
weight	4	5	8	10	12	15	18	20	23	25

(d) 边集数组

图 7-22　利用克鲁斯卡尔算法求最小生成树的过程

这可通过将各顶点划分为不同集合的方法来解决，每个集合中的顶点表示一个无回路的连通分量。算法开始时，由于生成树的顶点集等于图 G 的顶点集，边集为空，所以 n 个顶点分属于 n 个集合，每个集合中只有一个顶点，表明顶点之间互不连通。

当从边集数组中按次序选取一条边时，若它的两个端点分属于不同的集合，则表明此边连通了两个不同的连通分量，因每个连通分量无回路，所以连通后得到的连通分量仍不会产生回路，此边应保留作为生成树的一条边，同时把端点所在的两个集合合并成一个，即成为一个连通分量；当选取的一条边的两个端点同属于一个集合时，此边应放弃，因为同一个集合中的顶点是连通无回路的，若再加入一条边则必产生回路。

依此类推，直到所有顶点同属于一个集合，即进行了 $n-1$ 次集合的合并，保留了 $n-1$ 条生成树的边为止。

(2) 算法实现

```
01:#include<stdio.h>
02:#define INF 32767                       /*INF表示∞*/
03:#define MAXE 100                        /*最多边数*/
04:#define MAXV 100                        /*最大顶点个数*/
05:typedef int InfoType;
06:/*以下定义邻接矩阵类型*/
07:typedef struct
08:{
09:    int no;                             /*顶点编号*/
10:    InfoType info;                      /*顶点其他信息*/
11:}VertexType;                            /*顶点类型*/
12:typedef struct                          /*图的定义*/
13:{
14:    int edges[MAXV][MAXV];              /*邻接矩阵*/
15:    int vexnum,arcnum;                  /*顶点数,弧数*/
16:    VertexType vexs[MAXV];              /*存放顶点信息*/
17:}MGraph;                                /*图的邻接矩阵类型*/
```

```
18:typedef struct
19:{
20:   int u;                          /*边的起始顶点*/
21:   int v;                          /*边的终止顶点*/
22:   int w;                          /*边的权值*/
23:}Edge;
24:void DispMat(MGraph g)
25:/*输出邻接矩阵 g*/
26:{
27:   int i,j;
28:   for(i=0;i<g.vexnum;i++)
29:   {
30:      for(j=0;j<g.vexnum;j++)
31:         if(g.edges[i][j]==INF)
32:            printf("%3s","∞");
33:         else
34:            printf("%3d",g.edges[i][j]);
35:      printf("\n");
36:   }
37:}
38:void SortEdge(MGraph g,Edge E[])  /*从邻接矩阵产生权值递增的边集*/
39:{
40:   int i,j,k=0;
41:   Edge temp;
42:   for(i=0;i<g.vexnum;i++)
43:      for(j=0;j<g.vexnum;j++)
44:         if(g.edges[i][j]<INF)
45:         {
46:            E[k].u=i;
47:            E[k].v=j;
48:            E[k].w=g.edges[i][j];
49:            k++;
50:         }
51:   for(i=1;i<k;i++)                /*按权值递增有序进行直接插入排序*/
52:   {
53:      temp=E[i];
54:      j=i-1;                       /*从右向左在有序区 E[0..i-1]中找 E[i]的插入位置*/
55:      while(j>=0&&temp.w<E[j].w)
56:      {
57:         E[j+1]=E[j];             /*将权值大于 E[i].w 的记录后移*/
58:         j--;
59:      }
60:      E[j+1]=temp;                 /*在 j+1 处插入 E[i]*/
```

```
61:   }
62:}
63:void Kruskal(Edge E[],int n,int e)
64:{
65:   int i,j,m1,m2,sn1,sn2,k;
66:   int vset[MAXE];
67:   for(i = 0;i<n;i ++ )
68:      vset[i] = i;                  /* 初始化辅助数组 */
69:   k = 1;                            /* k 表示当前构造最小生成树的第几条边,初值为 1 */
70:   j = 0;                            /* E 中边的下标,初值为 0 */
71:   while(k<n)                        /* 生成的边数小于 n 时循环 */
72:   {
73:      m1 = E[j].u;m2 = E[j].v;      /* 取一条边的头尾顶点 */
74:      sn1 = vset[m1];
75:      sn2 = vset[m2];               /* 分别得到两个顶点所属的集合编号 */
76:      if(sn1! = sn2)                /* 两顶点属于不同的集合,该边是最小生成树的一条边 */
77:      {
78:         printf("  (%d,%d):%d\n",m1,m2,E[j].w);
79:         k ++ ;                     /* 生成边数增 1 */
80:         for(i = 0;i<n;i ++ )       /* 两个集合统一编号 */
81:            if(vset[i] == sn2)      /* 集合编号为 sn2 的改为 sn1 */
82:               vset[i] = sn1;
83:      }
84:      j ++ ;                        /* 扫描下一条边 */
85:   }
86:}
87:int main()
88:{
89:   int i,j,u = 3;
90:   MGraph g;
91:   Edge E[MAXE];
92:   int A[MAXV][11];
93:   g.vexnum = 6;
94:   g.arcnum = 10;
95:   for(i = 0;i<g.vexnum;i ++ )
96:      for(j = 0;j<g.vexnum;j + + )
97:         A[i][j] = INF;
98:   A[0][1] = 5;A[0][2] = 8;A[0][3] = 7;A[0][5] = 3;
99:   A[1][2] = 4;
100:  A[2][3] = 5;A[2][5] = 9;
101:  A[3][4] = 5;
102:  A[4][5] = 1;
103:  for(i = 0;i<g.vexnum;i ++ )
```

```
104:     for(j = 0;j<g.vexnum;j ++ )
105:         A[j][i] = A[i][j];
106:  for(i = 0;i<g.vexnum;i ++ )                    /* 建立图的邻接矩阵 */
107:     for(j = 0;j<g.vexnum;j ++ )
108:         g.edges[i][j] = A[i][j];
109:  SortEdge(g,E);
110:  printf("\n");
111:  printf("图 G 的邻接矩阵:\n");
112:  DispMat(g);
113:  printf("\n");
114:   printf("克鲁斯卡尔算法求解结果:\n");
115:  Kruskal(E,g.vexnum,g.arcnum);
116:  return 0;
117:}
```

程序运行结果如下：

```
图 G 的邻接矩阵:
∞   5   8   7 ∞   3
  5 ∞   4 ∞ ∞ ∞
  8   4 ∞   5 ∞   9
  7 ∞   5 ∞   5 ∞
∞ ∞ ∞   5 ∞   1
  3 ∞   9 ∞   1 ∞

克鲁斯卡尔算法求解结果:
  (4,5):1
  (0,5):3
  (1,2):4
  (0,1):5
  (2,3):5
```

(3) 算法分析

假设网中有 n 个顶点，则第一个进行辅助数组初始化的循环语句共执行 n 次，内嵌的循环中，合并两个集合的执行次数为 n，所以克鲁斯卡尔算法的时间复杂度为 $O(n^2)$。算法的空间复杂度为 $O(n)$。

当一个连通网中不存在权值相同的边时，无论采用什么方法得到的最小生成树都是唯一的，但若存在着相同权值的边，则得到的最小生成树可能不唯一，当然最小生成树的权是相同的。

7.5 最短路径

7.5.1 最短路径的概念

在一个图中，若从一顶点到另一顶点存在着一条路径，则路径长度为该路径上所经过的边的数目,它也等于该路径上的顶点数减 1。由于从一顶点到另一顶点可能存在多条路径,每条路径上所经过的边数可能不同,即路径长度不同,把路径长度最短的那条路径叫作最短路径,其路径长度叫作最短路径长度或最短距离。

若图是带权图,则把从一个顶点 v_i 到图中其余任一个顶点 v_j 的一条路径上所经过边的权值之和定义为该路径的带权路径长度,从 v_i 到 v_j 可能不止一条路径,把带权路径长度最短(即其值最小)的那条路径也称作最短路径,其权值也称作最短路径长度或最短距离。如图 7-23 所示 ,从 v_0 到 v_4 共有 3 条路径,其带权路径长度分别为 30、23 和 38,可知最短路径为 $v_0 \rightarrow v_1 \rightarrow v_3 \rightarrow v_4$,最短距离为 23。

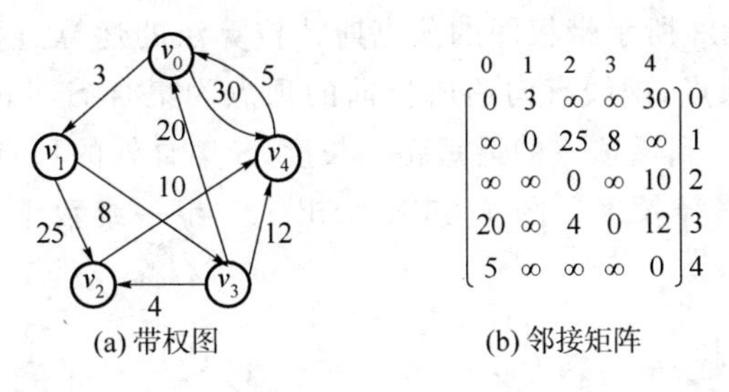

(a) 带权图 (b) 邻接矩阵

图 7-23 带权图和对应的邻接矩阵

7.5.2 从一顶点到其余各顶点的最短路径

1. 狄克斯特拉(Dijkstra)算法的基本思想

求出从源点 v_i 到图中其余每一个顶点的最短路径采用狄克斯特拉算法,该算法的基本思想是:设集合 V 是图 G 的顶点集合,集合 S 存放已经找到最短路径的顶点,初始状态时,集合 S 中只包含源点 v_i,然后不断从集合 V-S 中选择到源点 v_i 路径长度最短的顶点 v_j 加入集合 S 中,集合 S 中每加入一个新的顶点 v_j 都要修改从源点 v_i 到 V-S 集合中剩余顶点的当前最短路径长度值,集合 V-S 中各顶点的新的当前最短路径长度值,为原来的最短路径长度值与从源点经过顶点 v_j 到达该顶点的路径长度中的较小者。此过程不断重复,直到集合 V 中的全部顶点加入集合 S 中。

2. 实现狄克斯特拉算法的数据结构

图的存储结构:因为在算法执行过程中,需要快速地求得任意两个顶点之间边上的权值,所以图采用邻接矩阵存储。

集合 S:用一维数组 $s[n]$(其类型为 bool)存放已求得最短路径的终点序号,若顶点 v_i 在集合 S 中,则 $s[i]$的值为 true,否则 $s[i]$的值为 false。它的初值只有 $s[i]$为 true(表示集合 S 中只有一个元素,即源点 v_i),其余均为 false。以后每求出一个从源点 v_i 到终点 v_m 的最短路径,就将该顶点 v_m 并入集合 S 中,即置 $s[m]$为 true。

最短路径长度:用一维数组 dist[n](其基类型为权值类型)中的元素 dist[j]保存从源点 v_i 到终点 v_j 的当前最短路径长度,它的初值为(v_i,v_j)或$\langle v_i,v_j \rangle$边上的权值,若 v_i 到 v_j 没有边,则权值为 MAX_VALUE,以后每考虑一个新的中间点时,dist[j]的值可能变小。

最短路径:用一维数组 path[n](其类型为 int)中的元素 path[j]保存从源点 v_i 到终点 v_j 当前最短路径中目标顶点的前一个顶点的序号,这样可以从终点 v_j 找到源点 v_i 的路径(即是 v_i 到 v_j 的逆序)。它的初值为源点 v_i 的序号 i(v_i 到 v_j 有边时)或-1(v_i 到 v_j 无边时)。

狄克斯特拉算法的执行过程:首先从集合 S 以外的顶点(即待求出最短路径的终点)所对

应的 dist 数组元素中查找出其值最小的元素，假定为 dist[m]，该元素值就是从源点 v_i 到终点 v_m 的最短路径长度，接着把已求得最短路径的终点 v_m 并入集合 S 中，即 $s[m]$＝true；然后以 v_m 作为新考虑的中间点，对集合 S 以外的每个顶点 v_j 比较 dist[m]＋G. arcs[m][j]. adj 与 dist[j]的大小，若前者小于后者，表明加入了新的中间点 v_m 之后，从 v_i 到 v_j 的路径长度比原来变短，应用它替换 dist[j]的原值，使 dist[j]始终保持到目前为止最短的路径长度，同时把序号 m 作为终点 v_j 的当前路径中前一个结点的序号，即 path[j]＝m。重复 $n-2$ 次上述运算过程，即可在 dist 数组中得到从源点 v_i 到其余每个顶点的最短路径长度，在 path 数组中得到相应的最短路径。

图 7-24 给出了图 7-23 所示带权图的狄克斯特拉算法的运算过程，其中实线有向边所指向的顶点为集合 S 中的顶点，虚线有向边所指向的顶点为集合 S 外的顶点；集合 S 中的顶点旁边所标数值为从源点 v_0 到该顶点的最短路径长度，S 集合外的顶点旁边所标数值为从源点 v_0 到该顶点的目前最短路径长度。图 7-25 则给出了 3 个一维数组 s、dist 和 path 值的变化过程。

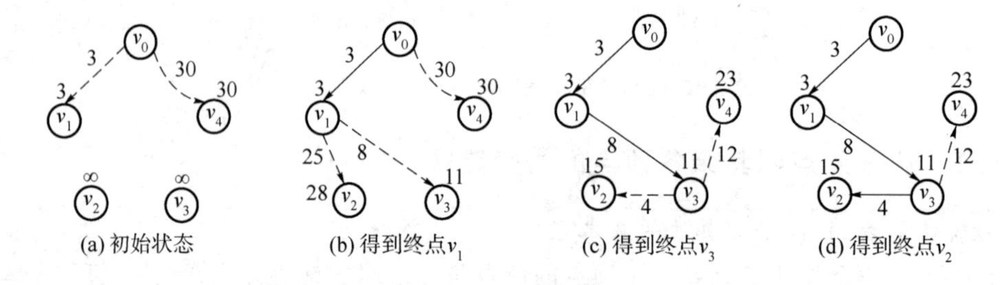

图 7-24　利用狄克斯特拉算法求最短路径的过程

s[]

0	1	2	3	4
1	0	0	0	0
1	1	0	0	0
1	1	0	1	0
1	1	1	1	0

dist[]

0	1	2	3	4
0	3	∞	∞	30
0	3	28	11	30
0	3	15	11	23
0	3	15	11	23

path[]

0	1	2	3	4
-1	0	-1	-1	0
-1	0	1	1	0
-1	0	3	1	3
-1	0	3	1	3

图 7-25　数组 s、dist 和 path 值的变化过程

代码如下：

```
01:#include<stdio.h>
02:#define MAXV 100                    /*最大顶点个数*/
03:#define INF 32767                   /*用 32767 表示∞*/
04:#define MAXV 100                    /*最大顶点个数*/
05:typedef int InfoType;
06:/*以下定义邻接矩阵类型*/
07:typedef struct
08:{
09:    int no;                         /*顶点编号*/
10:    InfoType info;                  /*顶点其他信息*/
11:}VertexType;                        /*顶点类型*/
```

```
12:typedef struct                        /* 图的定义 */
13:{
14:    int edges[MAXV][MAXV];            /* 邻接矩阵 */
15:    int vexnum,arcnum;                /* 顶点数,弧数 */
16:    VertexType vexs[MAXV];            /* 存放顶点信息 */
17:}MGraph;                              /* 图的邻接矩阵类型 */
18:void DispMat(MGraph g)
19:/* 输出邻接矩阵 g */
20:{
21:    int i,j;
22:    for(i = 0;i<g.vexnum;i ++ )
23:    {
24:       for(j = 0;j<g.vexnum;j ++ )
25:          if(g.edges[i][j] == INF)
26:             printf(" %3s","∞");
27:          else
28:             printf(" %3d",g.edges[i][j]);
29:       printf("\n");
30:    }
31:}
32:void ppath(int path[],int i,int v0)
33:{
34:    int k;
35:    k = path[i];
36:    if(k == v0)
37:      return;
38:    ppath(path,k,v0);
39:    printf(" %d,",k);
40:}
41:void DisPath(int dist[],int path[],int s[],int n,int v0)
42:/* 由 path 计算最短路径 */
43:{
44:    int i;
45:    printf("   path:");                /* 输出 path 值 */
46:    for(i = 0;i<n;i ++ )
47:       printf(" %3d",path[i]);
48:    printf("\n");
49:    for(i = 0;i<n;i ++ )
50:       if(s[i] == 1 && i! = v0)
51:       {
52:          printf("从 %d 到 %d 的最短路径长度为: %d\t 路径为:",v0,i,dist[i]);
53:          printf(" %d,",v0);ppath(path,i,v0);printf(" %d\n",i);
54:       }
```

```
55:     else
56:        printf("从%d到%d不存在路径\n",v0,i);
57:}
58:void Dijkstra(MGraph g,int v0)
59:/*狄克斯特拉算法从顶点v0到其余各顶点的最短路径*/
60:{
61:   int dist[MAXV],path[MAXV];
62:   int s[MAXV];
63:   int mindis,i,j,u,n=g.vexnum;
64:   for(i=0;i<n;i++)
65:   {
66:       dist[i]=g.edges[v0][i];                  /*距离初始化*/
67:       s[i]=0;                                  /*s[]置空*/
68:       if(g.edges[v0][i]<INF)                   /*路径初始化*/
69:         path[i]=v0;
70:       else
71:         path[i]=-1;
72:   }
73:   s[v0]=1;path[v0]=0;                          /*源点编号v0放入s中*/
74:   for(i=0;i<n;i++)                             /*循环直到所有顶点的最短路径都求出*/
75:   {
76:       mindis=INF;
77:       u=-1;
78:       for(j=0;j<n;j++)                         /*选取不在s中且具有最小距离的顶点u*/
79:          if(s[j]==0&&dist[j]<mindis)
80:          {
81:             u=j;mindis=dist[j];
82:          }
83:       s[u]=1;                                  /*顶点u加入s中*/
84:       for(j=0;j<n;j++)                         /*修改不在s中的顶点的距离*/
85:          if(s[j]==0)
86:       if(g.edges[u][j]<INF&&dist[u]+g.edges[u][j]<dist[j])
87:       {
88:          dist[j]=dist[u]+g.edges[u][j];
89:          path[j]=u;
90:       }
91:   }
92:   printf("输出最短路径:\n");
93:   DisPath(dist,path,s,n,v0);                   /*输出最短路径*/
94:}
95:int main()
96:{
97:   int i,j,u=0;
```

```
98:  MGraph g;
99:  int A[MAXV][6] = {{INF,5,INF,7,INF,INF},{INF,INF,4,INF,INF,INF},
         {8,INF,INF,INF,INF,9},{INF,INF,5,INF,INF,6},
         {INF,INF,INF,5,INF,INF},{3,INF,INF,INF,1,INF}};
100:  g.vexnum = 6;
101:  g.arcnum = 10;
102:  for(i = 0;i<g.vexnum;i++)                    /*建立图的邻接矩阵*/
103:     for(j = 0;j<g.vexnum;j++)
104:        g.edges[i][j] = A[i][j];
105:  printf("\n");
106:  printf("有向图G的邻接矩阵:\n");
107:  DispMat(g);
108:  Dijkstra(g,u);
109:  return 0;
110:}
```

程序运行结果如下:

```
有向图G的邻接矩阵:
∞  5 ∞  7 ∞ ∞
∞ ∞  4 ∞ ∞ ∞
  8 ∞ ∞ ∞ ∞  9
∞ ∞  5 ∞ ∞  6
∞ ∞ ∞  5 ∞ ∞
  3 ∞ ∞ ∞  1 ∞
输出最短路径:
  path:  0  0  1  0  5  3
  从0到0不存在路径
  从0到1的最短路径长度为:5       路径为:0,1
  从0到2的最短路径长度为:9       路径为:0,1,2
  从0到3的最短路径长度为:7       路径为:0,3
  从0到4的最短路径长度为:14      路径为:0,3,5,4
  从0到5的最短路径长度为:13      路径为:0,3,5
```

分析狄克斯特拉算法,假设网中有 n 个顶点,第一个 for 循环执行 n 次;第二个 for 循环执行 $n-1$ 次,内嵌的两个循环均执行 n 次,所以总的时间复杂度为 $O(n^2)$。

7.5.3 每对顶点间的最短路径

1. 弗洛伊德算法的基本思想

弗洛伊德算法的基本思想是:假设从 v_i 到 v_j 的弧(若从 v_i 到 v_j 没有弧,则将其弧的权值看成∞)是当前最短路径,然后进行 n 次试探。

(1) 比较 $v_i \rightarrow v_j$ 和 $v_i \rightarrow v_0 \rightarrow v_j$ 的路径长度,取长度较短者作为从 v_i 到 v_j 中间顶点的序号

不大于 0 的最短路径。

(2) 在路径上增加一个顶点 v_1，因为 $v_i \rightarrow \cdots \rightarrow v_1$ 和 $v_1 \rightarrow \cdots \rightarrow v_j$ 分别是中间顶点的序号不大于 0 的最短路径，则将 $v_i \rightarrow \cdots \rightarrow v_1 \rightarrow \cdots \rightarrow v_j$ 和已经得到的从 v_i 到 v_j 中间顶点的序号不大于 0 的最短路径相比较，取长度较短者作为从 v_i 到 v_j 中间顶点的序号不大于 1 的最短路径。

(3) 一般情况下，在路径上增加一个顶点 v_k，若 $v_i \rightarrow \cdots \rightarrow v_k$ 和 $v_k \rightarrow \cdots \rightarrow v_j$ 分别是从 v_i 到 v_k 和从 v_k 到 v_j 中间顶点的序号不大于 $k-1$ 的最短路径，则将 $v_i \rightarrow \cdots \rightarrow v_k \rightarrow \cdots \rightarrow v_j$ 和已经得到的从 v_i 到 v_j 中间顶点的序号不大于 $k-1$ 的最短路径相比较，取长度较短者为从 v_i 到 v_j 中间顶点的序号不大于 k 的最短路径。

(4) 经过 n 次迭代后，最后求得的必是从 v_i 到 v_j 的最短路径。

2. 弗洛伊德算法示例

对于图 7-26(a)所示的有向带权图，其弗洛伊德算法的迭代过程如下。

(1) 令 k 取 0，即以 v_0 作为新考虑的中间点，对图 7-26(b)所示 $dist_{-1}$ 中的每对顶点之间的路径长度进行必要的修改后得到第 0 次运算结果 $dist_0$，如图 7-26(c)所示。在 $dist_0$ 中，第 0 行和第 0 列上的元素同对角线上的元素一样为 $dist_{-1}$ 中的对应值，对于其他 6 个元素，若 v_i 通过新中间点 v_0 然后到 v_j 的路径长度 $dist_{-1}[i][0]+dist_{-1}[0][j]$ 小于原来的路径长度 $dist_{-1}[i][j]$，则用前者修改之，否则仍保持原值。

(2) 令 k 取 1，即以 v_1 作为新考虑的中间点，对 $dist_0$ 中的每对顶点之间的路径长度进行必要的修改后得到第 1 次运算结果 $dist_1$，如图 7-26(d)所示。在 $dist_1$ 中，第 1 行和第 1 列上的元素同对角线上的元素一样为 $dist_0$ 中的对应值，对于其他 6 个元素，若 v_i 通过新中间点 v_1 然后到 v_j 的路径长度 $dist_0[i][1]+dist_0[1][j]$ 小于原来的路径长度 $dist_0[i][j]$，则用前者修改之，否则仍保持原值。

同理，分别以 $v_2(k=2)$ 和 $v_3(k=3)$ 作为新考虑的中间点，对 $dist_1$ 和 $dist_2$ 中每对顶点的路径长度进行必要的修改，得到第 2 次运算结果 $dist_2$ 和第 3 运算的结果 $dist_3$，如图 7-26(e) 和图 7-26(f) 所示。其中 $dist_3$ 就是最后得到的整个运算的结果，$dist_3$ 中的每个元素 $dist_3[i][j]$ 的值就是图 7-26(a)中顶点 v_i 到 v_j 的最短路径长度。其最短路径保存在数组 path 中。图 7-27 给出了数组 path 的变化过程。

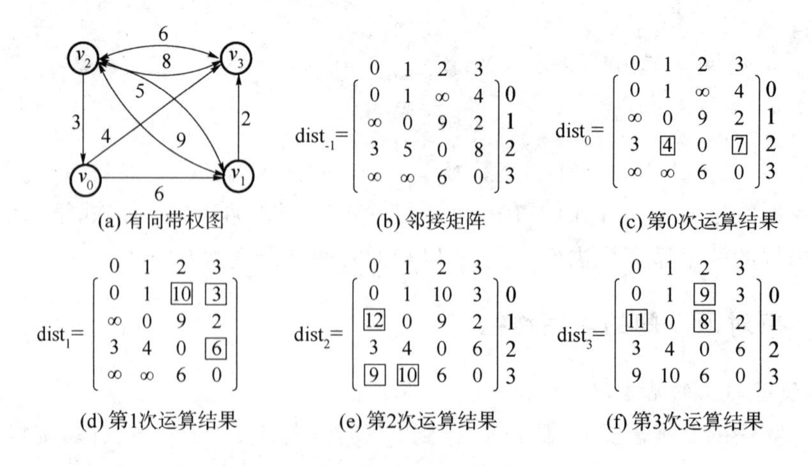

图 7-26 弗洛伊德算法求最短路径的运算过程

$$path_{-1}=\begin{array}{cccc|c} 0&1&2&3& \\ \hline 0&1&2&3&0\\ 0&1&2&3&1\\ 0&1&2&3&2\\ 0&1&2&3&3 \end{array}$$

(a) 路径数组

$$path_{0}=\begin{array}{cccc|c} 0&1&2&3& \\ \hline 0&1&2&3&0\\ 0&1&2&3&1\\ 0&0&2&0&2\\ 0&1&2&3&3 \end{array}$$

(b) 第0次运算结果

$$path_{1}=\begin{array}{cccc|c} 0&1&2&3& \\ \hline 0&1&1&1&0\\ 0&1&2&3&1\\ 0&0&2&0&2\\ 0&1&2&3&3 \end{array}$$

(c) 第1次运算结果

$$path_{2}=\begin{array}{cccc|c} 0&1&2&3& \\ \hline 0&1&1&1&0\\ 2&1&2&3&1\\ 0&0&2&0&2\\ 2&2&2&3&3 \end{array}$$

(d) 第2次运算结果

$$path_{3}=\begin{array}{cccc|c} 0&1&2&3& \\ \hline 0&1&1&1&0\\ 3&1&3&3&1\\ 0&0&2&0&2\\ 2&2&2&3&3 \end{array}$$

(e) 第3次运算结果

图 7-27 数组 path 的变化过程

3. 弗洛伊德算法实现

```
01:#include<stdio.h>
02:#define MAXV 100                     /*最大顶点个数*/
03:#define INF 32767                    /*用32767表示∞*/
04:#define MAXV 100                     /*最大顶点个数*/
05:typedef int InfoType;
06:/*以下定义邻接矩阵类型*/
07:typedef struct
08:{
09:   int no;                           /*顶点编号*/
10:   InfoType info;                    /*顶点其他信息*/
11:}VertexType;                        /*顶点类型*/
12:typedef struct                      /*图的定义*/
13:{
14:   int edges[MAXV][MAXV];            /*邻接矩阵*/
15:   int vexnum,arcnum;                /*顶点数,弧数*/
16:   VertexType vexs[MAXV];            /*存放顶点信息*/
17:}MGraph;                            /*图的邻接矩阵类型*/
18:void DispMat(MGraph g)
19:/*输出邻接矩阵g*/
20:{
21:   int i,j;
22:   for(i=0;i<g.vexnum;i++)
23:   {
24:      for(j=0;j<g.vexnum;j++)
25:         if(g.edges[i][j]==INF)
26:            printf("%3s","∞");
27:         else
28:            printf("%3d",g.edges[i][j]);
29:      printf("\n");
```

```
30:    }
31:}
32:void ppath(int path[][MAXV],int i,int j)
33:{
34:    int k;
35:    k = path[i][j];
36:    if(k == -1)
37:      return;
38:    ppath(path,i,k);
39:    printf("%d,",k);
40:    ppath(path,k,j);
41:}
42:void DisPath(int A[][MAXV],int path[][MAXV],int n)
43:{
44:    int i,j;
45:    for(i = 0;i<n;i++)
46:      for(j = 0;j<n;j++)
47:        if(A[i][j] == INF || i == j)
48:           printf("从%d到%d没有路径\n",i,j);
49:        else
50:        {
51:           printf("从%d到%d路径为:",i,j);
52:           printf("%d,",i);
53:           ppath(path,i,j);
54:           printf("%d",j);
55:           printf("\t路径长度为:%d\n",A[i][j]);
56:        }
57:}
58:void Floyd(MGraph g)                 /*弗洛伊德算法计算每对顶点之间的最短路径*/
59:{
60:    int A[MAXV][MAXV],path[MAXV][MAXV];
61:    int i,j,k,n = g.vexnum;
62:    for(i = 0;i<n;i++)               /*给A数组置初值*/
63:      for(j = 0;j<n;j++)
64:      {
65:        A[i][j] = g.edges[i][j];
66:        path[i][j] = -1;
67:      }
68:    for(k = 0;k<n;k++)               /*计算Ak*/
69:    {
70:      for(i = 0;i<n;i++)
71:        for(j = 0;j<n;j++)
72:          if(A[i][j]>(A[i][k] + A[k][j]))
```

```
73:            {
74:              A[i][j] = A[i][k] + A[k][j];
75:              path[i][j] = k;
76:            }
77:    }
78:    printf("\n输出最短路径:\n");
79:    DisPath(A,path,n);                    /*输出最短路径*/
80:}
81:int main()
82:{
83:    int i,j,u = 0;
84:    MGraph g;
85:    int A[MAXV][6] = {{INF,5,INF,7,INF,INF},{INF,INF,4,INF,INF,INF},
{8,INF,INF,INF,INF,9},{INF,INF,5,INF,INF,6},{INF,INF,INF,5,INF,INF},{3,INF,INF,INF,1,INF}};
86:    g.vexnum = 6;g.arcnum = 10;
87:    for(i = 0;i<g.vexnum;i++)         /*建立图的邻接矩阵*/
88:       for(j = 0;j<g.vexnum;j++)
89:          g.edges[i][j] = A[i][j];
90:    printf("\n");
91:    printf("有向图G的邻接矩阵:\n");
92:    DispMat(g);
93:    Floyd(g);
94:    return 0;
95:}
```

程序运行结果如下:

```
有向图G的邻接矩阵:
∞  5 ∞  7 ∞ ∞
∞ ∞  4 ∞ ∞ ∞
  8 ∞ ∞ ∞ ∞  9
∞ ∞  5 ∞ ∞  6
∞ ∞ ∞  5 ∞ ∞
  3 ∞ ∞ ∞  1 ∞

输出最短路径:
从0到0没有路径
从0到1路径为:0,1          路径长度为:5
从0到2路径为:0,1,2        路径长度为:9
从0到3路径为:0,3          路径长度为:7
从0到4路径为:0,3,5,4      路径长度为:14
从0到5路径为:0,3,5        路径长度为:13
从1到0路径为:1,2,0        路径长度为:12
```

```
从1到1没有路径
从1到2路径为:1,2          路径长度为:4
从1到3路径为:1,2,0,3      路径长度为:19
从1到4路径为:1,2,5,4      路径长度为:14
从1到5路径为:1,2,5        路径长度为:13
从2到0路径为:2,0          路径长度为:8
从2到1路径为:2,0,1        路径长度为:13
从2到2没有路径
从2到3路径为:2,0,3        路径长度为:15
从2到4路径为:2,5,4        路径长度为:10
从2到5路径为:2,5          路径长度为:9
从3到0路径为:3,5,0        路径长度为:9
从3到1路径为:3,5,0,1      路径长度为:14
从3到2路径为:3,2          路径长度为:5
从3到3没有路径
从3到4路径为:3,5,4        路径长度为:7
从3到5路径为:3,5          路径长度为:6
从4到0路径为:4,3,5,0      路径长度为:14
从4到1路径为:4,3,5,0,1    路径长度为:19
从4到2路径为:4,3,2        路径长度为:10
从4到3路径为:4,3          路径长度为:5
从4到4没有路径
从4到5路径为:4,3,5        路径长度为:11
从5到0路径为:5,0          路径长度为:3
从5到1路径为:5,0,1        路径长度为:8
从5到2路径为:5,4,3,2      路径长度为:11
从5到3路径为:5,4,3        路径长度为:6
从5到4路径为:5,4          路径长度为:1
从5到5没有路径
```

第8章 查　找

查找表(Search Table)是由同一类型的数据表元素(或记录)构成的集合。由于“集合”中的数据元素之间存在着完全松散的关系,因此查找表是一种非常灵活的数据结构。

对查找表经常进行的操作有:

(1) 查询某个“特定的”数据元素是否在查找表中;

(2) 检索某个“特定的”数据元素的各种属性;

(3) 在查找表中插入一个数据元素;

(4) 从查找表中删去某个数据元素。

若对查找表只作前两种统称为“查找”的操作,则称此类查找表为静态查找表(Static Search Table)。若在查找过程中同时插入查找表中不存在的数据元素,或者从查找表中删除已存在的某个数据元素,则称此类查找表为动态查找表(Dynamic Search Table)。

在日常生活中,人们几乎每天都要进行“查找”工作。例如,在电话号码簿中查阅“某单位”或“某人”的电话号码;在字典中查阅“某个词”的读音和含义等。其中“电话号码簿”和“字典”都可视作是一张查找表。

在各种系统软件或应用软件中,查找表也是最常见的结构之一,如编译程序中的符号表、信息处理系统中的信息表等。

由上述可见,所谓“查找”即为在一个含有众多的数据元素(或记录)的查找表中找出某个“特定的”数据元素(或记录)。

为了便于讨论,必须给出这个“特定的”词的确切含义。首先需要引入一个“关键字”的概念。

关键字(Key)是数据元素(或记录)中某个数据项的值,用它可以标识(识别)一个数据元素(或记录)。若此关键字可以唯一地标识一个记录,则称此关键字为主关键字(Primary Key)(对不同的记录,其主关键字均不同)。反之,称用以识别若干记录的关键字为次关键字(Secondary Key)。当数据元素只有一个数据项时,其关键字即为该数据元素的值。

查找(Searching)是指根据给定的某个值,在查找表中确定一个其关键字等于给定值的记录或数据元素。若表中存在这样的一个记录,则称查找是成功的,此时查找的结果为给出整个记录的信息,或指示该记录在查找表中的位置;若表中不存在关键字等于给定值的记录,则称查找不成功,此时查找的结果可给出一个“空”记录或“空”指针。

例如,当用计算机处理大学入学考试成绩时,全部考生的成绩可以用图 8-1 所示表的结构存储在计算机中,表中每一行为一个记录,考生的准考证号为记录的关键字。假设给定值为179326,则通过查找可得考生陆华的各科成绩和总分,此时查找为成功的。若给定值为179238,由于表中没有关键字为 179238 的记录,则查找不成功。

如何进行查找?显然,在一个结构中查找某个数据元素的过程依赖于这个数据元素在结构中所处的地位。因此,对表进行查找的方法取决于表中数据元素依何种关系(这个关系是人

准考证号	姓名	各科成绩							总分
		政治	语文	外语	数学	物理	化学	生物	
…	…	…	…	…	…	…	…	…	…
179325	陈红	85	86	88	100	92	90	45	586
179326	陆华	78	75	90	80	95	88	37	543
179327	张平	82	80	78	98	84	96	40	558
…	…	…	…	…	…	…	…	…	…

图 8-1 大学人学考试成绩表示例

为加上的)组织在一起的。例如查电话号码时，由于电话号码簿是按用户(集体或个人)的名称(或姓名)分类且依笔画顺序编排的，则查找的方法就是先顺序查找待查用户的所属类别，然后在此类中顺序查找，直到找到该用户的电话号码为止。又如，查阅英文单词时，由于字典是按单词的字母在字母表中的次序编排的，因此查找时不需要从字典中第一个单词比较起，而只要根据待查单词中每个字母在字母表中的位置查到该单词。

同样，在计算机中进行查找的方法也随数据结构不同而不同。如前所述，本章讨论的查找表是一种非常灵活的数据结构。但也正是由于表中数据元素之间仅存在着“同属一个集合”的松散关系，给查找带来不便。为此需要在数据元素之间人为地加上一些关系，以便按某种规则进行查找，即以另一种数据结构来表示查找表。本章将分别就静态查找表和动态查找表两种抽象数据类型讨论其表示和操作实现的方法。

8.1 静态查找表

8.1.1 静态查找表的抽象数据类型

静态查找表的抽象数据类型定义为：

```
    ADT StaticSearchTable{
    数据对象 D :D是具有相同特性的数据元素的集合。各个数据元素均含有类型相同、可唯一标识数据
元素的关键字。
    数据关系 R:数据元素同属一个集合。
    基本操作 P:
    Create(&ST,n);
    操作结果:构造一个含 n个数据元素的静态查找表 ST。
    Destroy(& ST);
    初始条件:静态查找表 ST存在。
    操作结果:销毁表 ST。
    Search(ST,key);
    初始条件:静态查找表 ST存在,key为和关键字类型相同的给定值。
    操作结果:若 ST中存在其关键字等于 key的数据元素,则函数值为该元素的值或在表中的位置,否则
为“空”。
```

```
    Traverse(ST,Visit());
    初始条件:静态查找表 ST 存在,Visit 是对元素操作的应用函数。
    操作结果:按某种次序对 ST 的每个元素调用函数 visit()一次且仅一次。一旦 visit()失败,则操作失败。
    }ADT StaticSearchTable
```

静态查找表可以有不同的表示方法,在不同的表示方法中,实现查找操作的方法也不同。

8.1.2 顺序表的查找

1. 算法描述

以顺序表或线性链表表示静态查找表,则 Search 函数可用顺序查找来实现。本节中只讨论它在顺序存储结构模块中的实现,在线性链表模块中实现的情况留给读者自己去完成。

顺序查找的查找过程为:从表中最后一个记录开始,逐个进行记录的关键字和给定值的比较,若某个记录的关键字和给定值相等,则查找成功,找到所查记录;反之,若直至第一个记录,其关键字和给定值都不相等,则表明表中没有所查记录,查找不成功。

2. 算法实现

```
01:#include<stdio.h>
02:#define MAXL 100                          /*定义表中最多记录个数*/
03:typedef int KeyType;
04:typedef char InfoType[10];
05:typedef struct
06:{
07:    KeyType key;                          /*KeyType为关键字的数据类型*/
08:    InfoType data;                        /*其他数据*/
09:}NodeType;
10:typedef NodeType SeqList[MAXL];           /*顺序表类型*/
11:int SeqSearch(SeqList R,int n,KeyType k)  /*顺序查找算法*/
12:{
13:    int i=n;
14:    R[0].key=k;
15:    while(i>=0)
16:    {
17:        if(R[i].key==k)
18:            return i;
19:        i--;                              /*从表尾往前找*/
20:    }
21:}
22:int main()
23:{
24:    SeqList R;
25:    int n=10;
26:    KeyType k=8;
```

```
27:    int a[] = {3,6,2,10,1,8,5,7,4,9},i;
28:    for(i = 0;i<n;i++)                          /*建立顺序表*/
29:       R[i+1].key = a[i];
30:    if((i = SeqSearch(R,n,k))! = 0)
31:       printf("元素%d的位置是%d\n",k,i);
32:    else
33:       printf("元素%d不在表中\n",k);
34:    return 0;
35:}
```

程序运行结果如下：

```
元素8的位置是6
```

3. 算法分析

这个算法的思想和第2章中的函数 LocateElbm_Sq 一致。只是在 SeqSearch 中，查找之前先对 ST.elem[0]起到监视哨的作用。这仅是一个程序设计技巧上的改进，然而实践证明，这个改进能使顺序查找在 ST.length≥1 000 时，进行一次查找所需的平均时间几乎减少一半。

定义：为确定记录在查找表中的位置，需和给定值进行比较的关键字个数的期望值称为查找算法在查找成功时的平均查找长度(Average Search Length)。

对于含有 n 个记录的表，用 P_i 代表查找第 i 个记录的概率，用 C_i 代表查找第 i 个记录需要进行比较的次数。查找成功时的平均查找长度为：

$$\mathrm{ASL} = \sum_{i=1}^{n} P_i C_i$$

8.1.3 折半查找

1. 算法描述

以有序表表示静态查找表时，Search 函数可用折半查找(Binary Search)来实现。

折半查找的查找过程是：先确定待查记录所在的范围(区间)，然后逐步缩小范围直到找到或找不到该记录为止。

例如，已知如下11个数据元素的有序表(关键字即为数据元素的值)：

(05,13,19,21,37,56,64,75,80,88,92)

现要查找关键字为21和85的数据元素。假设指针 low 和 high 分别指示待查元素所在范围的下界和上界，指针 mid 指示区间的中间位置，即 mid=[(low+high)/2]。在此例中，low 和 high 的初值分别为1和11，即[1,11]为待查范围。

下面先看给定值 key=21 的查找过程：

```
05   13   19   21   37   56   64   75   80   88   92
↑                        ↑                        ↑
low                      mid                      high
```

首先令查找范围中间位置的数据元素的关键字 ST.elem[mid].key 与给定值 key 相比较，因为 ST.elem[mid].key>key，说明待查元素若存在，必在区间[low,mid-1]的范围内，则令指针 high 指向第 mid－1 个元素，重新求得 mid＝[(1＋5)/2]＝3。

```
05   13   19   21   37   56   64  75   80   88   92
↑         ↑         ↑
low       mid       high
```

仍以 ST. elem[mid]. key 和 key 相比，因为 ST. elem[mid]. key＜key，说明待查元素若存在，必在[mid＋1，high]范围内，则令指针 low 指向第 mid＋1 个元素，求得 mid 的新值为 4，比较 ST. elem[mid]. key 和 key，因为相等，则查找成功，所查元素在表中序号等于指针 mid 的值。

```
05   13   19    21     37   56   64  75   80   88   92
                ↑      ↑
                low    high
                ↑
                mid
```

从上述例子可见，折半查找过程是以处于区间中间位置记录的关键字和给定值比较或者查找区间的大小小于零时(表明查找不成功)为止。

2. 算法实现

```
01:#include <stdio.h>
02:#define MAXL 100                          /*定义表中最多记录个数*/
03:typedef int KeyType;
04:typedef char InfoType[10];
05:typedef struct
06:{   KeyType key;                         /*KeyType为关键字的数据类型*/
07:   InfoType data;                        /*其他数据*/
08:} NodeType;
09:typedef NodeType SeqList[MAXL];           /*顺序表类型*/
10:int BinSearch(SeqList R,int n,KeyType k) /*二分查找算法*/
11:{   int low = 0,high = n - 1,mid,count = 0;
12:   while (low< = high)
13:   {      mid = (low + high)/2;
14:      printf("第%d次查找:在[%d,%d]中查找到元素R[%d]:%d\n",+ +count,low,high,
mid,R[mid].key);
15:      if (R[mid].key = = k)              /*查找成功返回*/
16:         return mid;
17:      if (R[mid].key>k)                  /*继续在R[low..mid-1]中查找*/
18:         high = mid - 1;
19:      else
20:         low = mid + 1;                   /*继续在R[mid+1..high]中查找*/
21:   }
22:   return -1;
23: }
24: int main()
```

```
25:{  SeqList R;
26:  KeyType k = 9;
27:  int a[] = {1,2,3,4,5,6,7,8,9,10},i,n = 10;
28:  for (i = 0;i<n;i ++)                              /* 建立顺序表 */
29:     R[i].key = a[i];
30:  printf("\n");
31:  if ((i = BinSearch(R,n,k))! = - 1)
32:     printf("元素 %d 的位置是 %d\n",k,i);
33:  else
34:     printf("元素 %d 不在表中\n",k);
35:  printf("\n");
36:}
```

程序运行结果如下：

```
第 1 次查找:在[0,9]中查找到元素 R[4]:5
第 2 次查找:在[5,9]中查找到元素 R[7]:8
第 3 次查找:在[8,9]中查找到元素 R[8]:9
元素 9 的位置是 8
```

3. 算法分析

先看上述 11 个元素的表的具体例子。从上述查找过程可知:找到第 6 个元素仅需要比较 1 次;找到第 3 和第 9 个元素需比较 2 次;找到第 1、4、7 和 10 个元素需比较 3 次;找到第 2、5、8 和 11 个元素需比较 4 次。

这个查找过程可用二叉树来描述。树中每个结点表示表中一个记录,结点中的值为该记录在表中的位置,通常称这个描述查找过程的二叉树为判定树,从判定树上可见,查找 21 的过程恰好是走了一条从根到结点 4 的路径,和给定值进行比较的关键字个数为该路径上的结点数或结点 4 在判定树上的层次数。类似地,找到有序表中任一记录的过程就是走了一条从根结点到与该记录相应的结点的路径,和给定值进行比较的关键字个数最多不超过树的深度,而具有 n 个结点的判定树深度为$[\log_2 n]+1$,所以,折半查找法在查找成功时和给定值进行比较的关键字个数至多为$[\log_2 n]+1$。

8.1.4 分块查找

1. 算法描述

若以索引顺序表表示静态查找表,则 Search 函数可用分块查找来实现。

分块查找又称索引顺序查找,这是顺序查找的一种改进方法。在此查找法中,除表本身以外,尚需建设一个“索引表”。例如,图 8-2 所示为一个表及其索引表,表中含有 18 个记录,可分为 3 个子表($R_1,R_2,\cdots,R_6$)、($R_7,R_8,\cdots,R_{12}$)、($R_{13},R_{14},\cdots,R_{18}$),对每个子表(或称块)建立一个索引项,其中包括两项内容:关键字项(其值为该子表内的最大关键字)和指针项(指示该子表的第一个记录在表中的位置)。索引表按关键字有序,则表或者有序或者分块有序。所谓“分块有序”指的是第二个子表中所有记录的关键字均大于第一个子表中的最大关键字,第三个子表中所有记录的关键字均大于第二个子表中的最大关键字,……,依此类推。

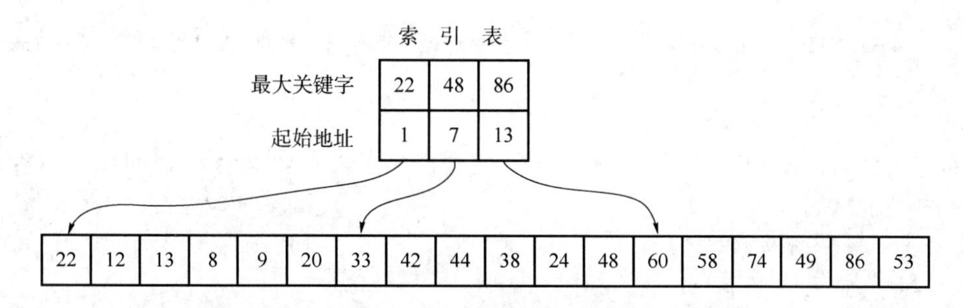

图 8-2 表及其索引表

因此，分块查找过程需分两步进行。先确定待查记录所在的块(子表)，然后在块中顺序查找。假设给定值 key=38，则先将 key 依次和索引表中各最大关键字进行比较，因为 22<key<48，则关键字为 38 的记录若存在，必定在第二个子表中，由于同一索引项中的指针指示第二个子表中的第一个记录是表中的第 7 个记录，则自第 7 个记录起进行顺序查找，直到 ST. elem[10]. key=key 为止。假如此子表中没有关键字等于 key 的记录(例如，key=29 时自第 7 个记录起至第 12 个记录的关键字和 key 比较都不等)，则查找不成功。

由于由索引项组成的索引表按关键字有序，则确定块的查找可以用顺序查找，亦可用折半查找，而块中记录是任意排列的，则在块中只能是顺序查找。

由此，分块查找的算法即为这两种查找的简单合成。

2. 算法实现

```
01. #include <stdio.h>
02. #define MAXL 100                                    /*定义表中最多记录个数*/
03. #define MAXI 20                                     /*定义索引表的最大长度*/
04. typedef int KeyType;
05. typedef char InfoType[10];
06. typedef struct
07. {
08.     KeyType key;                                    /*KeyType为关键字的数据类型*/
09.     InfoType data;                                  /*其他数据*/
10. } NodeType;
11. typedef NodeType SeqList[MAXL];                     /*顺序表类型*/
12. typedef struct
13. {
14.     KeyType key;                                    /*KeyType为关键字的类型*/
15.     int link;                                       /*指向分块的起始下标*/
16. } IdxType;
17. typedef IdxType IDX[MAXI];                          /*索引表类型*/
18. int IdxSearch(IDX I,int m,SeqList R,int n,KeyType k)  /*分块查找算法*/
19. {
20.     int low = 0,high = m - 1,mid,i,count1 = 0,count2 = 0;
21.     int b = n/m;                                    /*b为每块的记录个数*/
22.     printf("二分查找\n");
```

```
23.   while (low< = high)              /* 在索引表中进行二分查找,找到的位置存放在 low 中 */
24.   {
25.     mid = (low + high)/2;
26.     printf("第 %d 次查找:在[ %d, %d]中查找到元素 R[ %d]: %d\n",count1 + 1,low, high,
mid,R[mid].key);
27.       if (I[mid].key> = k)
28.         high = mid - 1;
29.       else
30.         low = mid + 1;
31.     count1 ++ ;                          /* 累计在索引表中的比较次数 */
32.   }
33.   if (low<m)                      /* 在索引表中查找成功后,再在线性表中进行顺序查找 */
34.   {
35.     printf("比较 %d 次,在第 %d 块中查找元素 %d\n",count1,low,k);
36.     i = I[low].link;
37.     printf("顺序查找:\n    ");
40.     while (i< = I[low].link + b - 1 && R[i].key! = k)
41.     {
42.         i ++ ;count2 ++ ;
43.         printf(" %d ",R[i].key);
44.     }           /* count2 累计在顺序表对应块中的比较次数 */
45.       printf("\n");
46.     printf("比较 %d 次,在顺序表中查找元素 %d\n",count2,k);
47.     if (i< = I[low].link + b - 1)
48.         return i;
49.     else
50.       return  - 1;
51.   }
52.   return  - 1;
53. }
54. int main()
55. {
56.   SeqList R;
57.   KeyType k = 46;
58.   IDX I;
59. inta[] = {8,14,6,9,10,22,34,18,19,31,40,38,54,66,46,71,78,68,80,85,100,94,88,96,87},i;
61.   for (i = 0;i<25;i ++ )           /* 建立顺序表 */
62.     R[i].key = a[i];
63.   I[0].key = 14;I[0].link = 0;
64.   I[1].key = 34;I[1].link = 4;
65.   I[2].key = 66;I[2].link = 10;
66.   I[3].key = 85;I[3].link = 15;
67.   I[4].key = 100;I[4].link = 20;
```

```
68.    printf("\n");
69.    if ((i = IdxSearch(I,5,R,25,k))! = -1)
70.      printf("元素 %d 的位置是 %d\n",k,i);
71.    else
72.      printf("元素 %d 不在表中\n",k);
73.    printf("\n");
74. }
```

程序运行结果如下：

```
二分查找
第 1 次查找：在[0,4]中查找到元素 R[2]:6
第 2 次查找：在[0,1]中查找到元素 R[0]:8
第 3 次查找：在[1,1]中查找到元素 R[1]:14
比较 3 次，在第 2 块中查找元素 46
顺序查找：
    38 54 66 46
比较 4 次，在顺序表中查找元素 46
元素 46 的位置是 14
```

分块查找的平均查找长度为

$$\mathrm{ASL_{bs}}=\mathrm{Lb}+\mathrm{Lw}$$

其中，Lb 为查找索引表确定所在块的平均查找长度，Lw 为在块中查找元素的平均查找长度。

一般情况下为进行分块查找，可以将长度分为 n 的表均匀地分为 b 块，每块含有 s 个记录，即 $b=[n/s]$；又假定表中每个记录的查找概率相等，则每块查找的概率为 $1/b$，块中每个记录的查找概率为 $1/s$。

若用顺序查找确定所在块，则分块查找的平均查找长度为

$$\mathrm{ASL_{bs}}=\mathrm{Lb}+\mathrm{Lw}=\frac{1}{b}\sum_{j=1}^{b}j+\frac{1}{s}\sum_{i=1}^{s}i=\frac{b+1}{2}+\frac{s+1}{2}=\frac{1}{2}\left(\frac{n}{s}+s\right)+1$$

可见，此时的平均查找长度不仅和表长 n 有关，而且和每一块中的记录个数 s 有关。在给定 n 的前提下，s 是可以选择的。容易证明，当 s 取$\sqrt{n}$时，$\mathrm{ASL_{bs}}$取最小值$\sqrt{n}+1$。这个值比顺序查找有了很大改进，但远不及折半查找。

若用折半查找确定所在块，则分块查找的平均查找长度为

$$\mathrm{ASL_{bs}}\approx\log_2\left(\frac{n}{s}+1\right)+\frac{s}{2}$$

8.2 动态查找表

8.2.1 动态查找的抽象数据类型

动态查找表的特点是，结构本身是在查找过程中动态生成的，即对于给定值 key，若表中存在其关键字等于 key 的记录，则查找成功返回，否则插入关键字等于 key 的记录。

动态查找表的抽象数据类型定义如下：

```
ADT DynamicSearchTable{
数据对象 D:D 是具有相同特性的数据元素的集合。各个数据元素均含有类型相同,可唯一标识数据元素的关键字。
数据关系 R:数据元素同属一个集合。
基本操作 P:
InitDSTable(&DT)
操作结果:构造一个空的动态查找表。
DestroyDSTable(&DT);
初始条件:动态查找表存在。
操作结果:销毁动态查找表。
SearchDSTable(DT,key);
初始条件:动态查找表 DT 存在,key 为和关键字类型相同的给定值。
操作结果:若 DT 中存在其关键字等于 key 的数据元素,则函数值为该元素的值或在表中的位置,否则为"空"。
InsertDSTable(&DT,e);
初始条件:动态查找表 DT 存在,e 为待插入的数据元素。
操作结果:若 DT 中不存在其关键字等于 e.key 的数据元素,插入 e 到 DT。
DeleteDSTable(&DT,key)
初始条件:动态查找表存在,key 关键字类型相同的给定值。
操作结果:若表中存在其关键字等于 key 的数据元素,则删除之。
TraverseDSTable(DT,Visit());
初始条件:动态查找表 DT 存在,Visit 是对结点操作的应用函数。
操作结果:按某种次序对 DT 的每个结点调用函数 Visit()一次且至多一次。一旦 Visit()失败,则操作失败。
}ADT DynamicSearchTable
```

动态查找表亦可有不同的表示方法。在本节中将讨论以各种树形结构表示时的实现方法。

8.2.2 二叉排序树及其查找过程

1. 算法描述

二叉排序树(Binary Sort Tree)或者是一棵空树,或者是具有下列性质的二叉树:

(1) 若它的左子树不空,则左子树上所有结点的值均小于它的根结点的值;

(2) 若它的右子树不空,则右子树上所有结点的值均大于它的根结点的值;

(3) 它的左、右子树也分别为二叉排序树。

图 8-3(a)表示结点为数值的二叉排序树,图 8-3(b)表示结点为字符串的二叉排序树。

二叉排序树又称二叉查找树,根据上述定义的结构特点可见,它的查找过程为:当二叉排序树不空时,首先给定值和根结点的关键字比较,若相等,则查找成功。若给定值小于根结点关键字,则进入左子树继续查找,若给定值大于根结点关键字,则进入左子树继续查找,直到查找成功或遇到空子树为止。

对于二叉排序树的插入和删除。若从空树出发,经过一系列的查找插入操作之后,可生成一棵二叉树。

二叉排序树是一种动态树表,其特点是,树的结构通常不是一次成的,而是在查找过程中,当树中不存在关键字等于给定值的结点时再进行插入。新插入的结点一定是一个新添加的叶子结点,并且是查找不成功时查找路径上访问的最后一个结点的左孩子或右孩子的结点,二叉排序树的构造过程如图 8-4 所示。

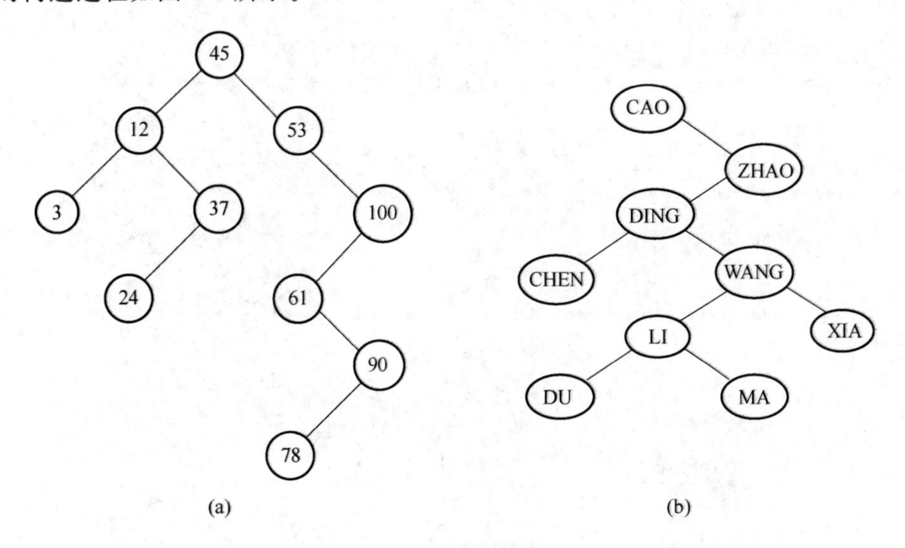

图 8-3　二叉排序树示例

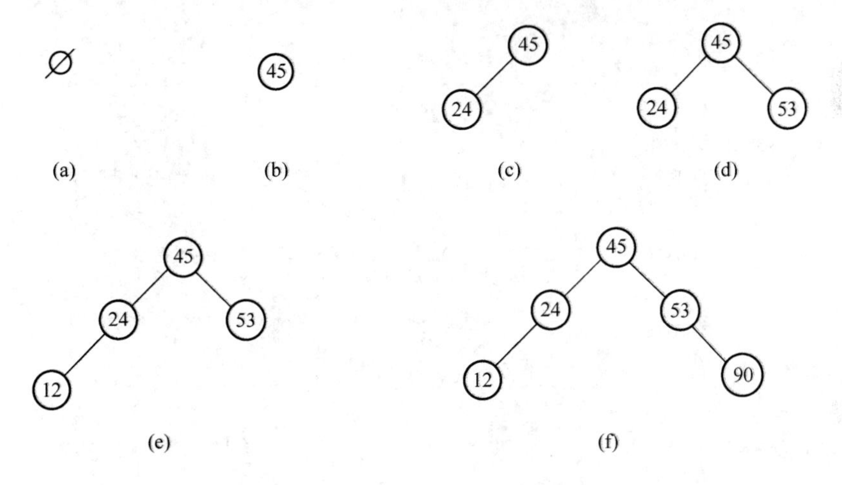

图 8-4　二叉排序树的构造过程

2. 算法实现

```
01. #include <stdio.h>
02. #include <malloc.h>
03. #define MaxSize 100
04. typedef int KeyType;                              /*定义关键字类型*/
05. typedef char InfoType;
06. typedef struct node                               /*记录类型*/
07. {
08. KeyType key;                                      /*关键字项*/
09.     InfoType data;                                /*其他数据域*/
10.     struct node *lchild, *rchild;                 /*左右孩子指针*/
11. } BSTNode;
12. int path[MaxSize];                                /*全局变量,用于存放路径*/
```

```
13.BSTNode * s = NULL;
14.void DispBST(BSTNode * b);                          /* 函数说明 */
15.int InsertBST(BSTNode * p,KeyType k,BSTNode * q,int i)
                                                       /* 在以 * p 为根结点的 BST 中插入一个关键
                                                          字为 k 的结点 */
16.{
17.   if (p == NULL)                                   /* 原树为空，新插入的记录为根结点 */
18.{
19.   p = (BSTNode * )malloc(sizeof(BSTNode));
20.   p->key = k;p->lchild = p->rchild = NULL;
21.   s = p;
22.   if(i == 0)
23.           q->lchild = p;
24.       if(i == 1)
25.           q->rchild = p;
26.   return 1;
27.}
28.else if (k == p->key)
29.   return 0;
30.else if (k<p->key)
31.   return InsertBST(p->lchild,k,p,0);              /* 插入 * p 的左子树中 */
32.else
33.   return InsertBST(p->rchild,k,p,1);              /* 插入 * p 的右子树中 */
34.}
35.BSTNode * CreatBST(KeyType A[],int n)
36./* 由数组 A 中的关键字建立一棵二叉排序树 */
37.{
38.    BSTNode * bt = NULL;                            /* 初始时 bt 为空树 */
39.    int i = 0;
40.    while (i<n)
41.    {
42.        s = bt;
43.        if (InsertBST(s,A[i],NULL,2) == 1)         /* 将 A[i]插入二叉排序树 T 中 */
44.    {
45.        printf("    第 %d 步,插入 %d:",i + 1,A[i]);
46.        if(i == 0)
47.                bt = s;
48.        DispBST(bt);
49.        printf("\n");
50.        i++ ;
51.     }
52.    }
53.    return bt;                                      /* 返回建立的二叉排序树的根指针 */
```

```
54.}
55.
56.void SearchBST1(BSTNode *bt,KeyType k,KeyType path[],int i)
57./*以非递归方式输出从根结点到查找到的结点的路径*/
58.{
59.int j;
60.if (bt == NULL)
61.    return;
62.else if (k == bt->key)                          /*找到了结点*/
63.{
64.    path[i+1] = bt->key;                         /*输出其路径*/
65.    for (j=0;j<=i+1;j++)
66.        printf("%3d",path[j]);
67.    printf("\n");
68.}
69.else
70.{
71.    path[i+1] = bt->key;
72.    if (k<bt->key)
73.        SearchBST1(bt->lchild,k,path,i+1);    /*在左子树中递归查找*/
74.    else
75.        SearchBST1(bt->rchild,k,path,i+1);    /*在右子树中递归查找*/
76. }
77.}
78.int SearchBST2(BSTNode *bt,KeyType k)
79./*以递归方式输出从根结点到查找到的结点的路径*/
80.{
81.if (bt == NULL)
82.    return 0;
83.else if (k == bt->key)
84.{
85.    printf("%3d",bt->key);
86.    return 1;
87.}
88.else if (k<bt->key)
89.    SearchBST2(bt->lchild,k);                    /*在左子树中递归查找*/
90.else
91.    SearchBST2(bt->rchild,k);                    /*在右子树中递归查找*/
92.printf("%3d",bt->key);
93.}
94.void DispBST(BSTNode *bt)
95./*以括号表示法输出二叉排序树bt*/
96.{
```

```
97.if (bt! = NULL)
98.{
99.   printf(" %d",bt->key);
100.          if (bt->lchild! = NULL || bt->rchild! = NULL)
101.          {
102.              printf("(");
103.              DispBST(bt->lchild);
104.              if (bt->rchild! = NULL) printf(",");
105.              DispBST(bt->rchild);
106.              printf(")");
107.          }
108.       }
109.    }
110.    KeyType predt = -32767;
111.    /* predt 为全局变量,保存当前结点中序前趋的值,初值为 - ∞ */
112.    int JudgeBST(BSTNode * bt)             /* 判断 bt 是否为 BST */
113.    {  int b1,b2;
114.       if (bt == NULL)
115.           return 1;
116.       else
117.       {       b1 = JudgeBST(bt->lchild);
118.           if (b1 == 0 || predt> = bt->key)
119.               return 0;
120.           predt = bt->key;
121.           b2 = JudgeBST(bt->rchild);
122.           return b2;
123.       }
124.    }
125.    int main()
126.    {  BSTNode * bt;
127.       KeyType k = 6;
128.       int a[] = {4,9,0,1,8,6,3,5,2,7},n = 10;
129.       printf("创建一棵 BST 树:");
130.       printf("\n");
131.       bt = CreatBST(a,n);
132.       printf(" BST:");DispBST(bt);printf("\n");
133.       printf(" bt %s\n",(JudgeBST(bt)?"是一棵 BST":"不是一棵 BST"));
134.       printf("\n");
135.       printf("查找 %d 关键字(递归):",k);SearchBST1(bt,k,path,-1);
136.       printf("查找 %d 关键字(非递归):",k);SearchBST2(bt,k);
137.       printf("\n\n");
138.}
```

程序运行结果如下：

```
创建一棵 BST 树：
    第 1 步，插入 4:4
    第 2 步，插入 9:4(,9)
    第 3 步，插入 0:4(0,9)
    第 4 步，插入 1:4(0(,1),9)
    第 5 步，插入 8:4(0(,1),9(8))
    第 6 步，插入 6:4(0(,1),9(8(6)))
    第 7 步，插入 3:4(0(,1(,3)),9(8(6)))
    第 8 步，插入 5:4(0(,1(,3)),9(8(6(5))))
    第 9 步，插入 2:4(0(,1(,3(2))),9(8(6(5))))
    第 10 步，插入 7:4(0(,1(,3(2))),9(8(6(5,7))))
BST:4(0(,1(,3(2))),9(8(6(5,7))))
bt 是一棵 BST

查找 6 关键字(递归)： 4  9  8  6
查找 6 关键字(非递归)： 6  8  9  4
```

3. 算法分析

容易看出，中序遍历二叉排序树可得到一个关键字的有序序列(这个性质是由二叉排序树的定义决定的，读者可以自己证明)。这就是说，一个无序序列可以通过构造一棵二叉排序树而变成一个有序序列，构造树的过程即为对无序序列进行排序的过程。不仅如此，从上面的插入过程还可以看到，每次插入的新结点都是二叉排序树上新的叶子结点，则在进行插入操作时，不必移动其他结点，仅需改动某个结点的指针，由空变为非空即可。这就相当于在一个有序序列上插入一个记录而不需要移动其他记录。它表明，二叉排序树既拥有类似于折半查找的特性，又采用了链表作存储结构，因此是动态查找表的一种适宜表示。

8.2.3 二叉排序树删除结点

1. 算法描述

同样，在二叉排序树上删除一个结点也很方便。对于一般的二叉树来说，删除树中一个结点是没有意义的。因为它将使以被删结点为根的子树成为森林，破坏了整棵树的结构。然而，对于二叉排序树，删除树上一个结点相当于删除有序序列中的一个记录，只要在删除某个结点之后仍保持二叉排序树的特性即可。

下面分 3 种情况进行讨论。

(1) 若 * p 结点为叶子结点，即 PL 和 PR 均为空树。由于删除叶子结点不破坏整棵树的结构，则只需修改其双亲结点的指针即可。

(2) 若 * p 结点只有左子树 PL 或者只有右子树 PR，此时只要令 PL 或 PR 直接成为其双亲结点 * f 的左子树即可。显然，作此修改也不破坏二叉排序树的特性。

(3) 若 p 结点的左子树和右子树均不空，显然，此时不能如上简单处理。在删除 * p 结点之前，中序遍历该二叉树得到的序列为{…CLC…QLQSLSPPRF…}，在删去 * p 之后，为保持其他元素之间的相对位置不变，可以有两种做法：其一是令 * p 的左子树为 f 的左子树，而 * p

的右子树为 * s 的右子树，如图 8-5(c)所示；其二是令 * p 的直接前驱(或直接后继)替代 * p，然后再从二叉排序树中删去它的直接前驱(或直接后继)。如图 8-5(b)所示，当以直接前驱 * s 替代 * p 时，由于 * s 只有左子树 SL，则在删除 * s 之后，只要令 SL 为 * s 的双亲 * q 的右子树即可。

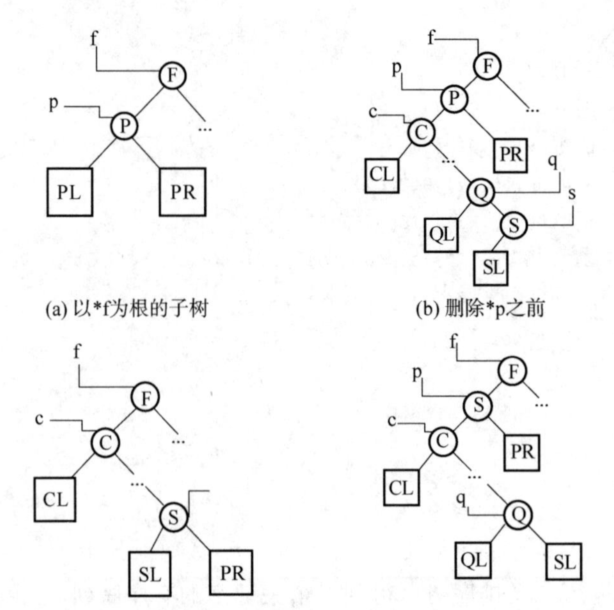

(a) 以*f为根的子树　　(b) 删除*p之前

(c) 删除*p之后,以PR作为*s的右子树的情形　　(d) 删除*p之后,以*s替代*p的情形

图 8-5　在二叉排序树中删除 * p

2. 算法实现

```
01. #include <stdio.h>
02. #include <malloc.h>
03. #define MaxSize 100
04. typedef int KeyType;                        /* 定义关键字类型 */
05. typedef char InfoType;

06. typedef struct node                         /* 记录类型 */
07. {
08.      KeyType key;                           /* 关键字项 */
09.      InfoType data;                         /* 其他数据域 */
10.      struct node * lchild, * rchild;        /* 左右孩子指针 */
11. } BSTNode;
12. int path[MaxSize];                          /* 全局变量,用于存放路径 */
13. void DispBST(BSTNode * b);                  /* 函数说明 */
14. int InsertBST(BSTNode * &p,KeyType k)
/* 在以 * p 为根结点的 BST 中插入一个关键字为 k 的结点 */
15. {
16.    if (p == NULL)                           /* 原树为空, 新插入的记录为根结点 */
```

```
17.    {
18.        p=(BSTNode *)malloc(sizeof(BSTNode));
19.        p->key=k;p->lchild=p->rchild=NULL;
20.        return 1;
21.    }
22.    else if (k==p->key)
23.        return 0;
24.    else if (k<p->key)
25.        return InsertBST(p->lchild,k);         /*插入*p的左子树中*/
26.    else
27.        return InsertBST(p->rchild,k);         /*插入*p的右子树中*/
28.}

29.BSTNode *CreatBST(KeyType A[],int n)
/*由数组A中的关键字建立一棵二叉排序树*/
30.{
31.     BSTNode *bt=NULL;                         /*初始时bt为空树*/
32.     int i=0;
33.     while (i<n)
34.         if (InsertBST(bt,A[i])==1)            /*将A[i]插入二叉排序树T中*/
35.         {
36.             printf("    第%d步,插入%d:",i+1,A[i]);
37.             DispBST(bt);
38.             printf("\n");
39.             i++;
40.         }
41.     return bt;                                /*返回建立的二叉排序树的根指针*/
42.}

43.void Delete1(BSTNode *p,BSTNode *&r)
/*当被删*p结点有左右子树时的删除过程*/
44.{
45.     BSTNode *q;
46.     if (r->rchild!=NULL)
47.         Delete1(p,r->rchild);                 /*递归找最右下结点*/
48.     else                                      /*找到了最右下结点*r*/
49.     {
50.         p->key=r->key;                        /*将*r的关键字值赋给*p*/
51.         q=r;
52.         r=r->lchild;
/*将*r的双亲结点的右孩子结点改为*r的左孩子结点*/
53.         free(q);                              /*释放原*r的空间*/
54.     }
```

```
55.}

56.void Delete(BSTNode * &p)                    /* 从二叉排序树中删除 * p 结点 */
57.{
58.    BSTNode * q;
59.    if (p->rchild == NULL)                  /* * p 结点没有右子树的情况 */
60.    {
61.        q = p;p = p->lchild;free(q);
62.    }
63.    else if (p->lchild == NULL)             /* * p 结点没有左子树的情况 */
64.    {
65.        q = p;p = p->rchild;free(q);
66.    }
67.    else Delete1(p,p->lchild);              /* * p 结点既有左子树又有右子树的情况 */
68.}

69.int DeleteBST(BSTNode * &bt,KeyType k)
/* 在 bt 中删除关键字为 k 的结点 */
70.{
71.    if (bt == NULL) return 0;               /* 空树删除失败 */
72.    else
73.    {
74.        if (k<bt->key)
75.            return DeleteBST(bt->lchild,k);
/* 递归在左子树中删除关键字为 k 的结点 */
76.        else if (k>bt->key)
77.            return DeleteBST(bt->rchild,k);
/* 递归在右子树中删除关键字为 k 的结点 */
78.        else                                /* k = bt->key 的情况 */
79.        {
80.            Delete(bt);                     /* 调用 Delete(bt)函数删除 * bt 结点 */
81.            return 1;
82.        }
83.    }
84.}

85.void SearchBST1(BSTNode * bt,KeyType k,KeyType path[],int i)
/* 以非递归方式输出从根结点到查找到的结点的路径 */
86.{
87.    int j;
88.    if (bt == NULL)
89.        return;
90.    else if (k == bt->key)                  /* 找到了结点 */
```

```
91.     {
92.         path[i+1]=bt->key;                    /*输出其路径*/
93.         for (j=0;j<=i+1;j++)
94.             printf("%3d",path[j]);
95.         printf("\n");
96.     }
97.     else
98.     {
99.         path[i+1]=bt->key;
100.        if (k<bt->key)
101.            SearchBST1(bt->lchild,k,path,i+1);
/*在左子树中递归查找*/
102.        else
103.            SearchBST1(bt->rchild,k,path,i+1);
/*在右子树中递归查找*/
104.    }
105. }

106. int SearchBST2(BSTNode *bt,KeyType k)
/*以递归方式输出从根结点到查找到的结点的路径*/
107. {
108.    if (bt==NULL)
109.        return 0;
110.    else if (k==bt->key)
111.    {
112.        printf("%3d",bt->key);
113.        return 1;
114.    }
115.    else if (k<bt->key)
116.        SearchBST2(bt->lchild,k);             /*在左子树中递归查找*/
117.    else
118.        SearchBST2(bt->rchild,k);             /*在右子树中递归查找*/
119.    printf("%3d",bt->key);
120. }

121. void DispBST(BSTNode *bt)
/*以括号表示法输出二叉排序树bt*/
122. {
123.    if (bt!=NULL)
124.    {
125.        printf("%d",bt->key);
126.        if (bt->lchild!=NULL || bt->rchild!=NULL)
127.        {
```

```
128.            printf("(");
129.            DispBST(bt->lchild);
130.            if (bt->rchild!=NULL) printf(",");
131.            DispBST(bt->rchild);
132.            printf(")");
133.        }
134.    }
135. }

136. KeyType predt = -32767;
/*predt 为全局变量,保存当前结点中序前趋的值,初值为-∞*/
137. int JudgeBST(BSTNode *bt)                    /*判断 bt 是否为 BST*/
138. {
139.     int b1,b2;
140.     if (bt==NULL)
141.        return 1;
142.     else
143.     {
144.        b1=JudgeBST(bt->lchild);
145.        if (b1==0 || predt>=bt->key)
146.            return 0;
147.        predt=bt->key;
148.        b2=JudgeBST(bt->rchild);
149.        return b2;
150.     }
151. }

152. int main()
153. {
154.    BSTNode *bt;
155.    KeyType k=6;
156.    int a[]={4,9,0,1,8,6,3,5,2,7},n=10;
157.    printf(" 创建一棵 BST 树:");
158.    printf("\n");
159.    bt=CreatBST(a,n);
160.    printf(" BST:");DispBST(bt);printf("\n");
161.    printf(" bt%s\n",(JudgeBST(bt)?"是一棵 BST":"不是一棵 BST"));
162.    printf("\n");
163.    printf(" 查找%d关键字(递归):",k);SearchBST1(bt,k,path,-1);
164.    printf(" 查找%d关键字(非递归):",k);SearchBST2(bt,k);
165.    printf("\n删除操作:\n");
166.    printf("    原 BST:");DispBST(bt);printf("\n");
167.    printf("    删除结点 4:");
```

```
168.    DeleteBST(bt,4);
169.    DispBST(bt);printf("\n");
170.    printf("   删除结点 5:");
171.    DeleteBST(bt,5);
172.    DispBST(bt);
173.    printf("\n\n");
174. }
```

程序运行结果如下：

```
创建一棵 BST 树:
      第 1 步,插入 4:4
      第 2 步,插入 9:4(,9)
      第 3 步,插入 0:4(0,9)
      第 4 步,插入 1:4(0(,1),9)
      第 5 步,插入 8:4(0(,1),9(8))
      第 6 步,插入 6:4(0(,1),9(8(6)))
      第 7 步,插入 3:4(0(,1(,3)),9(8(6)))
      第 8 步,插入 5:4(0(,1(,3)),9(8(6(5))))
      第 9 步,插入 2:4(0(,1(,3(2))),9(8(6(5))))
      第 10 步,插入 7:4(0(,1(,3(2))),9(8(6(5,7))))
BST:4(0(,1(,3(2))),9(8(6(5,7))))
bt 是一棵 BST

查找 6 关键字(递归):  4  9  8  6
查找 6 关键字(非递归):  6  8  9  4
删除操作:
   原 BST:4(0(,1(,3(2))),9(8(6(5,7))))
   删除结点 4:3(0(,1(,2)),9(8(6(5,7))))
   删除结点 5:3(0(,1(,2)),9(8(6(,7))))
```

3. 算法分析

在二叉排序树上查找其关键字等于给定值的结点的过程，恰是走了一条从根结点到该结点的路径的过程，和给定值比较的关键字个数等于路径长度加 1(或结点所在层次数)，因此，和折半查找类似，与给定值比较的关键字个数不超过树的深度。然而，折半查找长度为 n 的表的判定树是唯一的，而含有 n 个结点的二叉排序树却不唯一。图 8-6 中(a)和(b)所示的两棵二叉排序树中结点的值都相同，但前者由关键字序列(45,24,53,12,37,93)构成，而后者由关键字序列(12,24,37,45,53,93)构成。(a)树的深度为 3，而(b)树的深度为 6。再从平均查找长度来看，假设 6 个记录的查找概率相等，为 1/6，则(a)树的平均查找长度为

$$ASL_{(a)}=(1+2+2+3+3+3)/6=14/6$$

而(b)树的平均查找长度为

$$ASL_{(b)}=(1+2+3+4+5+6)/6=21/6$$

因此，含有 n 个结点的二叉排序树的平均查找长度和树的形态有关。当先后插入的关键

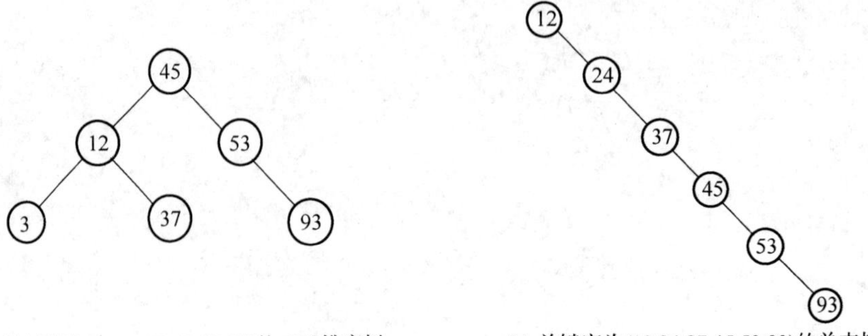

(a) 关键字为(45,24,53,12,37,93)的二叉排序树　　(b) 关键字为(12,24,37,45,53,93)的单支树

图 8-6　不同形态的二叉查找树

字有序时，构成的二叉排序树蜕变为单支树。树的深度为 n，其平均查找长度为$\frac{n+1}{2}$（和顺序查找相同），这是最差的情况。显然，最好的情况是二叉排序树的形态和折半查的判定树相同，其平均查找长度和 $\log_2 n$ 成正比。

8.2.4　平衡二叉树

1. 算法描述

平衡二叉树(Balanced Binary Tree 或 Height-Balanced Tree)又称 AVL 树。它或者是一棵空树，或者是具有下列性质的二叉树：它的左子树和右子树都是平衡二叉树，且左子树和右子树的深度之差绝对不超过 1。若将二叉树上的结点的平衡因子(Balance Factor，BF)定义为该结点的左子树的深度减去它的右子树的深度，则平衡二叉树上所有结点的平衡因子只可能是－1、0 和 1。只要二叉树上有一个结点的平衡因子的绝对值大于 1，则该二叉树就是不平衡的。如图 8-7(a)和(b)所示为两棵平衡二叉树，而图 8-7(c)和(d)所示为两棵不平衡的二叉树，结点中的值为该结点的平衡因子。

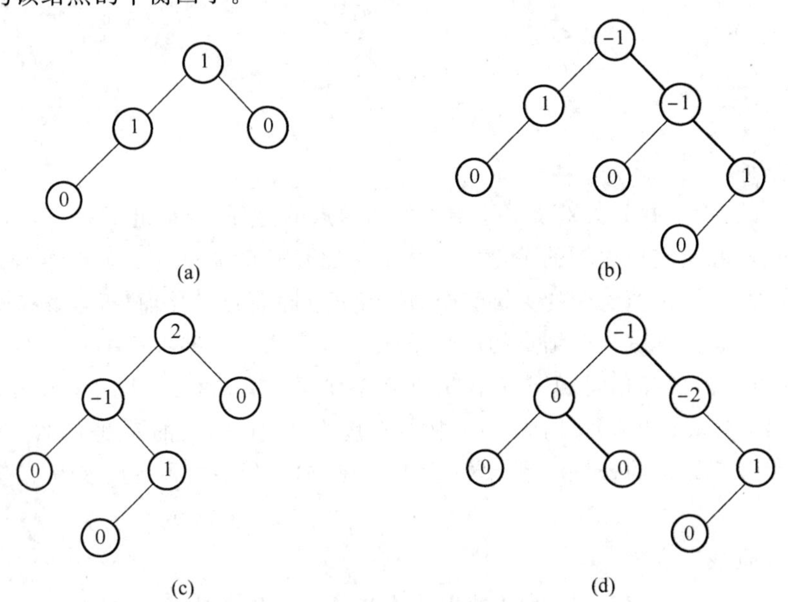

图 8-7　平衡与不平衡的二叉树及结点的平衡因子

我们希望由任何初始序列构成的二叉排序树都是 AVL 树。因为树上任何结点的左、右子树的深度之差都不超过 1,则可以证明它的深度和 $\log_2 n$ 是同数量级的(其中 n 为结点的个数)。由此,它的平均查找长度也和 $\log_2 n$ 同数量级。

如何使构成的二叉排序树成为平衡树呢?先看一个具体的例子(参见图 8-8)。假设表中关键字序列为(13,24,37,90,53)。空树和 1 个结点 13 的树显然都是平衡的二叉树。在插入 24 之后仍是平衡的,只是根结点的平衡因子 BF 由 0 变为−1;在继续插入 37 之后,由于结点的 BF 值由−1 变为−2,由此出现了不平衡的现象。此时好比一根扁担出现一头重一头轻的现象,若能将扁担的支撑点由 13 改至 24,扁担的两头就平衡了。由此,可以对树作一个向左逆时针"旋转"的操作,令结点 24 为根,而结点 13 为它的左子树,此时,结点 13 和 24 的平衡因子都为 0,而且仍保持二叉排序树的特性。在继续插入 90 和 53 之后,由于结点 13 的 BF 值由−1 变为−2,排序树中出现了新的不平衡的现象,需进行调整。但此时由于结点 53 插在结点 90 的左子树上,因此不能如上作简单调整。对于以结点 37 为根的子树来说,既要保持二叉排序树的特性,又要平衡,则必须以 53 作为根结点,而使 37 成为它的左子树的根,90 成为它右子树的根。这好比对树做了两次"旋转"操作——先向右顺时针,后向左逆时针(如图 8-8(f)~(h)所示),使二叉排序树由不平衡转化为平衡。

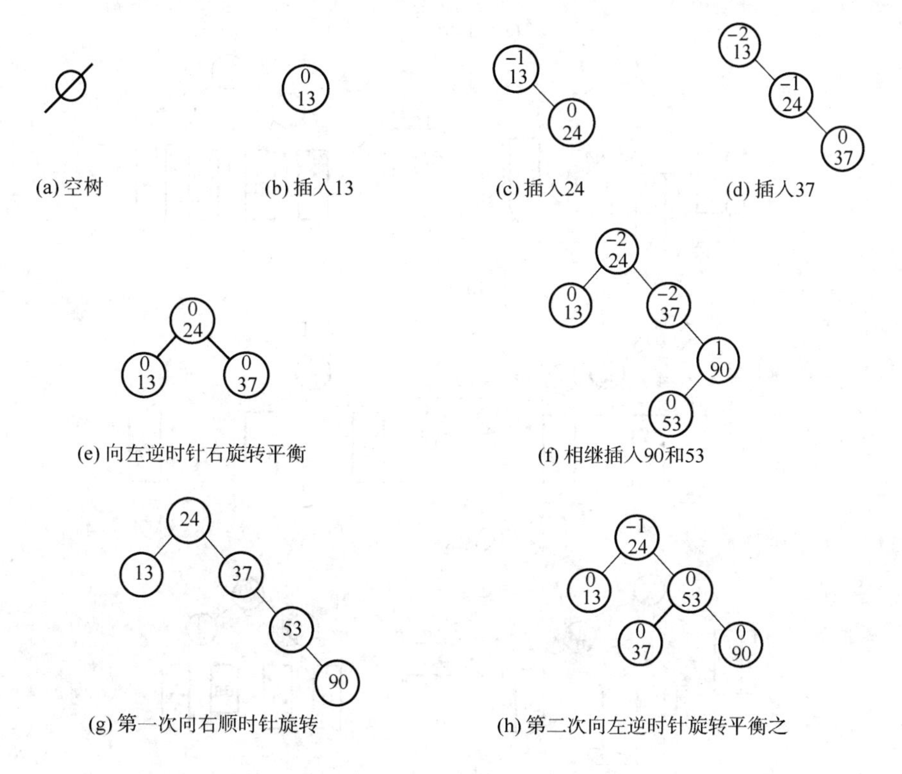

图 8-8 平衡树的生成过程

一般情况下,假设由于在二叉排序树上插入结点而失去平衡的最小子树根结点的指针为 a(即 a 是离插入结点最近,且平衡因子绝对值超过 1 的祖先结点),则失去平衡后进行调整的规律可归纳为下列 4 种情况。

(1) 单向右旋平衡处理:由于在 a 的左子树根结点的左子树上插入结点,a 的平衡因子由 1 增至 2,致使以 * a 为根的子树失去平衡,则需进行一次向右的顺时针旋转操作,如图 8-9 (a)

所示。

(2) 单向左旋平衡处理:由于在 * a 的右子树根结点的右子树上插入结点,* a 的平衡因子由 -1 变为 -2,致使以 * a 为根结点的子树失去平衡,则需进行一次向左的逆时针旋转操作,如图 8-9(c)所示。

(3) 双向旋转(先左后右)平衡处理:由于在 * a 的左子树根结点的右子树上插入结点,* a 的平衡因子由 1 增至 2,致使以 * a 为根结点的子树失去平衡,则需进行两次旋转(先左旋后右旋)操作,如图 8-9(b)所示。

(4) 双向旋转(先右后左)平衡处理:由于在 * a 的右子树根结点的左子树上插入结点,* a 的平衡因子由 -1 变为 -2,致使以 * a 为根结点的子树失去平衡,则需进行两次旋转(先右旋后左旋)操作,如图 8-9(d)所示。

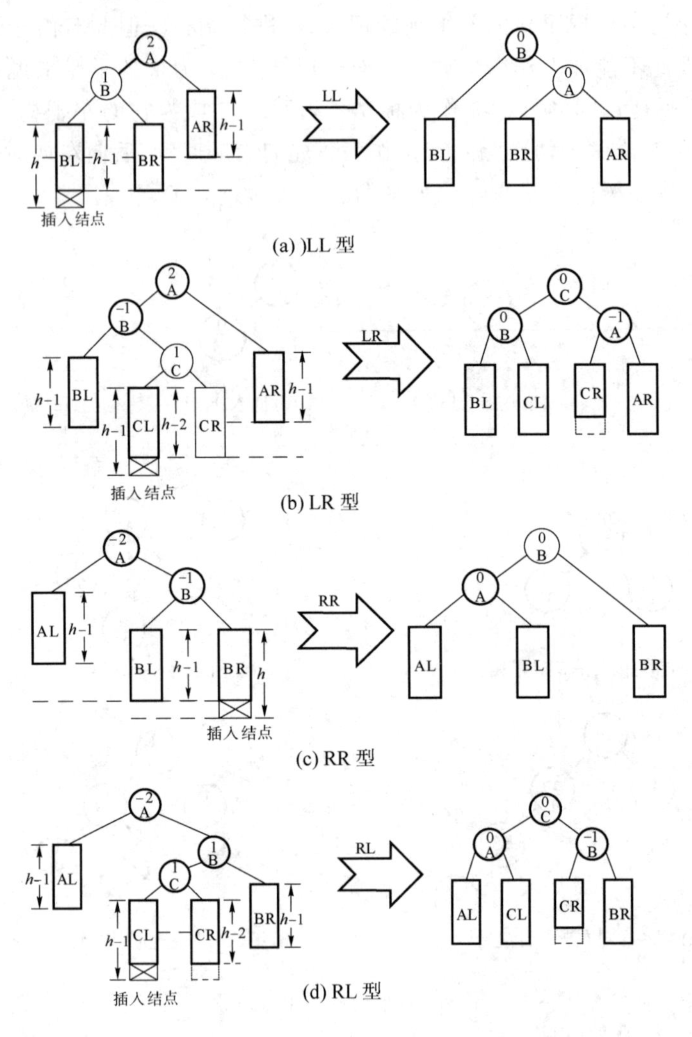

(a))LL 型

(b) LR 型

(c) RR 型

(d) RL 型

图 8-9 二叉排序树的平衡旋转图例

上述 4 种情况中,(1)和(2)对称,(3)和(4)对称,旋转操作的正确性容易由"保持二叉排序树的特性:中序遍历所得关键字序列自小至大有序"证明。同时,从图 8-9 可见,无论哪一种情况,在经过平衡旋转处理之后,以 * b 或 * c 为根的新子树为平衡二叉树,而且它的深度和插入之前以 * a 为根的子树相同。因此,当平衡的二叉排序树因插入结点而失去平衡时,仅需对最小不平衡子树进行平衡旋转处理即可。因为经过旋转处理之后的子树深度和插入之前相同，因而不影响插入路径上所有祖先结点的平衡度。

在平衡的二叉排序树 BBST 上插入一个新的数据元素 e 的递归算法可描述如下。

(1) 若 BBST 为空树，则插入一个数据元素为 e 的新结点作为 BBST 的根结点，树的深度增 1。

(2) 若 e 的关键字和 BBST 的根结点的关键字相等，则不进行插入。

(3) 若 e 的关键字小于 BBST 的根结点的关键字，而且在 BBST 的左子树中不存在和 e 有相同关键字的结点，则将 e 插入 BBST 的左子树上，并且当插入之后的左子树深度增加(+1)时，分别就下列不同情况进行处理：

① BBST 的根结点的平衡因子为－1(右子树的深度大于左子树的深度)：则将根结点的平衡因子更改为 0，BBST 的深度不变；

② BBST 的根结点的平衡因子为 0(左、右子树的深度相等)：则将根结点的平衡因子更改为 1，BBST 的深度增 1；

③ BBST 的根结点的平衡因子为 1(左子树的深度大于右子树的深度)：若 BBST 的左子树根结点的平衡因子为 1，则需进行单向右旋平衡处理，并且在右旋处理之后，将根结点和其右子树根结点的平衡因子更改为 0，树的深度不变；

若的左子树根结点的平衡因子为－1，则需进行先向左、后向右的双向旋转平衡处理，并且在旋转处理之后，修改根结点和其左、右子树根结点的平衡因子。

(4) 若 e 的关键字大于 BBST 的根结点的关键字，而且在 BBST 的右子树中不存在和 e 有相同关键字的结点，则将 e 插入 BBST 的右子树上，并且当插入之后的右子树深度增加(+1)时，分别就不同情况进行处理。

2. 算法实现

```
/*二叉排序树的类型定义*/
01.#include <stdio.h>
02.#include <malloc.h>
03.typedef int KeyType;                          /*定义关键字类型*/
04.typedef char InfoType;
05.typedef struct node                           /*记录类型*/
06.{
07.KeyType key;                                  /*关键字项*/
08.      int bf;                                 /*平衡因子*/
09.      InfoType data;                          /*其他数据域*/
10.      struct node *lchild,*rchild;            /*左右孩子指针*/
11.} BSTNode;
12.void LeftProcess(BSTNode *&p,int &taller)
/*对以指针p所指结点为根的二叉树作左平衡旋转处理,本算法结束时,指针p指向新的根结点*/
13.{
14.      BSTNode *p1,*p2;
15.      if (p->bf==0)              /*原本左、右子树等高,现因左子树增高而使树增高*/
16.      {
17.         p->bf=1;
```

```
18.         taller = 1;
19.     }
20.     else if (p->bf == -1)       /* 原本右子树比左子树高,现左、右子树等高 */
21.     {
22.         p->bf = 0;
23.         taller = 0;
24.     }
25.     else                        /* 原本左子树比右子树高,需作左子树的平衡处理 */
26.     {
27.         p1 = p->lchild;         /* p 指向 * p 的左子树根结点 */
28.         if (p1->bf == 1)        /* 新结点插入 * b 的左孩子的左子树上,要作 LL 调整 */
29.         {
30.             p->lchild = p1->rchild;
31.             p1->rchild = p;
32.             p->bf = p1->bf = 0;
33.             p = p1;
34.         }
35.         else if (p1->bf == -1)  /* 新结点插入 * b 的左孩子的右子树上,要作 LR 调整 */
36.         {
37.             p2 = p1->rchild;
38.             p1->rchild = p2->lchild;
39.             p2->lchild = p1;
40.             p->lchild = p2->rchild;
41.             p2->rchild = p;
42.             if (p2->bf == 0)    /* 新结点插在 * p2 处作为叶子结点的情况 */
43.                 p->bf = p1->bf = 0;
44.             else if (p2->bf == 1) /* 新结点插在 * p2 的左子树上的情况 */
45.             {
46.                 p1->bf = 0;p->bf = -1;
47.             }
48.             else                /* 新结点插在 * p2 的右子树上的情况 */
49.             {
50.                 p1->bf = 1;p->bf = 0;
51.             }
52.             p = p2;p->bf = 0;   /* 仍将 p 指向新的根结点,并置其 bf 值为 0 */
53.         }
54.         taller = 0;
55.     }
56.}
57.void RightProcess(BSTNode * &p,int &taller)
  /* 对以指针 p 所指结点为根的二叉树作右平衡旋转处理,本算法结束时,指针 p 指向新的根结点 */
58.{
59.     BSTNode * p1, * p2;
```

```
60.     if (p->bf == 0)                 /*原本左、右子树等高,现因右子树增高而使树增高*/
61.     {
62.         p->bf = -1;
63.         taller = 1;
64.     }
65.     else if (p->bf == 1)            /*原本左子树比右子树高,现左、右子树等高*/
66.     {
67.         p->bf = 0;
68.         taller = 0;
69.     }
70.     else                            /*原本右子树比左子树高,需作右子树的平衡处理*/
71.     {
72.         p1 = p->rchild;             /*p指向*p的右子树根结点*/
73.     if (p1->bf == -1)               /*新结点插入*b的右孩子的右子树上,要作RR调整*/
74.         {
75.             p->rchild = p1->lchild;
76.             p1->lchild = p;
77.             p->bf = p1->bf = 0;
78.             p = p1;
79.         }
80.         else if (p1->bf == 1)       /*新结点插入*p的右孩子的左子树上,要作RL调整*/
81.         {
82.             p2 = p1->lchild;
83.             p1->lchild = p2->rchild;
84.             p2->rchild = p1;
85.             p->rchild = p2->lchild;
86.             p2->lchild = p;
87.             if (p2->bf == 0)        /*新结点插在*p2处作为叶子结点的情况*/
88.                 p->bf = p1->bf = 0;
89.             else if (p2->bf == -1) /*新结点插在*p2的右子树上的情况*/
90.             {
91.                 p1->bf = 0;p->bf = 1;
92.             }
93.             else                    /*新结点插在*p2的左子树上的情况*/
94.             {
95.                 p1->bf = -1;p->bf = 0;
96.             }
97.             p = p2;p->bf = 0;       /*仍将p指向新的根结点,并置其bf值为0*/
98.         }
99.         taller = 0;
100.    }
101.}
102.int InsertAVL(BSTNode *&b,KeyType e,int &taller)
```

```
/*若在平衡的二叉排序树b中不存在和e有相同关键字的结点,则插入一个数据元素为e的新结点,并返回1,否则返回0。若因插入而使二叉排序树失去平衡,则作平衡旋转处理,布尔变量taller反映b长高与否*/
103.{
104.    if(b==NULL)                /*原为空树,插入新结点,树"长高",置taller为1*/
105.    {
106.        b=(BSTNode *)malloc(sizeof(BSTNode));
107.        b->key=e;
108.        b->lchild=b->rchild=NULL;
109.        b->bf=0;
110.        taller=1;
111.    }
112.    else
113.    {
114.        if (e==b->key)         /*树中已存在和e有相同关键字的结点,则不再插入*/
115.        {
116.            taller=0;
117.            return 0;
118.        }
119.        if (e<b->key)          /*应继续在*b的左子树中进行搜索*/
120.        {
121.            if ((InsertAVL(b->lchild,e,taller))==0)            /*未插入*/
122.                return 0;
123.            if (taller==1)     /*已插入*b的左子树中且左子树"长高"*/
124.                LeftProcess(b,taller);
125.        }
126.        else                   /*应继续在*b的右子树中进行搜索*/
127.        {
128.            if ((InsertAVL(b->rchild,e,taller))==0)            /*未插入*/
129.                return 0;
130.            if (taller==1)     /*已插入b的右子树且右子树"长高"*/
131.                RightProcess(b,taller);
132.        }
133.    }
134.    return 1;
135.}
136.void DispBSTree(BSTNode *b)     /*以括号表示法输出AVL*/
137.{
138.    if (b!=NULL)
139.    {
140.        printf("%d",b->key);
141.        if (b->lchild!=NULL || b->rchild!=NULL)
142.        {
```

```
143.            printf("(");
144.            DispBSTree(b->lchild);
145.            if (b->rchild!=NULL) printf(",");
146.            DispBSTree(b->rchild);
147.            printf(")");
148.        }
149.    }
150.}
151.void LeftProcess1(BSTNode *&p,int &taller)              /*在删除结点时进行左处理*/
152.{
153.    BSTNode *p1,*p2;
154.    if (p->bf==1)
155.{
156.        p->bf=0;
157.        taller=1;
158.    }
159.    else if (p->bf==0)
160.    {
161.        p->bf=-1;
162.        taller=0;
163.    }
164.    else                                                /*p->bf=-1*/
165.    {
166.        p1=p->rchild;
167.        if (p1->bf==0)                                  /*需作RR调整*/
168.        {
169.            p->rchild=p1->lchild;
170.            p1->lchild=p;
171.            p1->bf=1;p->bf=-1;
172.            p=p1;
173.            taller=0;
174.        }
175.        else if (p1->bf==-1)                            /*需作RR调整*/
176.        {
177.            p->rchild=p1->lchild;
178.            p1->lchild=p;
179.            p->bf=p1->bf=0;
180.            p=p1;
181.            taller=1;
182.        }
183.        else                                            /*需作RL调整*/
184.        {
185.            p2=p1->lchild;
```

```
186.            p1->lchild = p2->rchild;
187.            p2->rchild = p1;
188.            p->rchild = p2->lchild;
189.            p2->lchild = p;
190.            if (p2->bf == 0)
191.            {
192.                p->bf = 0;p1->bf = 0;
193.            }
194.            else if (p2->bf == -1)
195.            {
196.                p->bf = 1;p1->bf = 0;
197.            }
198.            else
199.            {
200.                p->bf = 0;p1->bf = -1;
201.            }
202.            p2->bf = 0;
203.            p = p2;
204.            taller = 1;
205.        }
206.    }
207.}
208.void RightProcess1(BSTNode *&p,int &taller)        /*在删除结点时进行右处理*/
209.{
210.    BSTNode *p1, *p2;
211.    if (p->bf == -1)
212.    {
213.        p->bf = 0;
214.        taller = -1;
215.    }
216.    else if (p->bf == 0)
217.    {
218.        p->bf = 1;
219.        taller = 0;
220.    }
221.    else                                            /*p->bf = 1*/
222.    {
223.        p1 = p->lchild;
224.        if (p1->bf == 0)                            /*需作 LL 调整*/
225.        {
226.            p->lchild = p1->rchild;
227.            p1->rchild = p;
228.            p1->bf = -1;p->bf = 1;
```

```
229.            p = p1;
230.            taller = 0;
231.        }
232.        else if (p1 - >bf = = 1)              /* 需作 LL 调整 */
233.        {
234.            p - >lchild = p1 - >rchild;
235.            p1 - >rchild = p;236. p - >bf = p1 - >bf = 0;
237.            p = p1;
238.            taller = 1;
239.        }
240.        else                                  /* 需作 LR 调整 */
241.        {
242.            p2 = p1 - >rchild;
243.            p1 - >rchild = p2 - >lchild;
244.            p2 - >lchild = p1;
245.            p - >lchild = p2 - >rchild;
246.            p2 - >rchild = p;
247.            if (p2 - >bf = = 0)
248.            {
249.                p - >bf = 0;p1 - >bf = 0;
250.            }
251.            else if (p2 - >bf = = 1)
252.            {
253.                p - >bf = - 1;p1 - >bf = 0;
254.            }
255.            else
256.            {
257.                p - >bf = 0;p1 - >bf = 1;
258.            }
259.            p2 - >bf = 0;
260.            p = p2;
261.        taller = 1;
262.    }
263.}
264.}
265.void Delete2(BSTNode * q,BSTNode * &r,int &taller)
/* 由 DeleteAVL()调用,用于处理被删结点左右子树均不空的情况 */
266.{
267.    if (r - >rchild = = NULL)
268.    {
269.        q - >key = r - >key;
270.        q = r;
271.        r = r - >lchild;
```

```
272.        free(q);
273.        taller = 1;
274.    }
275.    else
276.    {
277.        Delete2(q,r->rchild,taller);
278.        if (taller == 1)
279.            RightProcess1(r,taller);
280.    }
281.}
282.int DeleteAVL(BSTNode *&p,KeyType x,int &taller)
/*在AVL树p中删除关键字为x的结点*/
283.{
284.    int k;
285.    BSTNode *q;
286.    if (p == NULL)
287.        return 0;
288.    else if (x<p->key)
289.    {
290.        k = DeleteAVL(p->lchild,x,taller);
291.        if (taller == 1)
292.            LeftProcess1(p,taller);
293.        return k;
294.    }
295.    else if (x>p->key)
296.    {
297.        k = DeleteAVL(p->rchild,x,taller);
298.        if (taller == 1)
299.            RightProcess1(p,taller);
300.        return k;
301.    }
302.    else                                /*找到了关键字为x的结点,由p指向它*/
303.    {
304.        q = p;
305.        if (p->rchild == NULL)          /*被删结点右子树为空*/
306.        {
307.            p = p->lchild;
308.            free(q);
309.            taller = 1;
310.        }
311.        else if (p->lchild == NULL)     /*被删结点左子树为空*/
312.        {
313.            p = p->rchild;
```

```
314.            free(q);
315.            taller = 1;
316.        }
317.        else                    /*被删结点左右子树均不空*/
318.        {
319.            Delete2(q,q->lchild,taller);
320.            if (taller == 1)
321.                LeftProcess1(q,taller);
322.            p = q;
323.        }
324.        return 1;
325.    }
326.}
327.int main()
328.{
329.    BSTNode *b = NULL;
330.    int i,j,k;
331.    KeyType a[] = {4,9,0,1,8,6,3,5,2,7},n = 10;
332.    printf(" 创建一棵 AVL 树:\n");
333.    for(i = 0;i<n;i++)
334.    {
335.        printf("   第%d步,插入%d元素:",i+1,a[i]);
336.        InsertAVL(b,a[i],j);
337.        DispBSTree(b);printf("\n");
338.    }
339.    printf("   AVL:");DispBSTree(b);printf("\n");
340.    printf(" 删除结点:\n");
341.    k = 8;
342.    printf("   删除结点%d:",k);
343.    DeleteAVL(b,k,j);
344.    printf("   AVL:");DispBSTree(b);printf("\n");
345.    k = 2;
346.    printf("   删除结点%d:",k);
347.    DeleteAVL(b,k,j);
348.    printf("   AVL:");DispBSTree(b);printf("\n\n");
349.}
```

程序运行结果如下：

```
创建一棵 AVL 树:
  第 1 步,插入 4 元素:4
  第 2 步,插入 9 元素:4(,9)
  第 3 步,插入 0 元素:4(0,9)
```

```
    第 4 步,插入 1 元素:4(0(,1),9)
    第 5 步,插入 8 元素:4(0(,1),9(8))
    第 6 步,插入 6 元素:4(0(,1),8(6,9))
    第 7 步,插入 3 元素:4(1(0,3),8(6,9))
    第 8 步,插入 5 元素:4(1(0,3),8(6(5),9))
    第 9 步,插入 2 元素:4(1(0,3(2)),8(6(5),9))
    第 10 步,插入 7 元素:4(1(0,3(2)),8(6(5,7),9))
    AVL:4(1(0,3(2)),8(6(5,7),9))
  删除结点:
    删除结点 8:  AVL:4(1(0,3(2)),7(6(5),9))
    删除结点 2:  AVL:4(1(0,3),7(6(5),9))
```

3. *算法分析*

在平衡树上进行查找的过程和排序树相同,因此,在查找过程中和给定值进行比较的关键字个数不超过树的深度,通过推导得知,平衡树上进行查找的时间复杂度为 $O(\log_2 n)$。

为了提高查找效率,需要先对待查记录序列进行排序,使其按关键字递增(或递减)有序,然后再构造一棵次优查找树。显然,次优查找树也是一棵二叉排序树,但次优查找树不能在查找过程中插入结点生成。二叉排序树(或称二叉查找树)是动态树表,最优或次优查找树是静态树表。

8.2.5 B一树

1. *算法描述*

B一树是一种平衡的多路查找树,它在文件系统中很有用。在此先介绍这种树的结构及其查找算法。

一棵 m 阶的 B一树,或为空树,或为满足下列特性的 m 叉树:

(1) 树中每个结点至多有 m 棵子树;

(2) 若根结点不是叶子结点,则至少有两棵子树;

(3) 除根之外的所有非终端结点至少有$[m/2]$棵子树;

(4) 所有的非终端结点中包含下列信息数据

$$(n, A_0, K_1, A_1, \cdots, K_n, A_n)$$

其中,$K_i(i=1,\cdots,n)$为关键字,且 $K_i<K_i+1(i=1,\cdots,n-1)$;$A_i(i=0,\cdots,n)$为指向子树根结点的指针,且指针所指子树中所有结点的关键字均小于 $K_i(i=1,\cdots,n)$,A_n 所指子树中所有结点的关键字均大于 K_n,$n([m/2]-1\leqslant n\leqslant m-1)$为关键字的个数(或以 $n+1$ 为子树个数)。

(5) 所有的叶子结点都出现在同一层次上,并且不带信息(可以看作是外部结点或查找失败的结点,实际上这些结点不存在,指向这些结点的指针为空)。

例如,图 8-10 所示为一棵 4 阶的 B一树,其深度为 4。

由 B一树的定义可知,在 B一树上进行查找的过程和二叉排序树的查找类似。例如,在图 8-10 的 B一树上查找关键字 47 的过程如下:首先从根开始,根据根结点指针 t 找到 *a 结点,因 *a 结点中只有一个关键字,且给定值 47>关键字 35,则若存在必在指针 A_1 所指的子树内,顺指针找到 *c 结点,该结点有两个关键字(43 和 78),而 43<47<78,则若存在必在指针 A_1 所指的子树中。同样,顺指针找到 *g 结点,在该结点中顺序查找找到关键字 47,由此,

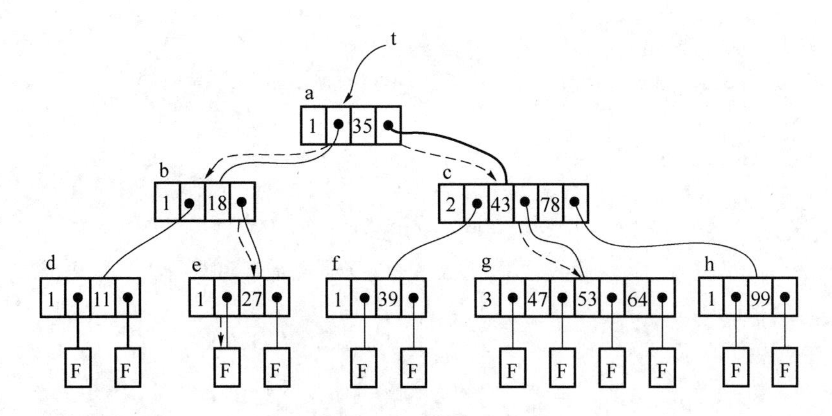

图 8-10 一棵 4 阶的 B－树

查找成功。查找不成功的过程也类似，例如在同一棵树中查找 23。从根开始，因为 23<35，则顺该结点中指针 A_0 找到 * b 结点，又因为 * b 结点中只有一个关键字 18，且 23>18，所以顺结点中第二个指针 A_1 找到结点。同理，因为 23<27，则顺指针往下找，此时因指针所指为叶子结点，说明此棵 B－树中不存在关键字 23，查找因失败而告终。

由此可见，在 B－树上进行查找的过程是一个顺指针查找结点和在结点的关键字中进行查找交叉进行的过程。

由于 B－树主要用作文件的索引，因此它的查找涉及外存的存取，在此略去外存的读写，只作示意性的描述。假设结点类型如下说明：

```
01.#define m 3                          //B-树的阶，暂设为3
02.typedef struct BTNode {
03.int              keynum;             //结点中关键字个数，即结点的大小
04.struct BTNode *parent;               //指向双亲结点
05.KeyType          key[m+1];           //关键字向量，0号单元未用
06.struct BTNode *ptr[m=1];             //子树指针向量
07.Record * recptr[m+1];                //记录指针向量号单元未用
08.}BTNode.    * BTree;
09.typedef struct {
010.   BTNode pt;                       //指向找到的结点
011.   int i;                           //1..m，在结点中的关键字序号
012.   int tag;                         //1：查找成功，0：查找失败
013.   }Result;                         //B-树的查找结果类型
```

2. 算法实现

```
01.#include <stdio.h>
02.#include <malloc.h>
03.#define MAXM 10                      /*定义B-树的最大的阶数*/
04.typedef int KeyType;                 /*KeyType为关键字类型*/
05.typedef struct node                  /*B-树结点类型定义*/
06.{  int keynum;                       /*结点当前拥有的关键字的个数*/
07.    KeyType key[MAXM];               /*key[1..keynum]存放关键字,key[0]不用*/
```

```
08.    struct node * parent;          /* 双亲结点指针 */
09.    struct node * ptr[MAXM];       /* 孩子结点指针数组 ptr[0..keynum] */
10.} BTNode;
11.typedef struct                    /* B-树的查找结果类型 */
12.{
13.    BTNode * pt;                   /* 指向找到的结点 */
14.    int i;                         /* 1..m,在结点中的关键字序号 */
15.    int tag;                       /* 1:查找成功,0:查找失败 */
16.}  Result;
17.int m;                            /* m 阶 B-树,为全局变量 */
18.int Max;                          /* m 阶 B-树中每个结点的至多关键字个数,Max = m - 1 */
19.int Min;                        /* m 阶 B-树中非叶子结点的至少关键字个数,Min = (m - 1)/2 */
20.int Search(BTNode * p,KeyType k)
21.{  /* 在 p->key[1..keynum]中查找 i,使得 p->key[i]<=k<p->key[i+1] */
22.   int i;
23.   for(i = 0;i<p->keynum && p->key[i+1]<=k;i++);
24.   return i;
25.}
26.Result SearchBTree(BTNode * t,KeyType k)
27.{ /* 在 m 阶 t 树 t 上查找关键字 k,返回结果(pt,i,tag)。若查找成功,则特征值
28.   tag = 1,指针 pt 所指结点中第 i 个关键字等于 k;否则特征值 tag = 0,等于 k 的
29.   关键字应插入在指针 pt 所指结点中第 i 和第 i+1 个关键字之间 */
30.   BTNode * p = t, * q = NULL;    /* 初始化,p 指向待查结点,q 指向 p 的双亲 */
31.   int found = 0,i = 0;
32.   Result r;
33.   while (p! = NULL && found == 0)
34.   {
35.       i = Search(p,k);
/* 在 p->key[1..keynum]中查找 i,使得 p->key[i]<=k<p->key[i+1] */
36.       if (i>0 && p->key[i] == k)                          /* 找到待查关键字 */
37.         found = 1;
38.       else
39.       {
40.           q = p;
41.           p = p->ptr[i];
42.       }
43.   }
44.   r.i = i;
45.   if (found == 1)                 /* 查找成功 */
46.   {
47.       r.pt = p;r.tag = 1;
48.   }
49.   else                            /* 查找不成功,返回 K 的插入位置信息 */
```

```
50.    {
51.        r.pt = q;r.tag = 0;
52.    }
53.    return r;                                   /*返回k的位置(或插入位置)*/
54.}
55.void Insert(BTNode * &q,int i,KeyType x,BTNode * ap)
56.{ /*将x和ap分别插入q->key[i+1]和q->ptr[i+1]中*/
57.    int j;
58.    for(j = q->keynum;j>i;j--)                  /*空出一个位置*/
59.    {
60.        q->key[j+1] = q->key[j];
61.        q->ptr[j+1] = q->ptr[j];
62.    }
63.    q->key[i+1] = x;
64.    q->ptr[i+1] = ap;
65.    if (ap! = NULL) ap->parent = q;
66.    q->keynum++;
67.}
68.void Split(BTNode * &q,BTNode * &ap)
69.{ /*将结点q分裂成两个结点,前一半保留,后一半移入新生结点ap*/
70.    int i,s = (m+1)/2;
71.    ap = (BTNode *)malloc(sizeof(BTNode));      /*生成新结点*ap*/
72.    ap->ptr[0] = q->ptr[s];                     /*后一半移入ap*/
73.    for (i = s+1;i<=m;i++)
74.    {
75.        ap->key[i-s] = q->key[i];
76.        ap->ptr[i-s] = q->ptr[i];
77.        if (ap->ptr[i-s]! = NULL)
78.          ap->ptr[i-s]->parent = ap;
79.    }
80.    ap->keynum = q->keynum-s;
81.    ap->parent = q->parent;
82.    for (i = 0;i<=q->keynum-s;i++)              /*修改指向双亲结点的指针*/
83.        if (ap->ptr[i]! = NULL) ap->ptr[i]->parent = ap;
84.    q->keynum = s-1;                            /*q的前一半保留,修改keynum*/
85.}
86.void NewRoot(BTNode * &t,BTNode * p,KeyType x,BTNode * ap)
87.{ /*生成含信息(T,x,ap)的新的根结点*t,原t和ap为子树指针*/
88.    t = (BTNode *)malloc(sizeof(BTNode));
89.    t->keynum = 1;t->ptr[0] = p;t->ptr[1] = ap;t->key[1] = x;
90.    if (p! = NULL) p->parent = t;
91.    if (ap! = NULL) ap->parent = t;
92.    t->parent = NULL;
```

```
93.}
94.void InsertBTree(BTNode *&t, KeyType k, BTNode *q, int i)
95.{ /*在m阶t树t上结点*q的key[i]与key[i+1]之间插入关键字k。若引起
96.   结点过大,则沿双亲链进行必要的结点分裂调整,使t仍是m阶t树。*/
97.    BTNode *ap;
98.    int finished,needNewRoot,s;
99.    KeyType x;
100.   if (q==NULL)                              /*t是空树(参数q初值为NULL)*/
101.      NewRoot(t,NULL,k,NULL);                /*生成仅含关键字k的根结点*t*/
102.   else
103.   {
104.       x=k;ap=NULL;finished=needNewRoot=0;
105.       while (needNewRoot==0 && finished==0)
106.       {
107.           Insert(q,i,x,ap);
/*将x和ap分别插入q->key[i+1]和q->ptr[i+1]*/
108.           if (q->keynum<=Max) finished=1; /*插入完成*/
109.           else
110.           {  /*分裂结点*q,将q->key[s+1..m],q->ptr[s..m]和q->recptr[s+1..
m]移入新结点*ap*/
111.               s=(m+1)/2;
112.               Split(q,ap);
113.               x=q->key[s];
114.               if (q->parent)            /*在双亲结点*q中查找x的插入位置*/
115.               {
116.                   q=q->parent;i=Search(q, x);
117.               }
118.               else needNewRoot=1;
119.           }
120.       }
121.       if (needNewRoot==1)                   /*根结点已分裂为结点*q和*ap*/
122.          NewRoot(t,q,x,ap);                 /*生成新根结点*t,q和ap为子树指针*/
123.   }
124.}
125.void DispBTree(BTNode *t)                    /*以括号表示法输出B-树*/
126.{
127.    int i;
128.    if (t!=NULL)
129.    {
130.        printf("[");                         /*输出当前结点关键字*/
131.        for (i=1;i<t->keynum;i++)
132.            printf("%d ",t->key[i]);
133.        printf("%d",t->key[i]);
```

```
134.        printf("]");
135.        if (t->keynum>0)
136.        {
137.          if (t->ptr[0]!=0) printf("(");        /*至少有一个子树时输出"("号*/
138.          for (i=0;i<t->keynum;i++)            /*对每个子树进行递归调用*/
139.          {
140.              DispBTree(t->ptr[i]);
141.              if (t->ptr[i+1]!=NULL) printf(",");
142.          }
143.          DispBTree(t->ptr[t->keynum]);
144.          if (t->ptr[0]! =0) printf(")");       /*至少有一个子树时输出")"号*/
145.        }
146.    }
147.}
148.int main()
149.{
150.    BTNode *t=NULL;
151.    Result s;
152.    int j,n=10;
153.    KeyType a[]={4,9,0,1,8,6,3,5,2,7},k;
154.    m=3;                                        /*3阶B-树*/
155.    Max=m-1;Min=(m-1)/2;
156.    printf("\n");
157.    printf("创建一棵%d阶B-树:\n",m);
158.    for (j=0;j<n;j++)                           /*创建一棵3阶B-树t*/
159.    {
160.        s=SearchBTree(t,a[j]);
161.        if (s.tag==0)
162.          InsertBTree(t,a[j],s.pt,s.i);
163.    printf("  第%d步,插入%d: ",j+1,a[j]);DispBTree(t);printf("\n");
164.    }
165.    printf("\n查找8:");
166.    if(SearchBTree(t,8).tag==1)
167.        printf("查找成功!\n");
168.    else
169.        printf("查找失败!\n");
170.    printf("查找20:");
171.    if(SearchBTree(t,20).tag==1)
172.        printf("查找成功!\n");
173.    else
174.        printf("查找失败!\n");
175.}
```

程序运行结果如下：

```
创建一棵3阶B-树：
   第1步,插入4：[4]
   第2步,插入9：[4 9]
   第3步,插入0：[4]([0],[9])
   第4步,插入1：[4]([0 1],[9])
   第5步,插入8：[4]([0 1],[8 9])
   第6步,插入6：[4 8]([0 1],[6],[9])
   第7步,插入3：[4]([1]([0],[3]),[8]([6],[9]))
   第8步,插入5：[4]([1]([0],[3]),[8]([5 6],[9]))
   第9步,插入2：[4]([1]([0],[2 3]),[8]([5 6],[9]))
   第10步,插入7：[4]([1]([0],[2 3]),[6 8]([5],[7],[9]))

查找8:查找成功!
查找20:查找失败!
```

3. 算法分析

在B－树上进行查找包含两种基本操作:①在B－树中找结点;②在结点中找关键字。由于B－树通常存储在磁盘上,则前一查找操作是在磁盘上进行的,而后一查找操作是在内存中进行的,即在磁盘上找到指针 p 所指结点后,先将结点中的信息读入内存,然后再利用顺序查找或折半查找查询等于 K 的关键字。显然,在磁盘上进行一次查找比在内存中进行一次查找耗费时间多得多,因此,在磁盘上进行查找的次数即待查关键字所在结点在B－树上的层次数,是决定B－树查找效率的首要因素。

现考虑最坏的情况,即待查结点在B－树上的最大层次数。也就是,含 N 个关键字的 m 阶B－树的最大深度是多少?

先看一棵3阶的B－树。按B－树的定义,3阶的B－树上所有非终端结点至多可有两个关键字,至少有一个关键字(即子树个数为2或3,故又称2－3树)。因此,若关键字个数≤2时,树的深度为2(即叶子结点层次为2)(参见图8-11(b)和(c),空树参见图8-11(a));若关键字个数≤6时,树的深度不超过3(参见图8-11(d)、(e)和(f))。反之,若B－树的深度为4,则关键字的个数必须≥7(参见图8-11(g)),此时,每个结点都含有可能的关键字的最小数目。

一般情况的分析可类似二叉平衡树进行,先讨论深度为 $l+1$ 的 m 阶B－树所具有的最少结点数。

每个非终端结点至少有 $[m/2]$ 棵子树,则第三层至少有 $2([m/2])$ 个结点;依此类推,第 $l+1$ 层至少有 $2([m/2])^{l-1}$ 个结点。而 $l+1$ 层的结点为叶子结点。若 m 阶B－树中具有 N 个关键字,则叶子结点即查找不成功的结点为 $N+1$,由此有

$$N+1 \geqslant 2([m/2])^{l-1}$$

反之,在含有 N 个关键字的B－树上进行查找时,从根结点到关键字所在结点的路径上涉及的结点数不超过 $\log[m/2]\frac{N+1}{2}+1$。

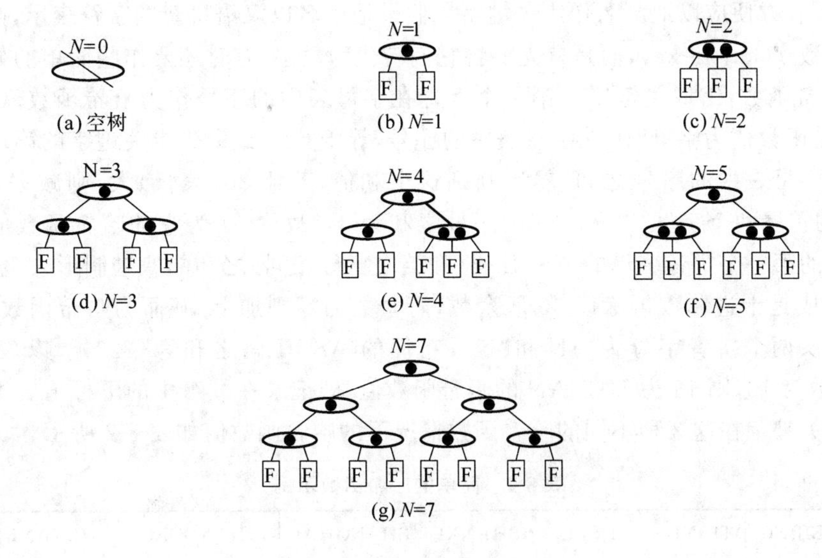

(a) 空树 (b) N=1 (c) N=2
(d) N=3 (e) N=4 (f) N=5
(g) N=7

图 8-11 不同关键字数目的树

8.3 哈 希 表

8.3.1 哈希表的定义

本章上述几种结构(线性表、树等)中,记录在结构中的相对位置是随机的,和记录的关键字之间不存在确定的关系,因此,在结构中查找记录时需进行一系列和关键字的比较。这一类查找方法建立在"比较"的基础上。在顺序查找时,比较的结果为"="与"≠"两种可能;在折半查找、二叉排序树查找和B-树查找时,比较的结果为"<""="和">"3 种可能。查找的效率依赖于查找过程中所进行的比较次数。

理想的情况是不经过任何比较,一次存取便能得到所查记录,那就必须在记录的存储位置和它的关键字之间建立一个确定的对应关系 f,使每个关键字和结构中一个唯一的存储位置相对应。因而在查找时,只要根据这个对应关系 f 找到给定值 K 的存储位置 $f(K)$。若结构中存在关键字和 K 相等的记录,则必定在 $f(K)$的存储位置上,由此,不需要进行比较便可直接取得所查记录。在此,称这个对应关系 f 为哈希(Hash)函数,按这个思想建立的表为哈希表。

举一个哈希表的最简单的例子。假设要建立一张全国 34 个地区的各民族人口统计表,每个地区为一个记录,记录的各数据项如表 8-1 所示。

表 8-1 各民族人口统计表

编号	地区名	总人口	汉族	回族	...

显然,可以用一个一维数组 $C[1..34]$来存放这张表,其中 $C[i]$是编号为 i 的地区的人口情况。编号 i 便为记录的关键字,由它唯一确定记录的存储位置 $C[i]$。例如,假设北京市的编号为 1,则若要查看北京市的各民族人口,只要取出 $C[1]$的记录即可。假如把这个数组看成是哈希表,则哈希函数 $f(\text{key})=\text{key}$。然而,很多情况下的哈希函数并不如此简单。可仍以此

为例，为了查看方便应以地区名作为关键字。假设地区名以汉语拼音的字符表示，则不能简单地取哈希函数 $f(\text{key})=\text{key}$，而是首先要将它们转化为数字，有时还要作些简单的处理。可以有这样的哈希函数：①取关键字中第一个字母在字母表中的序号作为哈希函数。例如，BEIJING 的哈希函数值为字母“B”在字母表中的序号，等于 02。或②先求关键字的第一个和最后一个字母在字母表中的序号之和，然后判别这个和值，若比 30（表长）大，则减去 30。例如，TIANJIN 的首尾两个字母“T”和“N”的序号之和为 34，故取 04 为它的哈希函数值。或③先求每个汉字的第一个拼音字母的 ASCII 码（和英文字母相同）之和的八进制形式，然后将这个八进制数看成是十进制数再除以 30 取余数，若余数为零则加上 30 而为哈希函数值。例如，HENAN 的头两个拼音字母为“H”和“N”，它们的 ASCII 码之和为 $(226)_8$，以 $(226)_{10}$ 除以 $(30)_{10}$ 得余数为 16，则 16 为 HENAN 的哈希函数值，即记录在数组中的下标值。上述人口统计表中部分关键字在这 3 种不同的哈希函数情况下的哈希函数值如表 8-2 所示。

表 8-2　简单的哈希函数示例

key	BEIJING（北京）	TIANJIN（天津）	HEBEI（河北）	SHANXI（山西）	SHANGHAI（上海）	SHANDONG（山东）	HENAN（河南）	SICHUAN（四川）
$f_1(\text{key})$	02	20	08	19	19	19	08	19
$f_2(\text{key})$	09	04	17	28	28	26	22	03
$f_3(\text{key})$	04	26	02	13	23	17	16	16

从这个例子可见：

(1) 哈希函数是一个映像，因此哈希函数的设定很灵活，只要使得任何关键字由此所得的哈希函数都落在表长允许范围之内即可；

(2) 对不同的关键字可能得到同一哈希地址，即 $\text{key1}\neq\text{key2}$，而 $f(\text{key1})=f(\text{key2})$，这种现象称为冲突（Collision）。具有相同函数值的关键字对该哈希函数来说称作同义词（Synonym）。例如，关键字 HEBEI 和 HENAN 不等，但 $f_1(\text{HEBEI})=f_1(\text{HENAN})$，又如，$f_2(\text{SHANXI})=f_2(\text{SHANGHAI})$；$f_3(\text{HENAN})=f_3(\text{SICHUAN})$。这种现象给建表造成困难，如在第一种哈希函数的情况下，因为山西、上海、山东和四川这 4 个记录的哈希地址均为 19，而 $C[19]$ 只能存放一个记录，那么其他 3 个记录存放在表中什么位置呢？并且，从表 8-2 所示 3 个不同的哈希函数的情况可以看出，哈希函数选得合适可以减少这种冲突现象。特别是在这个例子中，只可能有 30 个记录，可以仔细分析这 30 个关键字的特性，选择一个恰当的哈希函数来避免冲突的发生。

然而，在一般情况下，冲突只能尽可能的少，而不能完全避免。因为，哈希函数是从关键字集合到地址集合的映像。通常，关键字集合比较大，它的元素包括所有可能的关键字，而地址集合的元素仅为哈希表中的地址值。假设表长为 n，则地址为 0 到 $n-1$。例如，在 C 语言的编译程序中可对源程序中的标识符建立一张哈希表。在设定哈希函数时考虑的关键字集合应包含所有可能产生的关键字；假设标识符定义为以字母为首的 8 位字母或数字，则关键字（标识符）的集合大小为 $C_{52}^1 \cdot C_{62}^7 \cdot 7! = 1.288\ 899\times10^{14}$，而在一个源程序中出现的标识符是有限的，设表长为 1 000 足矣。地址集合中的元素为 0 到 999。在一般情况下，哈希函数是一个压缩映像，这就不可避免地会产生冲突。因此，在建哈希表时不仅要设定一个“好”的哈希函数，而且要设定一种处理冲突的方法。

综上所述，可如下描述哈希表：根据设定的哈希函数 $H(\text{key})$ 和处理冲突的方法将一组关键字映像到一个有限的连续的地址集(区间)上,并以关键字在地址集中的“像”作为记录在表中的存储位置,这种表便称为哈希表,这一映像过程称为哈希造表或散列,所得存储位置称哈希地址或散列地址。

下面分别就哈希函数和处理冲突的方法进行讨论。

8.3.2　哈希函数的构造方法

构造哈希函数的方法很多。在介绍各种方法之前,首先需要明确什么是“好”的哈希函数。

若对于关键字集合中的任一个关键字,经哈希函数映像到地址集合中任何一个地址的概率是相等的,则称此类哈希函数为均匀的(Uniform)哈希函数。换句话说,就是使关键字经过哈希函数得到一个“随机的地址”,以便使一组关键字的哈希地址均匀分布在整个地址区间中,从而减少冲突。

常用的构造哈希函数的方法有以下几种。

1. 直接定址法

取关键字或关键字的某个线性函数值为哈希地址,即

$$H(\text{key})=\text{key} \text{ 或 } H(\text{key})=a\cdot\text{key}+b$$

其中,a 和 b 为常数(这种哈希函数叫作自身函数)。

例如,有一个从 1 岁到 100 岁的人口数字统计表,其中,年龄作为关键字,哈希函数取关键字自身,如表 8-3 所示。

表 8-3　直接定址哈希函数示例之一

地址	01	02	03	…	25	26	27	…	100
年龄	1	2	3	…	25	26	27	…	…
人数	3 000	2 000	5 000	…	1 050	…	…	…	…
…									

这样,若要询问 25 岁的人有多少,则只要查表的第 25 项即可。

又如,有一个新中国成立后出生的人口调查表,关键字是年份,哈希函数取关键字加一常数:$H(\text{key})=\text{key}+(-1948)$,如表 8-4 所示。

表 8-4　直接定址哈希函数示例之二

地址	01	02	03	…	22	…
年份	1949	1950	1951	…	1970	…
人数	…	…	…	…	15 000	…
…						

这样,若要查 1970 年出生的人数,则只要查第(1970−1948)=22 项即可。

由于直接定址所得地址集合和关键字集合的大小相同,因此,对于不同的关键字不会发生冲突。但实际中能使用这种哈希函数的情况很少。

2. 数字分析法

假设关键字是以 r 为基数(如以 10 为基的十进制数),并且哈希表中可能出现的关键字都是已知的,则可取关键字的若干数位组成哈希地址。

例如,有 80 个记录,其关键字为 8 位十进制数。假设哈希表的表长为 100,则可取两位十进制数组成哈希地址。取哪两位?原则是使得到的哈希地址尽量避免产生冲突,则需从分析这 80 个关键字着手。假设这 80 个关键字中的一部分如表 8-5 所示。

表 8-5　关键字部分信息表

8	1	3	4	6	5	3	2
8	1	3	7	2	2	4	2
8	1	3	8	7	4	2	2
8	1	3	0	1	3	6	7
8	1	3	2	2	8	1	7
8	1	3	5	4	1	5	7
8	1	3	6	8	5	3	7
8	1	4	1	9	3	5	5
①	②	③	④	⑤	⑥	⑦	⑧

对关键字全体的分析中发现,第①和②位都是 8 和 1,第③位只可能取 3 和 4,第⑧位只可能取 2、5 或 7,因此这 4 位都不可取。由于中间的 4 位可看成是近乎随机的,因此可取其中任意两位,或取其中两位与另外两位的叠加求和后舍去进位作为哈希地址。

3. 平方取中法

取关键字平方后的中间几位为哈希地址。这是一种较常用的构造哈希函数的方法。通常在选定哈希函数时不一定能知道关键字的全部情况,取其中哪几位也不一定合适,而一个数平方后的中间几位数和数的每一位都相关,由此使随机分布的关键字得到的哈希地址也是随机的。取的位数由表长决定。

例如,为 BASIC 源程序中的标识符建立一个哈希表。假设 BASIC 语言中允许的标识符为一个字母或一个字母和一个数字。在计算机内可用两位八进制数表示字母和数字,如图 8-12(a)所示。取标识符在计算机中的八进制数为它的关键字。假设表长为 $512=2^9$,则可取关键字平方后的中间 9 位二进制数为哈希地址。例如,图 8-12(b)列出了一些标识符及它们的哈希地址。

A	B	C	…	Z	0	1	2	…	9
01	02	03		32	60	61	62		71

(a)字符的八进制表示对照表

记录	关键字	$(关键字)^2$	哈希地址($2^{17}\sim 2^9$)
A	0100	0 010000	010
I	1100	1 210000	210
J	1200	1 440000	440
I0	1160	1 370400	370
P1	2061	4 310541	310
P2	2062	4 314704	314
Q1	2161	4 734741	734
Q2	2162	4 741304	741
Q3	2163	4 745651	745

(b)标识符及其哈希地址

图 8-12　平方取中法示例

4. 折叠法

将关键字分割成位数相同的几部分(最后一部分的位数可以不同),然后取这几部分的叠加和(舍去进位)作为哈希地址,这方法称为折叠法(Folding)。关键字位数很多,而且关键字中每一位上数字分布大致均匀时,可以采用折叠法得到哈希地址。

例如,国际标准图书编号(ISBN)是一个 10 位的十进制数字,若要以它作关键字建立一个哈希表,当馆藏书种类不到 10 000 时,可采用折叠法构造一个四位数的哈希函数。在折叠法中数位叠加可以有移位叠加和间界叠加两种方法。移位叠加是将分割后的每一部分的最低位对齐,然后相加;间界叠加是从一端向另一端沿分割界来回折叠,然后对齐相加。如国际标准图书编号 0-442-20586-4 的哈希地址如图 8-13 所示。

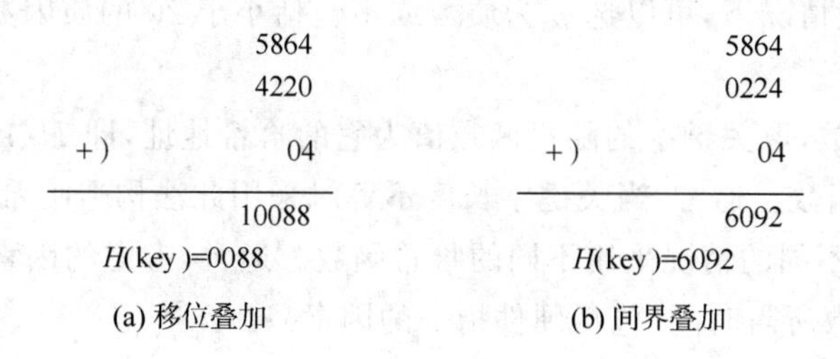

图 8-13　由折叠法求得哈希地址

5. 除留余数法

除留余数法是指取关键字被某个不大于哈希表表长 m 的数 p 除后所得余数为哈希地址,即

$$H(\text{key})=\text{key MOD } p, p\leqslant m$$

这是一种最简单也最常用的构造哈希函数的方法。它不仅可以对关键字直接取模(MOD),也可在折叠、平方取中等运算之后取模。

值得注意的是,在使用除留余数法时,对 p 的选择很重要。若 p 选择不当,容易产生同义词。请看下面的例子。

假设取标识符在计算机中的二进制表示为它的关键字(标识符中每个字母均用两位八进制数表示),然后对 $p=2^6$ 取模。这个运算在计算机中只要移动便可实现,将关键字左移直至只留下最低的 6 位二进制数。这等于将关键字的所有高位值都忽略不计。因而使得所有最后一个字符相同的标识符,如 al、il、templ、cpl 等均成为同义词。

若 p 含有质因子 pf,则所有含有 pf 因子的关键字的哈希地址均为 pf 的倍数。例如,当 $p=21(=3\times7)$时,下列含因子 7 的关键字对 21 取模的哈希地址均为 7 的倍数。

关键字	28	35	63	77	105
哈希地址	7	14	0	14	0

假设有两个标识符 xy 和 yx,其中 x、y 均为字符,又假设它们的机器代码(6 位二进制数)分别为 $c(x)$和 $c(y)$,则上述两个标识符的关键字分别为

$$\text{key}_1=2^6c(x)+c(y) \text{和} \text{key}_2=2^6c(y)+c(x)$$

假设用除留余数法求哈希地址,且 $p=tq$,t 是某个常数,q 是某个质数,则当 $q=3$ 时,这两个关键字将被散列在差为 3 的地址上。因为

$$[H(\text{key}_1)-H(\text{key}_2)] \text{ MOD } q$$
$$=\{[2^6c(x)+c(y)] \text{ MOD } p-[2^6c(y)+c(x)] \text{ MOD } p\} \text{ MOD } q$$
$$=\{[2^6c(x)+c(y)] \text{ MOD } p-[2^6c(y) \text{ MOD } p-c(x)] \text{ MOD } p\} \text{ MOD } q$$
$$=\{[2^6c(x)+c(y)] \text{ MOD } q-[2^6c(y) \text{ MOD } q-c(x)] \text{ MOD } q\} \text{ MOD } q$$

因对任一 x 有

$$x \text{ MOD } (t \cdot q) \text{ MOD } q=(x \text{ MOD } q) \text{ MOD } q$$

当 $q=3$ 时,上式为

$$\{(2^6 \text{ MOD } 3)\ c(x) \text{ MOD } 3+c(y) \text{ MOD } 3-(2^6 \text{ MOD } 3)\ c(y) \text{ MOD } 3-c(x) \text{ MOD } 3\} \text{ MOD } 3$$
$$=0 \text{ MOD } 3$$

由经验得知,一般情况下,可以选 p 为质数或不包括小于 20 的质因数的合数。

6. 随机数法

选择一个随机函数,取关键字的随机函数值为它的哈希地址,即 $H(\text{key})=\text{random}(\text{key})$,其中 random 为随机函数。通常,当关键字长度不等时采用此法构造哈希函数较恰当。

实际工作中需视不同的情况采用不同的哈希函数。通常,考虑的因素有:

(1) 计算哈希函数所需时间(包括硬件指令的因素);

(2) 关键字的长度;

(3) 哈希表的长度;

(4) 关键字的分布情况;

(5) 记录的查找频率。

8.3.3 处理冲突的方法

在 8.3.1 节中曾提及均匀的哈希函数可以减少冲突,但不能避免,因此,如何处理冲突是哈希造表时非常重要的一项工作。

假设哈希表的地址集为 $0\sim(n-1)$,冲突是指由关键字得到的哈希地址为 $j(0\leqslant j\leqslant n-1)$ 的位置上已存有记录,则“处理冲突”就是为该关键字的记录找到另一个“空”的哈希地址,在处理冲突的过程中可能得到一个地址序列 $H_i, i=1,2,\cdots,k$。即在处理哈希地址的冲突时,若得到的另一个哈希地址 H_1 仍然发生冲突,则再求下一个地址 H_2,若 H_2 仍然冲突,再求 H_3。依此类推,直至 H_k 不发生冲突为止,则 H_k 为记录在表中的地址。

通常处理冲突的方法有下列几种。

1. 开放定址法

$$H_i=(H(\text{key})+d_i) \text{ MOD } m \quad i=1,2,\cdots,k(k\leqslant m-1)$$

其中,$H(\text{key})$为哈希函数;m 为哈希表表长;d_i 为增量序列,可有下列 3 种取法:

(1) $d_i=1,2,3,\cdots,m-1$,称为线性探测再散列;

(2) $d_i=1^2,-1^2,2^2,-2^2,3^2,\cdots,\pm k^2,(k\leqslant m/2)$称为二次探测再散列;

(3) $d_i=$伪随机数序列,称为伪随机探测再散列。

例如,在长度为 11 的哈希表中已填有关键字分别为 17、60、29 的记录(哈希函数 $H(\text{key})=\text{key MOD } 11$),现有第四个记录,其关键字为 38,由哈希函数得到哈希地址为 5 产生冲突。若用线性探测再散列的方法处理时,得到下一个地址 6,仍冲突;再求下一个地址 7 仍冲突;直到哈希地址为 8 的位置为“空”时止,处理冲突的过程结束,记录填入哈希表中序号为 8 的位置。

若用二次探测再散列，则应该填入序号为4的位置。类似地可得到伪随机再散列的地址(参见图8-14)。

从上述线性探测再散列的过程中可以看到一个现象：当表中 $i, i+1, i+2$ 位置上已填有记录时，下一个哈希地址为 i、$i+1$、$i+2$ 和 $i+3$ 的记录都将填入 $i+3$ 的位置，这种在处理冲突过程中发生的两个第一个哈希地址不同的记录争夺同一个后继哈希地址的现象称作“二次聚集”，即在处理同义词的冲突过程中又添加了非同义词的冲突，显然，这种现象对查找不利。但用线性探测再散列处理冲突可以保证做到，只要哈希表未填满，总能找到一个不发生冲突的地址 H_k，而二次探测再散列只有在哈希表长 m 为形如 $4j+3$(j 为整数)的素数时才可能，随机探测再散列则取决于伪随机数列。

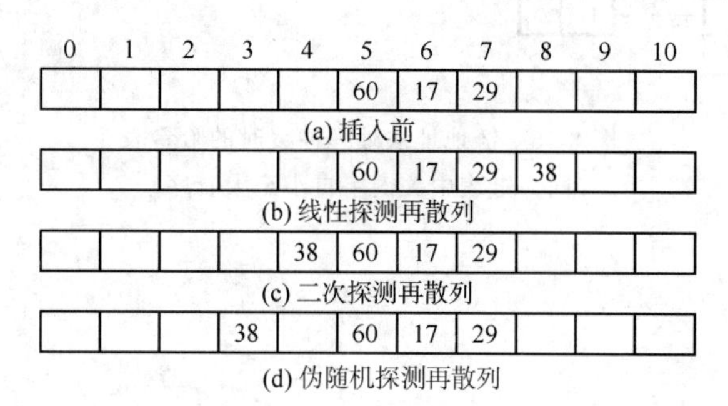

图8-14 用开放定址处理冲突时，关键字为38的记录插入前后的哈希表

2. 再哈希法

$$H_i = \mathrm{RH}_i(\mathrm{key}) \quad i = 1, 2, \cdots, k$$

RH_i 均是不同的哈希函数，即在同义词产生地址冲突时计算另一个哈希函数地址，直到冲突不再发生。这种方法不易产生“聚集”，但增加了计算的时间。

3. 链地址法

将所有关键字为同义词的记录存储在同一线性链表中。假设某哈希函数产生的哈希地址在区间[0, $m-1$]上，则设立一个指针型向量。

```
Chain ChainHash[m];
```

其每个分量的初始状态都是空指针。凡哈希地址为 i 的记录都插入头指针为 ChainHash[i] 的链表中。在链表中的插入位置可以在表头或表尾，也可以在中间，以保持同义词在同一线性链表中按关键字有序。

例如，已知一组关键字为

(19,14,23,01,68,20,84,27,55,11,10,79)

则按哈希函数 $H(\mathrm{key}) = \mathrm{key}\ \mathrm{MOD}\ 13$ 和链地址法处理冲突构造所得的哈希表如图8-15所示。

4. 建立一个公共溢出区

这也是处理冲突的一种方法。假设哈希函数的值域为[0, $m-1$]，则设向量 HashTable[0, $m-1$]为基本表，每个分量存放一个记录，另设立向量 OverTable[0.. v]为溢出表。所有关键字和基本表中关键字为同义词的记录，不管它们由哈希函数得到的哈希地址是什么，一旦发生冲突，都填入溢出表。

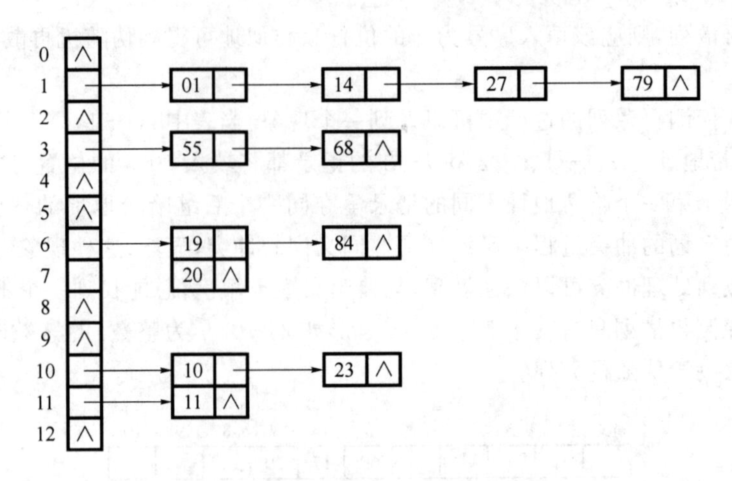

图 8-15　链地址法处理冲突时的哈希表
（同一链表中关键字自小至大有序）

第 9 章　内部排序

9.1　排序的基本概念

1. 关键字

记录(排序中经常把数据元素称为记录)中的某一个可以用来标识一个数据元素(记录)的数据项,被称为关键字项,该数据项的值称为关键字(Key)。

关键字可以作为排序运算的依据,选取哪一个数据项作为关键字,应该根据具体情况而定。例如考试成绩统计中,一个学生的记录包括学号、姓名、C 语言成绩、Java 语言成绩、总成绩等数据项。若要快速查找某个学生的成绩,应该选取“学号”作为关键字进行排序,因为学号可以唯一标识一个学生的记录。若想按照学生的总分排名次,则应该把总分作为关键字对成绩进行排序。

2. 排序

排序(Sorting)是将一批(组)任意次序的记录重新排列成按关键字有序的记录序列的过程。其定义如下。

给定一组记录序列:$\{R_1,R_2,\cdots,R_n\}$,其相应的关键字序列是$\{K_1,K_2,\cdots,K_n\}$。确定 $1,2,\cdots,n$ 的一个排列 $p_1,p_2,\cdots,p_n$,使其相应的关键字满足如下非递减(或非递增)关系:$K_{p1}\leqslant K_{p2}\leqslant\cdots\leqslant K_{pn}$ 的序列$\{K_{p1},K_{p2},\cdots,K_{pn}\}$,这种操作称为排序。

一组记录按照关键字递增或递减次序排列所得的结果称为有序表。相应的排序之前的称为无序表。

若有序表是按照关键字升序排列的称为升序表或正序表。若有序表是按照相反次序排列的称为降序表或逆序表。

3. 趟(Pass)

在排序过程中,将待排序的记录序列扫描一遍称为一趟。在排序操作中,深刻理解趟的含义能够更好地掌握排序方法的思想和过程。

4. 排序的稳定性

若记录序列中有两个或两个以上关键字相等的记录:$K_i=K_j(i\neq j,i,j=1,2,\cdots n)$,且在排序前 R_i 先于 $R_j(i<j)$,排序后的记录序列仍然是 R_i 先于 R_j,称排序方法是稳定的,否则是不稳定的。

5. 排序方法的分类

待排序的记录数量不同,排序过程中涉及的存储器不同,相应有不同的排序分类。

待排序的记录数不太多:所有的记录都能存放在内存中进行排序,称为内部排序。

待排序的记录数太多:所有的记录不可能存放在内存中,排序过程中必须在内、外存之间进行数据交换,这样的排序称为外部排序。

6. 内部排序的基本操作

对内部排序而言，其基本操作有两种。

- 数据比较：比较两个关键字的大小；
- 数据移动：存储位置的移动，从一个位置移到另一个位置。

第一种操作是必不可少的；而第二种操作却不是必需的，取决于记录的存储方式。

7. 待排序记录序列的存储方式

采用顺序表(即一维数组)作为存储结构，每个待排序记录作为一个数组元素。记录之间的逻辑顺序关系是通过其物理存储位置的相邻来体现的，记录的移动是必不可少的。

采用链表作为存储结构，每个待排序记录作为链表中的一个结点。排序过程仅需修改结点的指针，而不需要移动记录。

以顺序表存储待排序记录序列，构造另一个辅助表来保存各个记录的存放地址(指针)。

记录存储在一组连续地址的存储空间，排序过程不需要移动记录，而仅需修改辅助表中的指针，排序后视具体情况决定是否调整记录的存储位置。

为讨论方便，假设排序是按升序排列的；关键字是一些可直接用比较运算符进行比较的类型。

待排序的记录类型的定义如下：

```
01:#define  MAX_SIZE  10                //一个用作实例的小顺序表的最大长度
02:Typedef  int  KeyType;               //定义关键字类型为整数类型
03:typedef  struct
04:{
05:KeyType  key;                        //关键字码
06:infoType  otherinfo;                 //其他域
07:}RecType;                            //记录类型
08:typedef  struct
09:{
10:RecType  r[MAX_SIZE+1];              //r[0]闲置或用作哨兵单元
11:int length;                          //顺序表长度
12:}Sqlist;                             //顺序表类型
```

8. 排序算法的评价标准

(1) 时间性能

排序算法的时间开销是衡量其好坏的重要标准。因为对于所有的内部排序算法来说，主要的操作只有两种：数据移动和数据比较，所以排序算法的时间复杂度可以由排序过程中数据的比较次数和数据的移动次数来衡量。因此，高效的内排序算法应该尽量减少关键字的比较次数和记录的移动次数。

(2) 辅助空间

评价排序算法的另一个主要标准是执行算法时所需的辅助存储空间。辅助存储空间是指除存放待排序记录所占的存储空间之外，执行算法所需的其他存储空间。若排序算法所需的辅助空间不依赖问题的规模 n，即空间复杂度是 $O(1)$，则称排序方法是就地排序，否则是非就地排序。就地排序使用的辅助存储单元个数与待排序记录的个数无关，即利用原来存放记录的空间来重新排列存储记录。

(3) 算法的复杂度

简单易懂的算法更易实现,而如果算法过于复杂也会影响排序的性能。

9.2　插入排序

插入排序是一种简单直观的排序方法,其基本思想在于每次将一个待排序的记录,按其关键字大小插入前面已经排好序的子序列中,直到全部记录插入完成。

最基本的插入排序是直接插入排序(Straight Insertion Sort)。

9.2.1　直接插入排序

1. 排序思想

将待排序的记录 R_i 插入已排好序的记录表 $R_1,R_2,\cdots,R_{i-1}$ 中,得到一个新的、记录数增加 1 的有序表,直到所有的记录都插入完为止。

设待排序的记录顺序存放在数组 $R[1..n]$ 中,在排序的某一时刻,将记录序列分成两部分。

- $R[1..i-1]$:已排好序的有序部分;
- $R[i..n]$:未排好序的无序部分。

显然,在刚开始排序时,$R[1]$是已经排好序的。

例如,设有关键字序列为:49,38,65,97,76,13,27,直接插入排序的过程如图 9-1 所示。

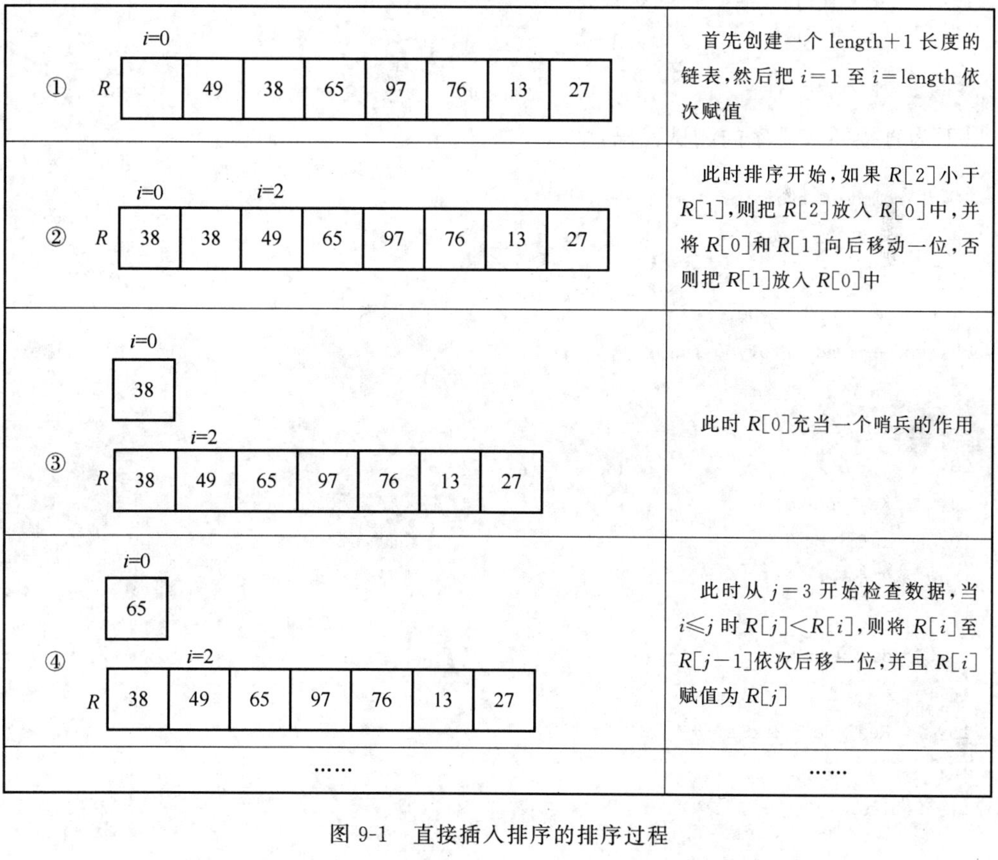

① i=0 R: [ ] 49 38 65 97 76 13 27	首先创建一个 length+1 长度的链表,然后把 $i=1$ 至 $i=$length 依次赋值
② i=0, i=2 R: 38 38 49 65 97 76 13 27	此时排序开始,如果 $R[2]$小于$R[1]$,则把 $R[2]$放入 $R[0]$中,并将 $R[0]$和 $R[1]$向后移动一位,否则把 $R[1]$放入 $R[0]$中
③ i=0: 38 i=2 R: 38 49 65 97 76 13 27	此时 $R[0]$充当一个哨兵的作用
④ i=0: 65 i=2 R: 38 49 65 97 76 13 27	此时从 $j=3$ 开始检查数据,当 $i\leqslant j$ 时 $R[j]<R[i]$,则将 $R[i]$至 $R[j-1]$依次后移一位,并且 $R[i]$赋值为 $R[j]$
……	……

图 9-1　直接插入排序的排序过程

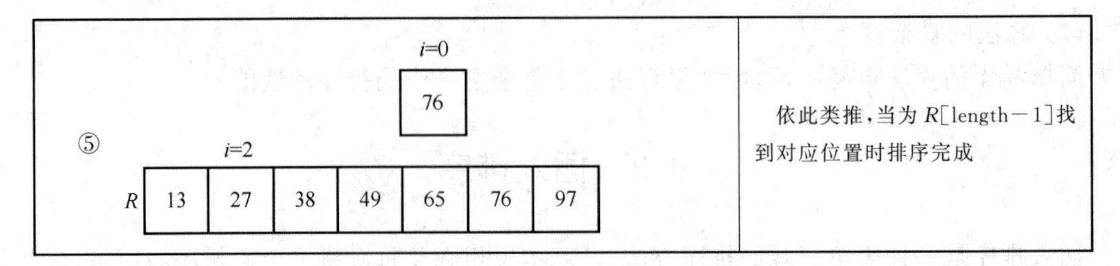

图 9-1　直接插入排序的排序过程(续图)

2. 算法实现

直接插入排序的代码如下：

```
01:void InsertSort(SqList * L)
02:{
03:int i,j;
04:for(i = 2;i< = L->length; ++ i)
05:   if(L->R[i].key < L->R[i-1].key)        //将 L.r[i].key 插入有序字表中
06:   {
07:      L->R[0] = L->R[i];                   //复制为哨兵
08:      L->R[i] = L->R[i-1];
09:      for(j = i-2;L->R[0].key < L->R[j].key; --j)
10:        L->R[j+1] = L->R[j];               //记录后移
11:      L->R[j+1] = L->R[0];                 //插入正确位置
12:   }
13:}
```

以下为直接插入排序的测试代码：

```
01:#include <stdio.h>
02:#define MaxSize 20
03:
04:typedef int KeyType;                      //定义关键字类型
05:typedef char InfoType[10];
06
07:typedef struct                            //记录类型
08:{
09:     KeyType key;                         //关键字项
10:     InfoType data;                       //其他数据项,类型为 InfoType
11:} RecType;                                //排序的记录类型定义
12:
13:typedef struct
14:{
15:     RecType R[MaxSize + 1];
16:     int length;
17:}SqList;
```

```
18:
19:void InsertSort(SqList *L)
20:{
21:    int i,j;
22:    for(i=2;i<=L->length;++i)
23:    if(L->R[i].key < L->R[i-1].key)          //将L.r[i].key插入有序字表中
24:    {
25:        L->R[0]=L->R[i];                      //复制为哨兵
26:        L->R[i]=L->R[i-1];
27:        for(j=i-2;L->R[0].key < L->R[j].key;--j)
28:          L->R[j+1]=L->R[j];                  //记录后移
29:        L->R[j+1]=L->R[0];                    //插入正确位置
30:    }
31:}
32:void main()
33:{
34:    int i;
35:    SqList L;
36:    int n;
37:    L.R[1].key=8;
38:    printf("直接插入排序\n");
39:    printf("请输入length");
40:    scanf("%d",&L.length);
41:    printf("长度为%d",L.length);
42:    printf("\n");
43:    for(n=1;n<L.length+1;n++)
44:    {
45:        scanf("%d",&L.R[n].key);
46:    }
47:    printf("排序前:");
48:    for(i=1; i<L.length+1; i++)
49:      printf(" %d ",L.R[i].key);
50:    printf("\n");
51:    InsertSort(&L);
52:    printf("排序后:");
53:    for(i=1; i<L.length+1; i++)
54:      printf(" %d ",L.R[i].key);
55:    printf("\n");
56:}
```

程序运行结果如下：

```
直接插入排序
请输入length6
长度为6
```

```
7
4
-2
19
13
6
排序前:7 4 -2 19 13 6
排序后:-2 4 6 7 13 19
```

3. 算法说明

算法中的 $R[0]$ 开始时并不存放任何待排序的记录,引入的作用主要有两个。

① 不需要增加辅助空间:保存当前待插入的记录 $R[i]$,$R[i]$ 会因为记录的后移而被占用。

② 保证查找插入位置的内循环总可以在超出循环边界之前找到一个等于当前记录的记录,起“哨兵监视”作用,避免在内循环中每次都要判断 j 是否越界。

4. 算法分析

(1) 最好情况

若待排序记录按关键字从小到大排列(正序),算法中的内循环无须执行,则一趟排序时,关键字比较次数 1 次,记录移动次数 2 次($R[i]\to R[0]$,$R[0]\to R[j+1]$)。

那么整个排序的关键字比较次数和记录移动次数分别如下。

比较次数:$\sum_{i=2}^{n} 1 = n-1$

移动次数:$\sum_{i=2}^{n} 2 = 2(n-1)$

(2) 最坏情况

若待排序记录按关键字从大到小排列(逆序),则一趟排序时,算法中的内循环体执行 $i-1$ 次,关键字比较 i 次,记录移动 $i+1$ 次。

那么就整个排序而言,

比较次数:$\sum_{i=2}^{n} i = \frac{(n-1)(n+1)}{2}$

移动次数:$\sum_{i=2}^{n} (i+1) = \frac{(n-1)(n+4)}{2}$

一般情况下,认为待排序的记录可能出现的各种排序的概率相同,则取以上两种情况的平均值作为排序的关键字比较次数和记录移动次数,约为 $n^2/4$,则复杂度为 $O(n^2)$。

9.2.2 希尔排序

1. 排序思想

直接插入排序算法适用于基本有序的排序表和数据量不大的排序表,基于这两点,1959 年 D. L. Shell 提出了希尔排序,又称缩小增量排序。

希尔排序的基本思想是:先取一个小于 n 的整数 d_1 作为第一个增量,把文件的全部记录分成 d_1 个组。所有距离为 d_1 的倍数的记录放在同一个组中。先在各组内进行直接插入排序；然后取第二个增量 $d_2 < d_1$ 重复上述的分组和排序，直至所取的增量 $d_k = 1(d_k < d_{k-1} < \cdots < d_2 < d_1)$，即所有记录放在同一组中进行直接插入排序为止。

例如，设有关键字序列为：49，38，65，97，76，13，27，希尔排序的过程如图 9-2 所示。

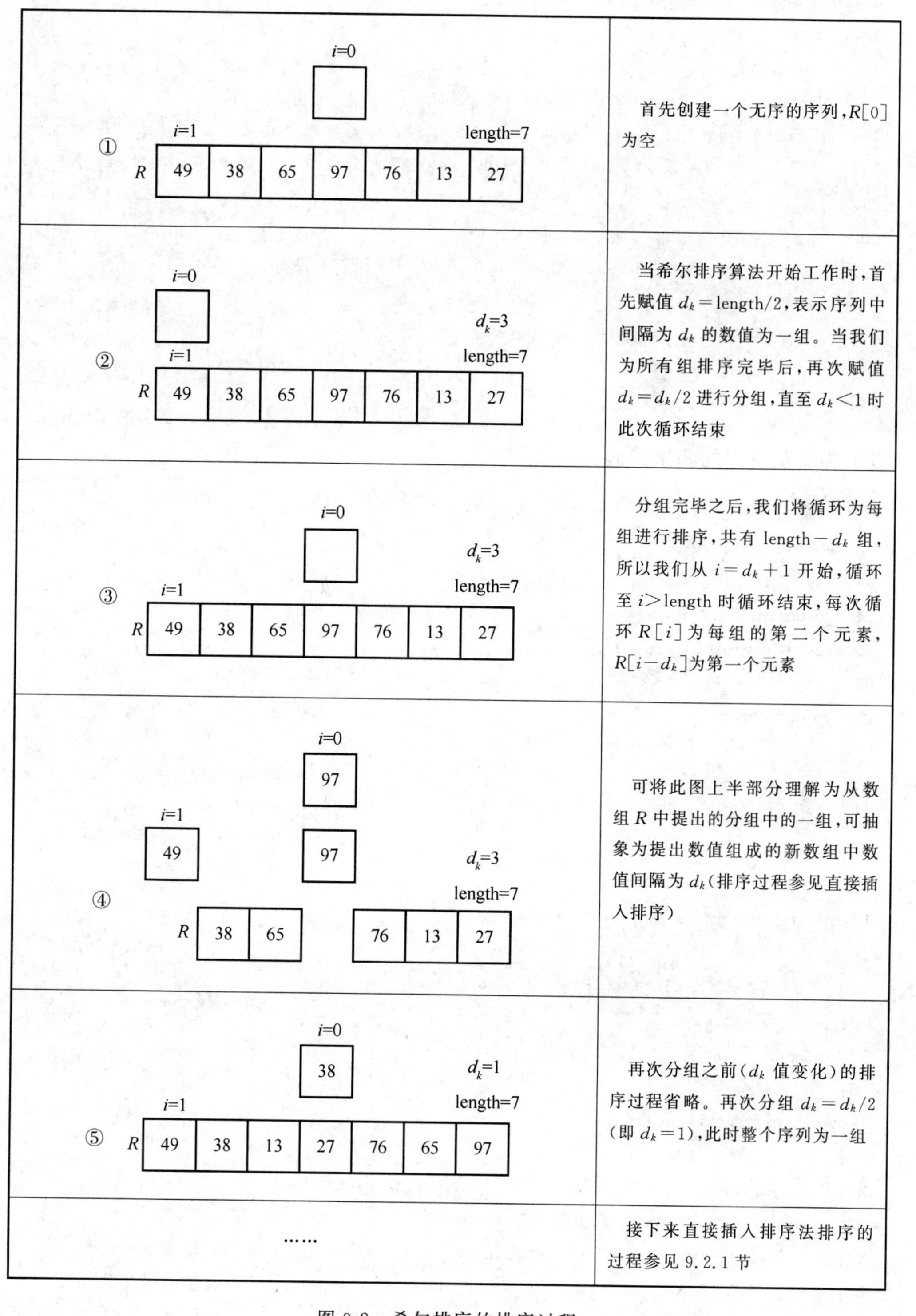

图 9-2　希尔排序的排序过程

2. 算法实现

希尔排序的代码如下：

```
01:void InsertSort(SqList *L)
02:{
03:   int i,j,dk;
04:   for(dk=L->length/2;dk>=1;dk=dk/2)
05:     for(i=dk+1;i<=L->length; ++i)          //每次循环都是与上次不同的组
06:       if(L->R[i].key<L->R[i-dk].key)      //每组成员用直接插入排序法排序
07:       {
08:           L->R[0]=L->R[i];
09:           for(j=i-dk;j>0&&L->R[0].key<L->R[j].key;j-=dk)
10:             L->R[j+dk]=L->R[j];
11:           L->R[j+dk]=L->R[0];
12:       }
13:}
```

以下为希尔排序的测试代码：

```
01:#include <stdio.h>
02:#define MaxSize 20
03:
04:typedefint KeyType                             //定义关键字类型
05:typedef char InfoType[10];
06:
07:typedef struct                                 //记录类型
08:{
09:   KeyType key;                                //关键字项
10:   InfoType data;                              //其他数据项,类型为 InfoType
11:}RecType;                                      //排序的记录类型定义
12:
13:typedef struct
14:{
15:     RecType R[MaxSize+1];
16:     int length;
17:}SqList;
18:
19:void InsertSort(SqList *L)
20:{
21:   int i,j,dk;
22:   for(dk=L->length/2;dk>=1;dk=dk/2)
23:     for(i=dk+1;i<=L->length; ++i)          //每次循环都是与上次不同的组
24:       if(L->R[i].key<L->R[i-dk].key)      //每组成员用直接插入排序法排序
25:       {
```

```
26:            L->R[0]=L->R[i];
27:            for(j=i-dk;j>0&&L->R[0].key<L->R[j].key;j-=dk)
28:              L->R[j+dk]=L->R[j];
29:            L->R[j+dk]=L->R[0];
30:        }
31:}
32:void main()
33:{
34:    int i;
35:    SqList L;
36:    int n;
37:    L.R[1].key=8;
38:    printf("希尔插入排序\n");
39:    printf("请输入 length");
40:    scanf("%d",&L.length);
41:    printf("长度为%d",L.length);
42:    printf("\n");
43:    for(n=1;n<L.length+1;n++)
44:    {
45:        scanf("%d",&L.R[n].key);
46:    }
47:    printf("排序前:");
48:    for(i=1; i<L.length+1; i++)
49:      printf("%d ",L.R[i].key);
50:    printf("\n");
51:    InsertSort(&L);
52:    printf("排序后:");
53:    for(i=1; i<L.length+1; i++)
54:      printf("%d ",L.R[i].key);
55:    printf("\n");
56:}
```

程序运行结果如下：

```
希尔插入排序
请输入 length6
长度为6
7
4
-2
19
13
6
排序前:7 4 -2 19 13 6
排序后:-2 4 6 7 13 19
```

3. 算法说明

(1) 空间效率:仅使用了常数个辅助单元,因而空间复杂度为 $O(1)$。

(2) 时间效率:由于希尔排序的时间复杂度依赖于增量序列的函数,这涉及数学上尚未解决的难题,所以时间复杂度分析比较困难。当 n 在某个特定范围时,希尔排序的时间复杂度约为 $O(n^{1.3})$。在最坏的情况下,希尔排序的时间复杂度为 $O(n^2)$。

(3) 稳定性:当相同关键字的记录被划分到不同的子表时,可能会改变它们之间的相对次序,以此希尔排序是一个不稳定的排序方法。例如,表 $L=\{3,21,22\}$ 最终排序序列是 $L=\{22,21,3\}$,显然 22 与 21 的相对次序已经发生改变。

(4) 实用性:希尔排序算法仅适用于顺序存储的线性表的情况。

9.3 交换排序

所谓交换,就是根据序列中两个元素关键字的比较结果来交换这两个记录在序列中的位置。基于交换的排序算法有很多,如冒泡排序和快速排序等。本节重点讲述快速排序的内容。

1. 排序思想

通过一趟排序,将待排序记录分割成独立的两部分,其中一部分记录的关键字均比另一部分记录的关键字小,再分别对这两部分记录进行下一趟排序,以达到整个序列有序。

因为快速排序属于递归的一种应用,所以我们只讲解递归之前的函数调用。

设有 6 个待排序的记录,关键字分别为 6,3,7,1,9,8,快速排序的过程如图 9-3 所示。

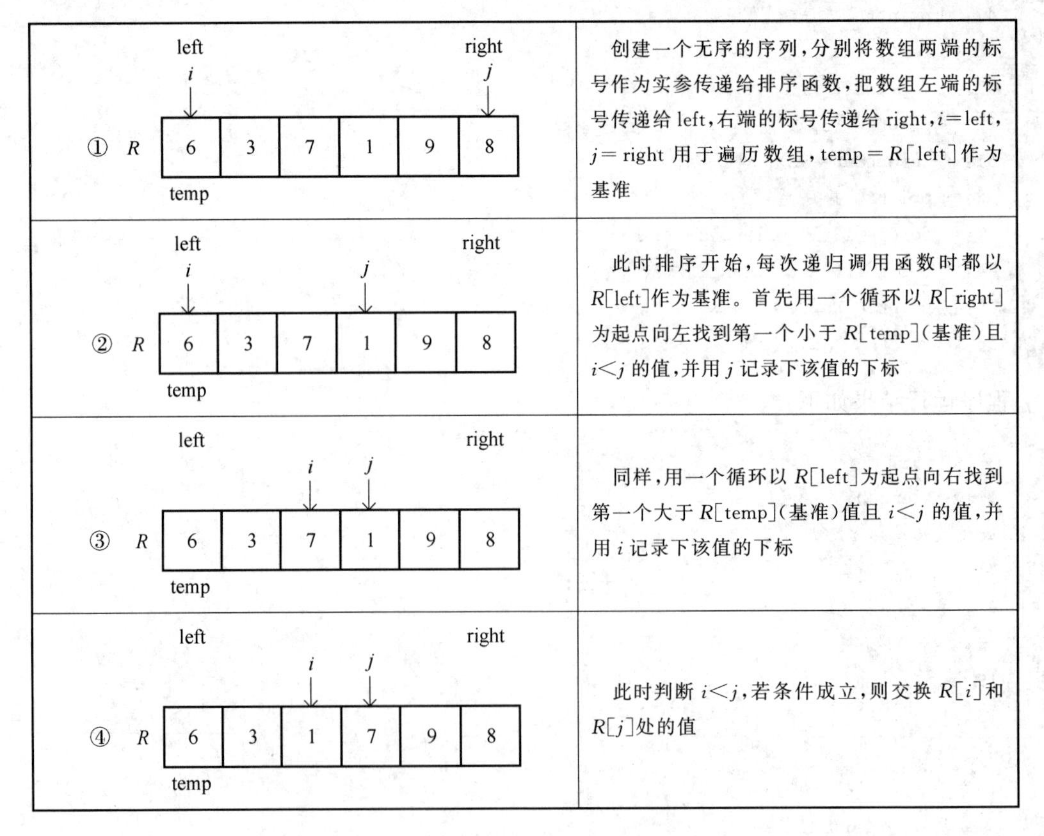

图 9-3 快速排序的排序过程

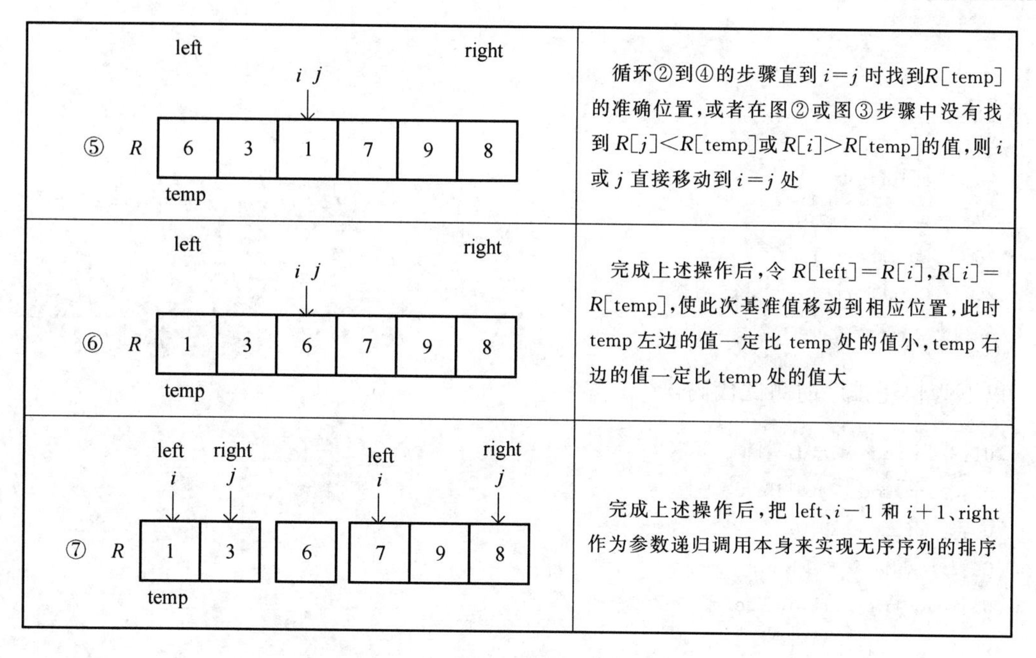

图 9-3　快速排序的排序过程(续图)

2. 算法实现

快速排序的代码如下：

```
01:void QuickSort(int left, int right)
02:{
03:   int i, j, t, temp;
04:   if(left > right)
05:     return ;
06:   temp = a[left];
07:   i = left;
08:   j = right;
09:   while(i != j)
10:   {
11:       while(a[j] >= temp && i < j)
12:       {
13:          j--;
14:       }
15:       while(a[i] <= temp && i < j)
16:       {
17:          i++;
18:       }
19:       if(i < j)
20:       {
21:          t = a[i];
22:          a[i] = a[j];
```

```
23:         a[j] = t;
24:     }
25:   }
26:   a[left] = a[i];
27:   a[i] = temp;
28:   QuickSort(left, i - 1);
29:   QuickSort(i + 1, right);
30:}
```

以下为快速排序的测试代码：

```
01:#include <stdio.h>
02:#include <stdlib.h>
03:#define MAXN 100
04:int a[MAXN + 1], n;
05:void QuickSort(int left, int right)
06:{
07:   int i, j, t, temp;
08:   if(left > right)
09:     return ;
10:   temp = a[left];
11:   i = left;
12:   j = right;
13:   while(i != j)
14:   {
15:       while(a[j] >= temp && i < j)
16:       {
17:          j--;
18:       }
19:       while(a[i] <= temp && i < j)
20:       {
21:          i++;
22:       }
23:       if(i < j)
24:       {
25:          t = a[i];
26:          a[i] = a[j];
27:          a[j] = t;
28:       }
29:   }
30:   a[left] = a[i];
31:   a[i] = temp;
32:   QuickSort(left, i - 1);
```

```
33:   QuickSort(i + 1, right);
34:}
35:int main()
36:{
37:   int i = 0, j, t, count = 0;
38:   int T;
39:   printf("快速排序\n");
40:   printf("请输入 length:");
41:   scanf("%d", &T);
42:   while(T--)
43:   {
44:      scanf("%d", &a[i]);
45:      i++;
46:   }
47:   printf("排序前:");
48:   for(j = 0; j < i; j++)
49:   {
50:      printf("%d  ", a[j]);
51:   }
52:   QuickSort(0, i - 1);
53:   printf("排序后:")
54:   for(j = 0; j < i; j++)
55:   {
56:      printf("%d  ", a[j]);
57:   }
58:   return 0;
59:}
```

程序运行结果如下：

```
快速排序
请输入 length:6
7
4
-2
19
13
6
排序前:7  4  -2  19  13  6
排序后:-2  4  6  7  13  19
```

3. 算法分析

(1) 空间效率：由于快速排序是递归的，需要借助一个递归工作栈来保存每一层递归调用的必要信息，其容量应与递归调用的最大深度相一致。平均情况下，栈的深度为 $O(\log_2 n)$。

因而空间和时间复杂度平均为($\log_2 n$)。

(2) 时间效率:快速排序的运行时间与划分是否对称有关,而后者又与具体适用有关。快速排序的最坏情况发生在两个区域,分别包含 $n-1$ 个元素和 0 个元素时,这种最大限度的不对称性若发生在每一层递归上,即对应于初始排序表基本有序或基本逆序时,就得到最坏情况下的时间复杂度 $O(n^2)$。

(3) 稳定性:在划分算法中,若右端区间存在两个关键字相同且均小于基准值的记录,则在交换到左端区间后,它们的相对位置会发生变化,即快速排序是一个不稳定的排序方法。

9.4 选择排序

选择排序(Selection sort)是一种简单直观的排序算法。它的工作原理是每一次从待排序的数据元素中选出最小(或最大)的一个元素,存放在序列的起始位置,直到全部待排序的数据元素排完。选择排序不是一种稳定的排序方法。选择排序的方法很多,本节重点讲述堆排序的内容。

1. 排序思想

堆排序利用数组的特点快速定位指定索引的元素,其仅需一个记录用作辅助存储的空间。堆分为最大堆和最小堆,是完全二叉树。最大堆要求每个结点的值都不大于其父结点的值,即 $A[PARENT[i]] \geqslant A[i]$。在数组的非降序排序中,需要使用的就是最大堆,因为根据最大堆的要求可知,最大的值一定在堆顶。而最小堆恰好相反,最小的值在堆顶。

设有 6 个待排序的记录,关键字分别为 6,3,7,1,9,8,堆排序的过程如图 9-4 所示。

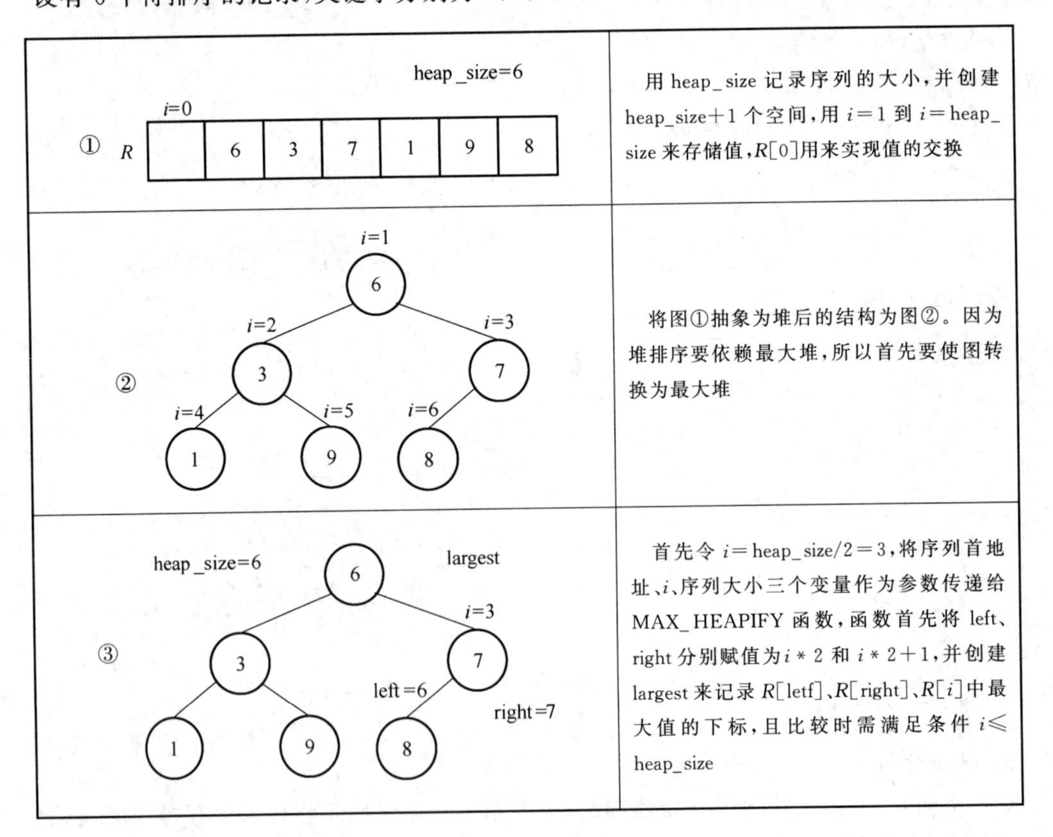

图 9-4 堆排序的排序过程

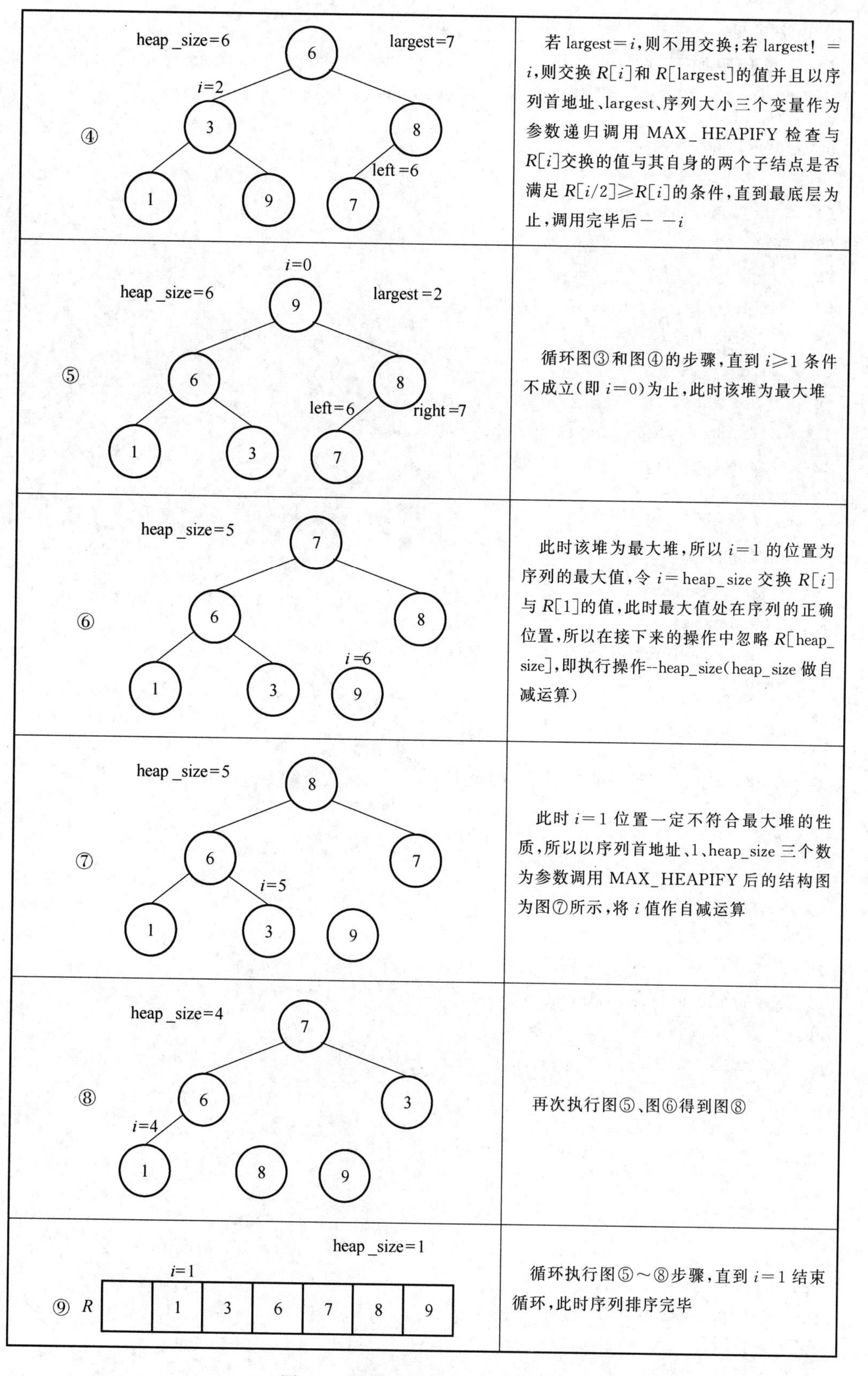

④
heap _size=6
largest=7
i=2
left =6
若 largest＝i，则不用交换；若 largest！＝i，则交换 R[i]和 R[largest]的值并且以序列首地址、largest、序列大小三个变量作为参数递归调用 MAX_HEAPIFY 检查与 R[i]交换的值与其自身的两个子结点是否满足 R[i/2]≥R[i]的条件，直到最底层为止，调用完毕后－－i
⑤
i=0
heap _size=6
largest =2
left=6
right =7
循环图③和图④的步骤，直到 i≥1 条件不成立(即 i＝0)为止，此时该堆为最大堆
⑥
heap _size=5
i =6
此时该堆为最大堆，所以 i＝1 的位置为序列的最大值，令 i＝heap_size 交换 R[i]与 R[1]的值，此时最大值处在序列的正确位置，所以在接下来的操作中忽略 R[heap_size]，即执行操作--heap_size(heap_size 做自减运算)
⑦
heap _size=5
i=5
此时 i＝1 位置一定不符合最大堆的性质，所以以序列首地址、1、heap_size 三个数为参数调用 MAX_HEAPIFY 后的结构图为图⑦所示，将 i 值作自减运算
⑧
heap _size=4
i=4
再次执行图⑤、图⑥得到图⑧
⑨ R
heap _size=1
i=1
1 3 6 7 8 9
循环执行图⑤～⑧步骤，直到 i＝1 结束循环，此时序列排序完毕

图 9-4 堆排序的排序过程(续图)

2. 算法实现

堆排序的代码如下：

```
01:                                  //最大堆的性质维护
02:void MAX_HEAPIFY(int * a,int i,int heap_size)
03:{
04:   int left,right,largest;
05:   left = 2 * i;
06:   right = 2 * i + 1;
07:   if(left< = heap_size && a[left]>a[i])
08:     largest = left;
09:   else
10:     largest = i;
11:   if(right< = heap_size && a[right]>a[largest])
12:     largest = right;
13:   if(largest! = i)
14:   {
15:     a[0] = a[i];
16:     a[i] = a[largest];
17:     a[largest] = a[0];
18:     MAX_HEAPIFY(a,largest,heap_size);
19:   }
20:}
21:                                  //创建最大堆
22:void BUILD_MAX_HEAP(int * a,int heap_size)
23:{
24:   int i;
25:   for(i = heap_size/2;i>0; -- i)
26:     MAX_HEAPIFY(a,i,heap_size);
27:}
28:                                  //堆排序
29:void HeapSort(int * a,int heap_size)
30:{
31:     BUILD_MAX_HEAP(a,heap_size);
32:     int i;
33:     for(i = heap_size;i>1; -- i)
34:     {
35:        a[0] = a[i];
36:        a[i] = a[1];
37:        a[1] = a[0];
38:        -- heap_size;
39:        MAX_HEAPIFY(a,1,heap_size);
40:     }
41:}
```

以下为堆排序的测试代码：

```
01:#include<stdio.h>
02:#include<stdlib.h>
03:                                    //最大堆的性质维护
04:void MAX_HEAPIFY(int * a,int i,int heap_size)
05:{
06:    int left,right,largest;
07:    left = 2 * i;
08:    right = 2 * i + 1;
09:    if(left<= heap_size && a[left]>a[i])
10:      largest = left;
11:    else
12:      largest = i;
13:    if(right<= heap_size && a[right]>a[largest])
14:      largest = right;
15:    if(largest!= i)
16:    {
17:        a[0] = a[i];
18:        a[i] = a[largest];
19:        a[largest] = a[0];
20:        MAX_HEAPIFY(a,largest,heap_size);
21:    }
22:}
23:                                    //创建最大堆
24:void BUILD_MAX_HEAP(int * a,int heap_size)
25:{
26:    int i;
27:    for(i = heap_size/2;i>0; -- i)
28:      MAX_HEAPIFY(a,i,heap_size);
29:}
30:                                    //堆排序
31:void HeapSort(int * a,int heap_size)
32:{
33:    BUILD_MAX_HEAP(a,heap_size);
34:    int i;
35:    for(i = heap_size;i>1; -- i)
36:    {
37:        a[0] = a[i];
38:        a[i] = a[1];
39:        a[1] = a[0];
40:        -- heap_size;
41:        MAX_HEAPIFY(a,1,heap_size);
42:    }
```

```
43:}
44:int main()
45:{
46:   int length, * a;
47:   int i;
48:   printf("堆排序\n");
49:   printf("请输入 length:");
50:   scanf(" % d",&length);
51:   a = (int * )malloc(sizeof(int) * (length + 1));
52:   for(i = 1;i< = length; ++ i)
53:     scanf(" % d",&a[i]);
54:   printf("排序前:");
55:   for(i = 1;i< = length; ++ i)
56:     printf(" % d ",a[i]);
57:   printf("\n");
58:   HeapSort(a,length);
59:   printf("排序后:");
60:   for(i = 1;i< = length; ++ i)
61:     printf(" % d ",a[i]);
62:   printf("\n");
63:   free(a);
64:   return 0;
65:}
```

程序运行结果如下：

```
堆排序
请输入 length:6
6 3 7 1 9 8
排序前:6 3 7 1 9 8
排序后:1 3 6 7 8 9
```

3. 算法分析

(1) 空间效率:仅使用了常数个辅助单元,因而空间复杂度为 $O(1)$。

(2) 时间效率:建堆时间为 $O(n)$,之后又 $n-1$ 次向下调整操作,每次调整的时间复杂度为 $O(\log_2 n)$,故在最好、最坏和平均情况下,堆排序的时间复杂度为 $O(n\log_2 n)$。

(3) 稳定性:在进行筛选时,有可能把后面相同关键字的元素调整到前面,所以堆排序算法是一种不稳定的排序方法。

9.5 归并排序和基数排序

9.5.1 归并排序

1. 排序思想

归并排序(Merge-Sort)是建立在归并操作上的一种有效的排序算法,该算法是采用分治法

(Divide and Conquer)的一个非常典型的应用。将已有序的子序列合并,得到完全有序的序列,即先使每个子序列有序,再使子序列段间有序。若将两个有序表合并成一个有序表,称为二路归并。

设有 6 个待排序的记录,关键字分别为 6,3,7,1,9,8,归并排序的过程如图 9-5 所示。

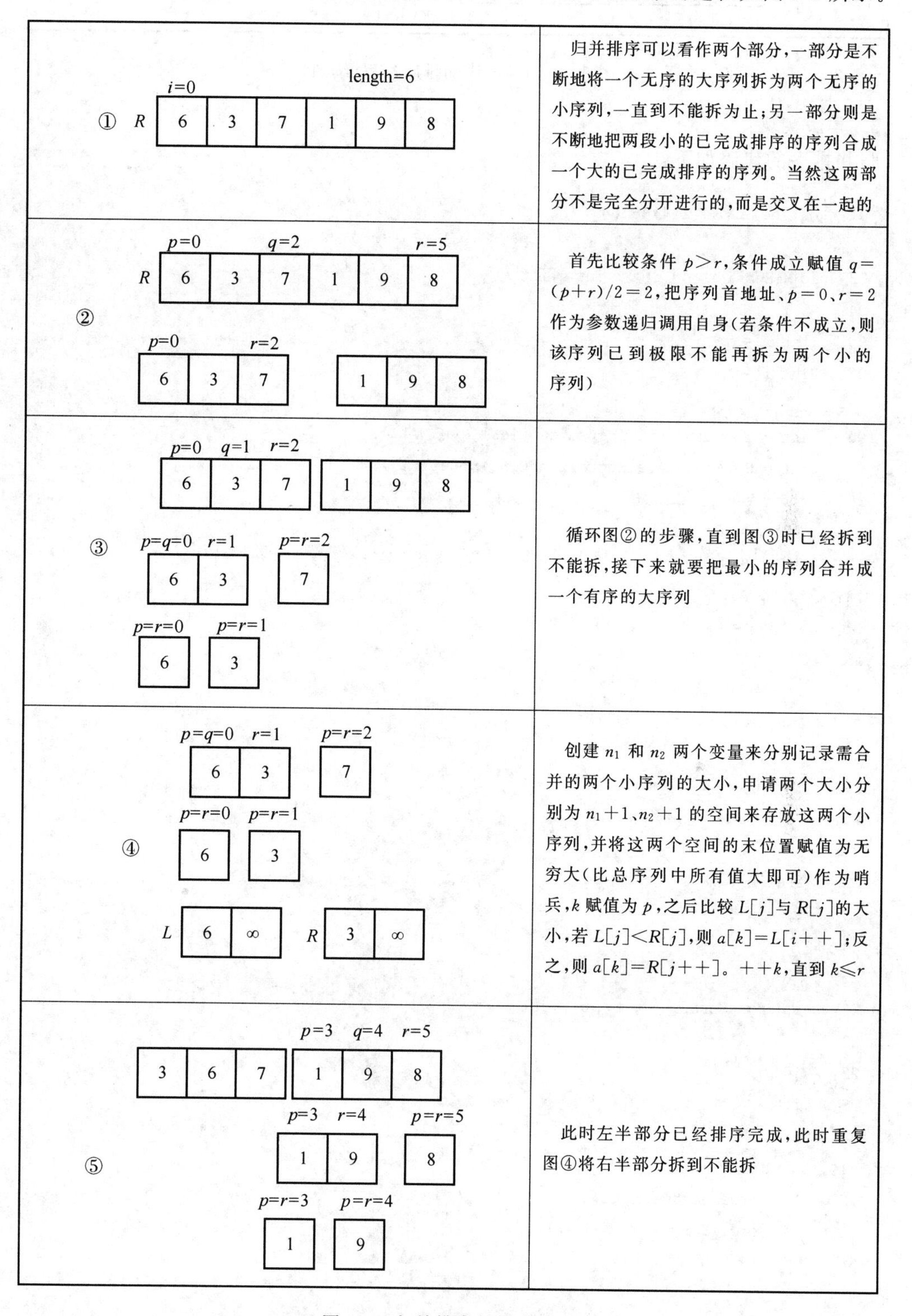

图 9-5　归并排序的排序过程

⑥ 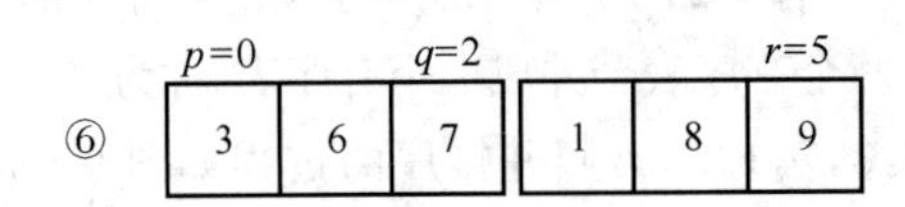	重复图⑤右半部分排序完毕，将 $p=0$、$q=2$、$r=5$ 当作参数传给 MERGE 完成最后的合并。合并过程同图

图 9-5　归并排序的排序过程(续图)

2. 算法实现

归并排序的代码如下：

```
01:#define SENTRY 2147483647
02:                                            //合并序列
03:void MERGE(int * a,int p,int q,int r)
04:{
05:    int n1 = q - p + 1;
06:    int n2 = r - q;
07:    int i,j,k;
08:    int *L = (int*)malloc(sizeof(int) * (n1 + 1));
09:    int *R = (int*)malloc(sizeof(int) * (n2 + 1));
10:    for(i = 0;i<n1; ++i)
11:      L[i] = a[p + i];
12:    L[i] = SENTRY;                          //要求大于等于所有序列值
13:    for(j = 0;j<n2; ++j)
14:      R[j] = a[q + j + 1];
15:    R[j] = SENTRY;                          //要求大于等于所有序列值
16:    i = j = 0;
17:    for(k = p;k< = r; ++k)
18:      if(L[i]<R[j])
19:        a[k] = L[i++];
20:        else
21:          a[k] = R[j++];
22:    free(L);
23:    free(R);
24:}
25:                                            //归并算法
26:void Merge_Sort(int * a,int p,int r)
27:{
28:    int q;
29:    if(p < r)
30:    {
31:        int q = (r + p) / 2;
32:        Merge_Sort(a, p, q);
33:        Merge_Sort(a, q + 1, r);
34:        MERGE(a, p, q, r);
35:    }
36:}
```

以下为归并排序的测试代码：

```
01:#include<stdio.h>
02:#include<stdlib.h>
03:#define SENTRY 2147483647
04:                              //合并序列
05:void MERGE(int* a,int p,int q,int r)
06:{
07:    int n1 = q - p + 1;
08:    int n2 = r - q;
09:    int i,j,k;
10:    int *L = (int*)malloc(sizeof(int)*(n1 + 1));
11:    int *R = (int*)malloc(sizeof(int)*(n2 + 1));
12:    for(i = 0;i<n1;++i)
13:      L[i] = a[p + i];
14:    L[i] = SENTRY;            //要求大于等于所有序列值
15:    for(j = 0;j<n2;++j)
16:      R[j] = a[q + j + 1];
17:    R[j] = SENTRY;            //要求大于等于所有序列值
18:    i = j = 0;
19:    for(k = p;k<= r;++k)
20:      if(L[i]<R[j])
21:        a[k] = L[i++];
22:      else
23:        a[k] = R[j++];
24:    free(L);
25:    free(R);
26:}
27:                              //归并算法
28:void Merge_Sort(int* a,int p,int r)
29:{
30:    int q;
31:    if(p < r)
32:    {
33:        int q = (r + p) / 2;
34:        Merge_Sort(a, p, q);
35:        Merge_Sort(a, q + 1, r);
36:        MERGE(a, p, q, r);
37:    }
38:}
39:
40:int main()
41:{
```

```
42:   int length,i;
43:   int *R;
44:   printf("归并排序\n");
45:   printf("请输入 length:");
46:   scanf("%d",&length);
47:   R=(int*)malloc(sizeof(int)*length);
48:   for(i=0;i<length;++i)
49:     scanf("%d",&R[i]);
50:   printf("排序前:");
51:   for(i=0;i<length;++i)
52:     printf("%d ",R[i]);
53:   printf("\n");
54:   Merge_Sort(R,0,length-1);
55:   printf("排序后:");
56:   for(i=0;i<length;++i)
57:     printf("%d ",R[i]);
58:   printf("\n");
59:   return 0;
60:}
```

程序运行结果如下:

```
归并排序
请输入 length:6
6 3 7 1 9 8
排序前:6 3 7 1 9 8
排序后:1 3 6 7 8 9
```

3. 算法分析

时间复杂度为 $O(n\log_2 n)$,这是该算法中最好、最坏和平均的时间性能。空间复杂度为 $O(n)$。比较操作的次数介于 $(n\log_2 n)/2$ 和 $n\log_2 n - n + 1$ 之间。赋值操作的次数是 $(2n\log_2 n)$。归并算法的空间复杂度为 $O(n)$。

归并排序比较占用内存,但却是一种效率高且稳定的算法。

9.5.2 基数排序

1. 排序思想

基数排序(Radix Sorting)和前面几节中的排序方法有所不同。之前几节的排序都是通过关键字间的比较和移动完成的,而实现基数排序不需要进行关键字之间的比较。基数排序是一种借助多关键字排序的思想对单逻辑关键字进行排序的方法。

基数排序属于"分配式排序"(Distribution Sort),又称"桶子法"(Bucket Sort)或 Bin Sort,顾名思义,它是透过键值的部分资讯,将要排序的元素分配至某些"桶"中,以达到排序的作用。基数排序法是属于稳定性的排序,其时间复杂度为 $O(n\log(r)m)$,其中 r 为所采取的基数,而 m 为堆数。在某些时候,基数排序法的效率高于其他的稳定性排序法。

设有 6 个待排序的记录，关键字分别为 55，14，28，65，39，81，基数排序的过程如图 9-6 所示。

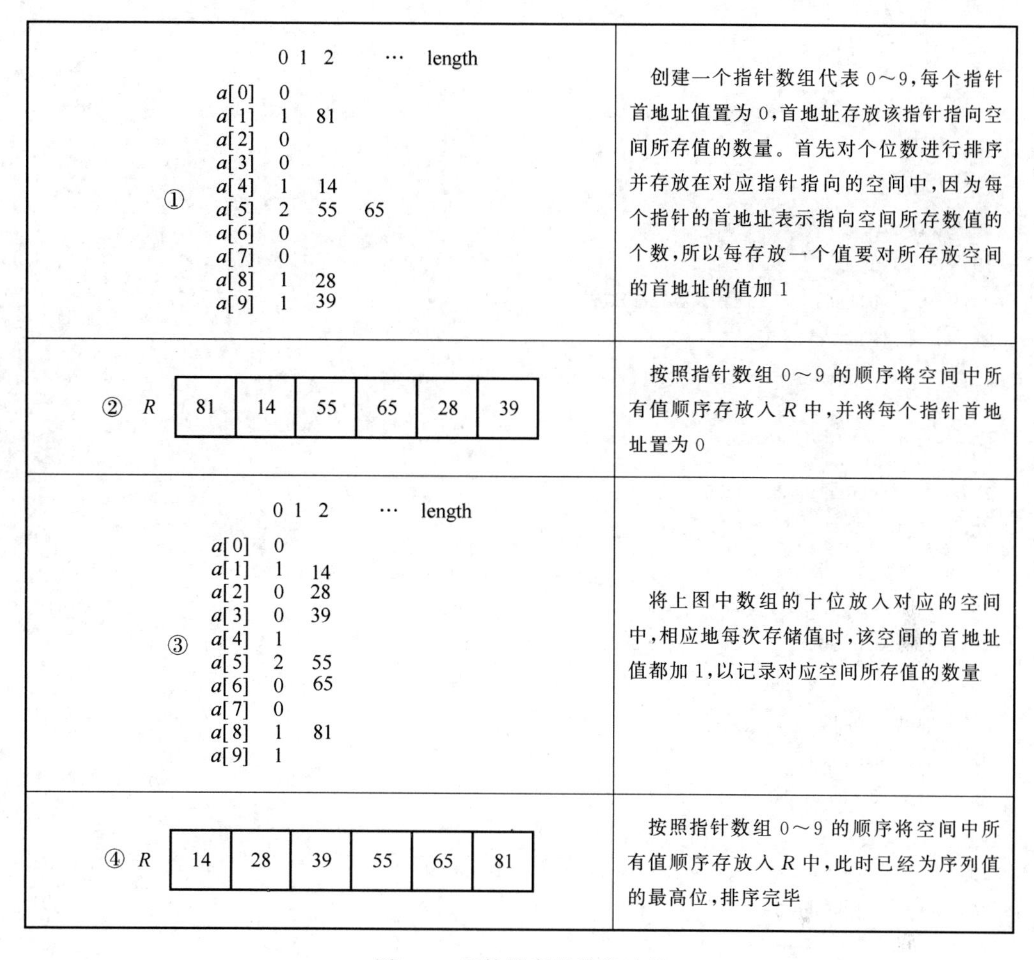

图 9-6 基数排序的排序过程

2. 算法实现

注意：本节中基数排序的代码只供了解算法的执行过程，因为在排序过程中，有大量的空间浪费掉了，所以我们可以引入链表或者容器来提供恰当的空间来满足排序过程的需要。

基数排序的代码如下：

```
01:int Max(int * a,int length)                //返回序列中最大值的位数
02:{
03:    int i,max = a[0];
04:    for(i = 1;i<length; ++ i)
05:      if(max<a[i])
06:         max = a[i];
07:    i = 0;
08:    while(max! = 0)
09:    {
10:        max = max/10;
```

```
11:         ++i;
12:     }
13:     return i;
14:}
15:int appoint_bit(int number,int bit)             //返回指定的位数的数字
16:{
17:     int i=1;
18:     if(bit>0)
19:     {
20:         while(i<=bit-1 && number>0)
21:         {
22:             number=number/10;
23:             ++i;
24:         }
25:         return number%10;
26:     }else
27:         return -1;                               //发生错误
28:}
29:void Radix_Sorting(int* R,int length)
30:{
31:     int *a[10];
32:     int m,n,i,j;
33:     for(i=0;i<10;++i)
34:     {
35:         a[i]=(int*)malloc(sizeof(int)*(length+1));
36:         a[i][0]=0;
37:     }
38:     for(i=1;i<=Max(R,length);++i)
39:     {
40:         for(j=0;j<length;++j)
41:         {
42:             ++a[appoint_bit(R[j],i)][0];
43:             a[ appoint_bit(R[j],i) ][ a[appoint_bit(R[j],i)][0] ]=R[j];
44:         }
45:         for(m=0,j=0;m<10;++m)
46:         {
47:             for(n=1;n<=a[m][0];++n)
48:             {
49:                 R[j]=a[m][n];
50:                 j++;
51:             }
52:             a[m][0]=0;
53:         }
```

```
54:   }
55:   for(i = 0;i<10; ++ i)
56:     free(a[i]);
57:}
```

以下为基数排序的测试代码：

```
01:#include<stdio.h>
02:#include<stdlib.h>
03:
04:int Max(int * a,int length)                    //返回序列中最大值的位数
05:{
06:   int i,max = a[0];
07:   for(i = 1;i<length; ++ i)
08:     if(max<a[i])
09:       max = a[i];
10:   i = 0;
11:   while(max! = 0)
12:   {
13:       max = max/10;
14:       ++ i;
15:   }
16:   return i;
17:}
18:int appoint_bit(int number,int bit)       //返回指定的位数的数字
19:{
20:   int i = 1;
21:   if(bit>0)
22:   {
23:       while(i< = bit - 1 && number>0)
24:       {
25:           number = number/10;
26:           ++ i;
27:       }
28:       return number % 10;
29:   }else
30:     return - 1;                            //发生错误
31:}
32:void Radix_Sorting(int * R,int length)
33:{
34:   int * a[10];
35:   int m,n,i,j;
36:   for(i = 0;i<10; ++ i)
```

```
37:   {
38:       a[i] = (int * )malloc(sizeof(int) * (length + 1));
39:       a[i][0] = 0;
40:   }
41:   for(i = 1;i< = Max(R,length); ++ i)
42:   {
43:       for(j = 0;j<length; ++ j)
44:       {
45:           ++ a[appoint_bit(R[j],i)][0];
46:          a[ appoint_bit(R[j],i) ][ a[appoint_bit(R[j],i)][0] ] = R[j];
47:       }
48:       for(m = 0,j = 0;m<10; ++ m)
49:       {
50:          for(n = 1;n< = a[m][0]; ++ n)
51:          {
52:              R[j] = a[m][n];
53:              j ++ ;
54:          }
55:          a[m][0] = 0;
56:       }
57:   }
58:   for(i = 0;i<10; ++ i)
59:     free(a[i]);
60:}
61:
62:int main()
63:{
64:   int * a[10],length, * R;
65:   int i;
66:   printf("基数排序\n");
67:   printf("请输入 length:");
68:   scanf(" % d",&length);
69:   R = (int * )malloc(sizeof(int) * length);     //创建的无序序列
70:   for(i = 0;i<length; ++ i)                     //输入序列
71:     scanf(" % d",&R[i]);
72:   printf("排序前:");
73:   for(i = 0;i<length; ++ i)
74:     printf(" % d ",R[i]);
75:   printf("\n");
76:   Radix_Sorting(R,length);
77:   printf("排序后:");
78:   for(i = 0;i<length; ++ i)
79:     printf(" % d ",R[i]);
```

```
80:   printf("\n");
81:   free(R);
82:   return 0;
83:}
```

程序运行结果如下：

```
基数排序
请输入 length:6
55 14 28 65 39 81
排序前:55 14 28 65 39 81
排序后:14 28 39 55 65 81
```

3. 算法分析

(1) 时间复杂度：通过上文可知，假设在基数排序中，r 为基数，d 为位数，则基数排序的时间复杂度为 $O(d(n+r))$。

(2) 空间复杂度：在基数排序过程中，对于任何位数上的基数进行“装桶”操作时，都需要 $n+r$ 个临时空间。

(3) 算法稳定性：在基数排序过程中，每次都是将当前位数上相同数值的元素统一“装桶”，并不需要交换位置，所以基数排序是稳定的算法。

参考文献

[1] 严蔚敏. 数据结构(C语言版)[M]. 北京:清华大学出版社,2007.
[2] 严蔚敏. 数据结构题集(C语言版)[M]. 北京:清华大学出版社,1999.
[3] 维斯. 数据结构与算法分析:C语言描述[M]. 北京:机械工业出版社,2004.
[4] 李春葆,尹为民,蒋晶珏,等. 数据结构教程[M]. 5版. 北京:清华大学出版社,2017.
[5] 李春葆,尹为民,蒋晶珏,等. 数据结构教程上机实验指导[M]. 5版. 北京:清华大学出版社,2017.
[6] 汪沁,奚李峰,邓芳,等. 数据结构与算法[M]. 2版. 北京:清华大学出版社, 2018.